普通高等教育物联网工程专业系列教材

江南大学研究生教材建设项目资助

物联网控制技术

彭力　编

机械工业出版社

物联网工程是计算机、控制、通信等学科交叉的跨学科专业。本书主要从物联网中所需要的控制技术、计算机控制的基础知识、过程控制的理论技术和方法以及基于各种实际控制系统应用背景的工程分析与设计等方面，带领读者深入浅出地体会物联网控制技术的过程。本书语言简明，注重应用，理论与实际相结合，遵循"理论-扩展-应用"的过程，章节中对应地方都有公式、定理辅佐，有利于学习。

本书可作为高等院校物联网工程专业"物联网控制技术"课程的教材，也可作为计算机、电子信息、机械类专业本科生学习自动控制技术的参考书。

图书在版编目（CIP）数据

物联网控制技术 / 彭力编 . —北京：机械工业出版社，2023.9（2025.2 重印）
普通高等教育物联网工程专业系列教材
ISBN 978-7-111-73376-8

Ⅰ.①物… Ⅱ.①彭… Ⅲ.①物联网 – 计算机控制 – 高等学校 – 教材　Ⅳ.① TP393.4② TP18

中国国家版本馆 CIP 数据核字（2023）第 110188 号

机械工业出版社（北京市百万庄大街 22 号　邮政编码 100037）
策划编辑：路乙达　　　　　　责任编辑：路乙达
责任校对：张爱妮　李　婷　　封面设计：张　静
责任印制：常天培
固安县铭成印刷有限公司印刷
2025 年 2 月第 1 版第 2 次印刷
184mm×260mm ·15 印张 ·376 千字
标准书号：ISBN 978-7-111-73376-8
定价：49.00 元

电话服务　　　　　　　　　　　网络服务
客服电话：010-88361066　机 工 官 网：www.cmpbook.com
　　　　　010-88379833　机 工 官 博：weibo.com/cmp1952
　　　　　010-68326294　金 书 网：www.golden-book.com
封底无防伪标均为盗版　机工教育服务网：www.cmpedu.com

Preface 前 言

当前，物联网技术随着网络技术、无线通信、嵌入式、单片机、集成电路、传感器技术、计算机、自动化等技术的快速发展，已经成为新经济模式的引擎，特别是智能制造的迫切需求，物联网结合自动控制技术有可能带动多个传统行业进入一个崭新的世界，它所涉及的新技术领域非常广阔，如农业、工业、商业、建筑、汽车、环保、交通运输、自动化、机械设计、医学、安防、物流、海运、渔业等，成为国家经济发展的重大战略需求。

物联网不能只停留在监测监视上，在其广泛的应用过程中更需要及时地反馈、决策和控制；同时，作为一个完整的系统，应该具备检测、传输以及处理显示之后的控制部分。对于物联网工程专业的学生来说，其知识结构中应该具有控制技术方面的知识，基于这个目的，本书力求在有限的学时内凝练控制技术的精华，补足学生这方面的知识需求，完成会分析、能设计、有创新这三大任务。另外，为方便学生进一步求学深造，本书增加了运动控制、过程控制、计算机控制的内容，丰富了物联网控制技术，使其更加完整。同时，本书致力于培养学生以我国科学发展为己任的爱国意识，加深学生对人类命运共同体的理解，引导学生树立正确的科学价值观，培养良好的学习态度，增加自我完善、终身学习的意识。

第1章阐述了物联网中所需要的控制技术，从经典控制到现代控制，从计算机控制到网络控制，力求使控制技术融入物联网的各种应用中，让学生逐步学会利用控制技术分析和设计物联网的控制器，学会分析控制效果的方法和掌握校正技术。第2章重点讲述了计算机控制技术的基础知识，包括计算机控制系统的组成和特点、计算机控制中使用的技术方法，特别是系统校正设计方法，主要是以工控机为核心构成控制系统，分析其软硬件系统和控制器设计，如PID控制、纯滞后系统控制等。同时，结合工业局域网，介绍分散型控制系统和现场总线控制系统。第3章结合实际控制系统应用背景，介绍了基于电气控制的多种控制工程分析和设计方法。第4章以电机为背景介绍了其中的运动控制技术，这为大规模部署智能小车如AGV等应用提供了技术支持。第5章介绍了过程控制的理论技术和方法，从实际需求出发比较详细地介绍了过程控制系统的实现。第6章介绍了物联网控制应用中的一些最新技术，包括面向互联网和无线局域网的智能家居、反应釜罐装系统、车联网、物流仓储控制系统等典型系统中的建模分析和设计，为学生学习物联网控制技术应用和设计提供指导和实践。同时，本书各章配有相应的例题和习题，可进一步加深学生对内容的理解。

本书由江南大学物联网工程学院的彭力教授编写，江南大学的谢林柏教授、闻继伟副教授、吴治海副教授、李稳高工、冯伟工程师，无锡太湖学院的姚湘副教授、彭岩讲师，以及许多研究生等参加了资料整理工作，在此向他们表示感谢。同时感谢物联网应用技术教育部工程中心（江南大学）、江苏省物联网应用技术重点实验室的大力支持。

本书可作为高等院校物联网工程专业"物联网控制技术"课程的教材，也可作为计算机、电子信息、机械类专业本科生学习自动控制技术的参考书。

本书配有电子课件和MATLAB控制系统实验，选用本书作为授课教材的教师可登录机械工业出版社教育服务网（www.cmpedu.com）注册后下载。

编　者

Contents

目 录

第1章

物联网控制基础

1.1 概述

1. 物联网控制概述

"物联网"（Internet of Things）的概念是在 1999 年提出的，它的定义很简单：通过射频识别等信息传感设备将物体与互联网连接起来，实现智能化识别和管理。也就是说，物联网是指各类传感器和现有的互联网相互衔接的一个新技术。

2005 年国际电信联盟（ITU）发布了题为《ITU 互联网报告 2005：物联网》的报告，报告指出："我们现在站在一个新的通信时代的入口处，在这个时代中，我们所知道的因特网将会发生根本性的变化。因特网是人们之间通信的一种前所未有的手段，现在因特网不仅能把人与所有的物体连接起来，还能把物体与物体连接起来。"无所不在的"物联网"通信时代即将来临，世界上所有的物体从轮胎到牙刷、从房屋到纸巾都可以通过因特网主动进行交互。ITU 报告提出物联网主要有四个关键性的应用技术：标签事物的 RFID、感知事物的传感网络技术、思考事物的智能技术和微缩事物的纳米技术。

2010 年国家"十二五"规划出台，提出以物联网为代表的战略型新兴产业将成为我国大力扶持和发展的七大战略性行业之一。"十三五"期间，物联网被列为我国战略性新兴产业之一，加速推动物联网自身发展的同时，开始逐步尝试向"物联网 +"形式的业态模式转变。而在 2020 年后的"十四五"时期，我国进入了深入推进物联网全面发展的过程。

"物联网"指的是将各种信息传感设备，如射频识别（RFID）装置、红外感应器、全球定位系统、激光扫描器等种种装置与互联网结合起来而形成的一个巨大网络。其目的是让所有的物体都与网络连接在一起，系统可以自动地、实时地对物体进行识别、定位、追踪、监控并触发相应事件。

"物联网"是继计算机、互联网与移动通信网之后的世界信息产业第三次浪潮。"物联网"概念的问世，打破了之前的传统思维。过去的人们一直是将物理基础设施和 IT 基础设施分开：一方面是机场、公路、建筑物，而另一方面是数据中心、个人计算机、宽带等。而在"物联网"时代，钢筋混凝土、电缆将会与芯片、宽带整合为统一的基础设施，在此意义上基础设施更像是一块新的地球工地，世界的运转就在这上面进行，其中包括经济管理、生产运行、社会管理乃至个人生活管理。

根据国际电信联盟的建议，物联网自底向上可以分为以下的结构和关系流程。

1）感知：该层的主要功能是通过各种类型的传感器对物质属性、环境状态、行为态势等静态或动态的信息进行大规模、分布式地信息获取与状态辨识，针对具体感知任务，常采用协同处理的方式对多种类、多角度、多尺度的信息进行在线计算与控制，并通过接入设备将获取的信息与网络中的其他单元进行资源共享与交互。

2）接入：该层的主要功能是通过现有的移动通信网（如 GSM 网、TD-SCDMA 网）、无线接入网（如 WiMAX）、无线局域网（WiFi）、卫星网等基础设施，将来自感知层的信息传送到互联网中。

3）互联网：该层的主要功能是以 IPv6/IPv4 以及后 IP（Post-IP）为核心建立的互联网平台，它将网络内的信息资源整合成一个可以互联互通的大型智能网络，为上层服务管理和大规模行业应用建立起一个高效、可靠、可信的基础设施平台。

4）服务管理：该层的主要功能是通过具有超级计算能力的中心计算机群，对网络内的海量信息进行实时地管理和控制，并为上层应用提供一个良好的用户接口。

5）应用：该层的主要功能是集成系统底层的功能，构建起面向各个行业的实际应用，如生态环境与自然灾害监测、智能交通、文物保护与文化传播、远程医疗与健康监护等。

基于目前物联网的发展现状，特别是针对传感器网络的技术复杂性和非成熟性，传感器网络的核心技术研究将会进行持续而深入地开展。预计未来将进一步推进芯片设计、传感器、射频识别等技术的发展，在此基础上逐步开展感知层网络（核心为传感器网络）与后 IP 网络的整合，扩展服务管理层的信息资源并探索商业模式，并以若干个典型示范应用为基础推进物联网在各个行业的应用。同时，在各个层面开展相关标准的制定。

控制无处不在，物联网系统中的人、设备、信息就是在控制中得到统一管理。具体来说，物联网控制技术是指通过各种传感器集采作用对象的信息，反馈到控制器，与期望的目标比较，再采用一定的控制策略和方法，由执行器作用到被控对象，使被控对象达到一定的期望值。

2. 自动控制概述

所谓自动控制，是指无须人经常直接参与，而是通过对某一对象施加合乎目的的作用，以使其产生所希望的行为或变化的控制。上述控制虽然不是由人力来直接完成的，但却是由人为了某种目的而预先制造的装置来完成的。这样的装置称为控制器。后者按照人的安排接收某种信息，并遵循一定的法则加工这个信息，使其变为控制作用以施加在对象上。这样的对象称为被控对象。被控对象在控制作用影响下，在其功能的限度内改变自己的状态。

在这里，控制的目的性往往是很重要的。对同一个被控对象，如果目的不同，所要求的控制也会不同。以一台同步发电机为例，若目的是将它起动，那就需要一系列起动、升速的控制设备，按照确定的程序进行控制，这属于自动程序控制的类别。若目的是使运行中的发电机电压符合给定值，就需要一台自动电压控制器，通过改变发电机的励磁实现对发电机电压的自动控制。

自动控制的基本概念为：应用自动化仪表或检控装置代替人工操作，自动地对设备或过程进行控制，使之达到预期的状态或性能要求，如液位、炉温、辊速、带钢张力等控制。所谓自动控制系统即为把控制系统和用于控制的整套自动化仪表或装置组合起来构成能够完成某种特殊任务的系统。

例如，人造卫星按指定的轨道运行并始终保持正确的姿势，以使它的太阳能电池一直朝向太阳，无线电天线一直指向地球；电网的电压和频率自动维持不变；金属切削机床的速度在电网电压或负载发生变化时，能自动保持近似不变。以上这些，均为自动控制的结果。

现代数字计算机的迅速发展，为自动控制技术的应用开辟了广阔的前景，使它大量应用于空间技术、科技、工业、交通管理、环境卫生等领域。而且自动控制的概念和分析问题的方法也向其他领域渗透，例如，自然界中的各种生物学系统都可以视为是一种控制系统。自动控制系统的广泛应用不仅能使生产设备或过程实现自动化，还能极大地提高劳动生产率和产品的质量，改善劳动条件。

自动控制这门学科，以自动控制系统为研究对象，用动力学的方法在运动和发展中考察系统，从而揭示出相同类型或所有类型系统的动态行为的数学描述，成为控制系统的数学模型。对不同技术领域内的控制系统的行为，为其建立专用的数学模型，显然需要具有各相应专门学科的知识。而自动控制理论的任务，则是给出建立数学模型的一般方法，并以数学模型为基础，对该系统进行分析和综合。所谓分析，是在已知系统数学模型的基础上，分析出系统的性能。所谓综合，是指在对系统性能提出要求的基础上，找出满足要求的系统模型（数学模型）。

自动控制是一门理论性很强的科学技术，一般泛称为"自动控制技术"。把实现自动控制所需的各个部件按一定的规律组合起来，去控制被控对象，这个组合体称为"控制系统"。分析与综合控制系统的理论称为"控制理论"。

自动控制系统是由被控对象和自动控制装置按一定的方式连接起来，完成一定的自动控制任务，并具有预定性能的动力学系统。典型自动控制系统原理图如图 1-1 所示。

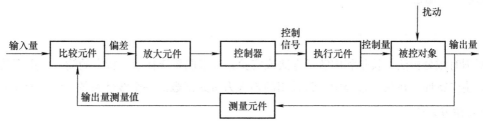

图 1-1　典型自动控制系统原理图

1）输出量：表现于被控对象或系统的输出端，是要求实现自动控制的物理量，也称为被控量。

2）输入量：作用于被控对象或系统的输入端，是可使系统具有预定功能或预定输出的物理量。从对输出量的影响看，可以分为给定输入量和扰动输入量两种。

3）扰动：凡作用在控制系统中，可以引起输出变量变化的除去控制变量以外的其他因素，都称为扰动。扰动变量可以分为内扰和外扰，由控制系统内部产生的扰动，如元件参数的变化，称为内扰；而由控制系统外部引入的扰动，如负载变化，能源变化等，称为外扰。扰动对控制系统是一种不利因素。

4）比较元件：其作用是将测量元件检测的被控量实际值与系统的输入量进行比较，求出它们之间的偏差。

5）放大元件：其作用是将比较元件给出的偏差信号进行放大，用来推动执行机构去控制被控对象。

6）执行元件：其作用是直接推动被控对象，使其被控量发生变化。

7）测量元件：其作用是检测被控制的物理量，如果这个物理量是非电量，一般要转换成电量。

3. 物联网控制与自动控制的关系

普通的自动控制系统是在无人直接参与下可使生产过程或其他过程按期望规律或预定程序进行的控制系统。自动控制系统是实现自动化的主要手段，简称自控系统。顾名思义，物联网就是物物相连的互联网，是指通过各种信息传感设备，实时采集任何需要监控、连接、互动的物体或过程的信息，与互联网结合形成的一个巨大网络。自动控制是物联网控制技术的基础，物联网是自动控制技术的继承与集成。物联网自身就是一个复杂的网络体系，加之应用领域遍及各行各业，不可避免地存在很大的交叉性，这就形成了物联网控制技术的多学科和交叉性。

1.2 线性系统的时域分析法

在建立了系统数学模型（动态微分方程、传递函数）的基础上，就可以分析评价系统的动（暂）、静（稳）态特性，并进而寻求改进系统性能的途径。在经典控制理论中，时域分析法、根轨迹法、频率特性法是分析控制系统特性时常用的三种方法。其中，时域分析法适用于低阶次（三阶以下）系统，比较准确直观，又称直接分析法，可提供输出响应随时间变化的全部信息。

时域分析法就是一种在给定输入条件下，分析系统输出随时间变化的方法，通常用暂态响应性能指标来衡量。

1.2.1 时域分析法介绍

所谓时域分析法，就是利用解析方法或实验方法求取系统在某一特定的输入作用下其输出的时间响应特性。在热工过程中，常采用的输入为阶跃函数。一个线性系统，输入 $x(t)$ 和输出 $y(t)$ 满足微分方程：

$$a_n \frac{d^n y}{dt^n} + a_{n-1} \frac{d^{n-1} y}{dt^{n-1}} + \cdots + a_0 y = b_m \frac{d^m x}{dt^m} + b_{m-1} \frac{d^{m-1} x}{dt^{m-1}} + \cdots + b_0 x \tag{1-1}$$

在某一特定输入 $x(t)$ 下，根据微分方程的一般理论，输出 $y(t)$ 可表示为

$$y(t) = y_1(t) + y_2(t)$$

式中，$y_1(t)$ 对应于齐次方程的通解，它描述系统的自由运动，称为系统的瞬态响应，它取决于系统本身的特性，而与输入信号的形式无关，因此系统的时域分析通常也称为瞬态响应分析；$y_2(t)$ 是非齐次方程的特解，它反映在某一特定输入 $r(t)$ 作用下系统的强迫运动，称为系统的稳态响应。

时域分析法是一种最基本的控制系统的分析方法，具有以下特点：

1）直观、准确，物理概念清晰、易于理解。

2）尤其适用于一阶和二阶系统，可用解析方法求出其理论解。计算量会随着系统阶次的升高而急剧增加。由于实际中有许多高阶系统在多数情况下可近似为一阶或二阶系统，因此，

对一阶、二阶系统的研究是研究高阶系统的基础，具有较大的实际意义。对于不能用一阶、二阶系统近似的高阶系统，可借助计算机进行辅助计算或采用其他方法间接进行分析。

3）对于已有的系统，可以方便地利用实验方法求取瞬态响应。

1.2.2 时域性能指标

一个控制系统控制品质的优劣通常用其性能指标来评价。性能指标可以用计算的方法得到，也可以从控制过程曲线（被调量的阶跃响应曲线）上直观地得出。

控制系统的时间响应，从时间顺序上可以划分为动态和稳态两个阶段。其中，动态过程是指系统在输入信号作用下，输出量从初始状态到接近最终状态的响应过程；稳态是指时间 t 趋于无穷大时系统的输出状态。研究系统的时间响应，必须对动态和稳态过程的特点以及有关的性能指标加以探讨。

一般认为，跟踪和复现阶跃输入对随动系统来说是最严峻的工作条件，所以，通常用系统在单位阶跃输入作用下的输出响应，即单位阶跃响应来衡量系统的控制性能，并依此定义其时域性能指标。

图 1-2 所示为稳定系统的单位阶跃响应，它是衰减振荡，其各动态性能指标参数如下：

1）上升时间 t_r：对于具有振荡的系统，t_r 指单位阶跃响应从零第一次上升到稳态值所需的时间；对于单调变化的系统，t_r 指单位阶跃响应从稳态值 10% 上升到 90% 所需的时间。

2）峰值时间 t_p：单位阶跃响应超过稳态值，到达第一个峰值所需的时间。

3）调节时间 t_s：单位阶跃响应与稳态值之间的偏差达到规定的允许范围（$\Delta = \pm 2\%$ 或 $\Delta = \pm 5\%$），且以后不再超出此范围的最短时间，调节时间又称为过渡过程时间。

4）超调量 δ_p：单位阶跃响应的最大值超过稳态值的百分比。

在系统稳态运行时，由于系统结构、参数等各种因素，其输出的实际值与期望值之间有偏差。将 t 趋于无穷大时，系统期望值与实际值之差定义为稳态误差 e_{ss}，稳态误差是评价系统稳态性能的指标。

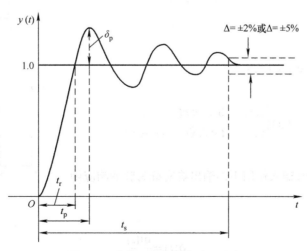

图 1-2 稳定系统的单位阶跃响应

在上述各项性能指标中，上升时间 t_r、峰值时间 t_p 反映的是系统初始阶段的快慢程度，调节时间 t_s 反映的是系统过渡过程的持续时间，它们从总体上反映了系统的快速性；超调量 δ_p 反映的是系统响应过程的平稳性；稳态误差 e_{ss} 反映的是系统复现和跟踪输入信号的能力，即控制系统的准确性。本书将侧重以上升时间 t_r、调节时间 t_s、超调量 δ_p 和稳态误差 e_{ss} 这四项指标分别评价系统响应的快速性、平稳性和准确性。

为了对系统性能进行分析、比较，下面给出几种典型的输入信号。

1. 阶跃输入

阶跃输入信号如图 1-3 所示。

$$r(t)\begin{cases} 0, & t < 0 \\ A, & t \geq 0 \end{cases}$$

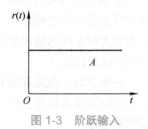

图 1-3　阶跃输入

$A = 1$ 时称为单位阶跃信号。

2. 斜坡（匀速）输入

斜坡输入信号如图 1-4 所示。

$$r(t)\begin{cases} 0, & t < 0 \\ At, & t \geq 0 \end{cases}$$

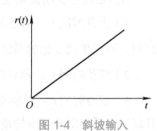

图 1-4　斜坡输入

3. 抛物线（匀加速）输入

抛物线输入信号如图 1-5 所示。

$$r(t)\begin{cases} 0, & t < 0 \\ At^2, & t \geq 0 \end{cases}$$

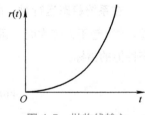

图 1-5　抛物线输入

4. 脉冲输入

脉冲输入信号如图 1-6 所示。

$$r(t)\begin{cases} A/\varepsilon, & 0 < t < \varepsilon(\varepsilon \to 0) \\ 0, & t < 0或t > \varepsilon(\varepsilon \to 0) \end{cases}$$

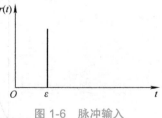

图 1-6　脉冲输入

单位脉冲函数 $\delta(t)$ 输入作用下的输出响应称为脉冲响应函数 $g(t)$。

$$\delta(t) = \frac{\mathrm{d}1(t)}{\mathrm{d}t} \tag{1-2}$$

关于脉冲响应函数，有如下几点需要说明：

1）系统输入一个单位脉冲函数，其输出响应的拉普拉斯变换为其传递函数。

$$W(s) = \frac{X_c(s)}{X_r(s)} = \frac{L[g(s)]}{L[\delta(t)]} = L[g(t)] \quad (\text{零初始线性定常})$$ （1-3）

2）利用 $g(t)$ 求出任意输入信号下的输出响应。

3）知道系统的单位阶跃响应就可以知道其脉冲响应。

由于阶跃输入时系统处于最不利工作条件下，因此人们常用它作为输入来检验瞬态响应指标，其他典型输入下的响应指标通常能直接或间接地用阶跃响应指标求得。

1.2.3　一阶系统的动态响应

用一阶微分方程描述的系统称为一阶系统。一些控制元器件及简单系统，如 RC 网络、液位控制系统，都可用一阶系统来描述。

一阶系统的传递函数为

$$G(s) = \frac{C(s)}{R(s)} = \frac{1}{Ts+1}$$ （1-4）

式中，T 称为一阶系统的时间常数，它是唯一表征一阶系统特征的参数，所以一阶系统时间响应的性能指标与 T 密切相关。一阶系统如果作为复杂系统中的一个环节时称为惯性环节。

1. 单位阶跃响应

当 $r(t) = 1(t)$ 时，$R(s) = \frac{1}{s}$，故系统单位阶跃响应的象函数为

$$H(s) = G(s)R(s) = \frac{1}{Ts+1}\frac{1}{s} = \frac{1}{s} - \frac{1}{s+\frac{1}{T}}$$ （1-5）

对 $H(s)$ 进行拉普拉斯变换，则

$$h(t) = 1 - e^{-\frac{t}{T}}$$ （1-6）

式（1-6）表明，对于一阶系统，以初始速率不变时的直线和稳态值交点处的时间为 T。若由实验测得的响应曲线符合以上特点，可确定为一阶系统，并可确定时间常数 T。

2. 单位斜坡响应

当 $r(t) = t \cdot 1(t)$ 时，$R(s) = \frac{1}{s^2}$，故系统单位阶跃响应的象函数为

7

$$C(s) = G(s)R(s) = \frac{1}{s^2} \frac{1}{Ts+1} = \frac{1}{s^2} - \frac{T}{s} + \frac{T}{s+\frac{1}{T}} \qquad (1\text{-}7)$$

对 $C(s)$ 进行拉普拉斯反变换，则

$$c(t) = t - T + Te^{-\frac{t}{T}} (t \geq 0) \qquad (1\text{-}8)$$

式中，$t-T$ 为稳态分量；$Te^{-\frac{t}{T}}$ 为暂态分量，当 $t \to \infty$ 时，暂态分量趋于零。

3. 单位脉冲响应

当 $r(t) = \delta(t)$ 时，$R(s) = 1$，故系统单位脉冲响应的象函数为

$$K(s) = G(s)R(s) = \frac{1}{Ts+1} = \frac{1}{T} \frac{1}{s+\frac{1}{T}} \qquad (1\text{-}9)$$

对 $K(s)$ 进行拉普拉斯反变换，则

$$K(t) = \frac{1}{T} e^{-\frac{t}{T}} (t \geq 0) \qquad (1\text{-}10)$$

单位阶跃、单位斜坡、单位脉冲响应为

$$\delta(t) = \frac{d1(t)}{dt} = \frac{d^2[t \cdot 1(t)]}{dt}$$
$$K(s) = G(s)R(s) = G(s)$$
$$H(s) = G(s)R(s) = \frac{1}{s} G(s)$$
$$C(s) = G(s)R(s) = \frac{1}{s^2} G(s)$$

三种响应之间具有如下关系：

$$K(s) = H(s) \cdot s = C(s) \cdot s^2 \qquad (1\text{-}11)$$

当初始条件为零时，则有

$$K(s) = \frac{dh(t)}{dt} = \frac{d^2c(t)}{dt^2} \qquad (1\text{-}12)$$

式（1-12）表明，对系统的斜坡响应求导可得到系统的阶跃响应，对系统的阶跃响应求导即为系统的脉冲响应。对于线性定常数系统上述结论均成立，即系统对输入信号导数（或积分）的响应，等于系统对输入信号响应的导数（或积分）。因此分析系统时，选取一种响应作为研究对象就可以了。

1.2.4　二阶系统的动态响应

为了兼顾控制系统稳定性和快速性相矛盾的瞬态指标，人们总希望系统阶跃响应是非衰减振荡过程，这与二阶系统欠阻尼阶跃响应非常相似。又因二阶系统在数学分析、模型设计上都比较容易，而且高阶系统又能转化（简化）成二阶系统（主导极点），所以二阶系统是研究的重点。

二阶系统闭环传递函数为

$$G(s) = \frac{\omega_n^2}{s^2 + 2\xi\omega_n s + \omega_n^2} \tag{1-13}$$

式中，ξ 称为阻尼系数或阻尼比；ω_n 为无阻尼自然角频率。ξ 和 ω_n 为二阶系数的两个特征参数。

二阶系统的特征方程为

$$s^2 + 2\xi\omega_n s + \omega_n^2 = 0 \tag{1-14}$$

当阻尼比取不同值时，二阶系统的特征根在 s 平面上的分布位置不同，其单位阶跃响应也不同，以下分别进行讨论。

1. 欠阻尼（ $0 < \xi < 1$ ）

欠阻尼二阶系统是最为常见的，欠阻尼二阶系统的特征根为

$$s_{1,2} = -\xi\omega_n \pm j\omega_n\sqrt{1-\xi^2} = -\xi\omega_n \pm j\omega_d \tag{1-15}$$

式中，ω_d 为有阻尼振动频率，$\omega_d = \omega_n\sqrt{1-\xi^2}$。

欠阻尼状态下的闭环极点在平面上的位置如图 1-7 所示。

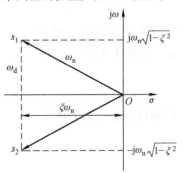

图 1-7　欠阻尼状态下的闭环极点在平面上的位置

若其特征根矢量与负实轴的夹角为 β，则

$$\cos\beta = \xi \tag{1-16}$$

$$H(s) = G(s)R(s) = \frac{\omega_n^2}{s^2 + 2\xi\omega_n s + \omega_n^2}\frac{1}{s} = \frac{1}{s} - \frac{s + 2\xi\omega_n}{(s+\xi\omega_n)^2 + \omega_d^2}$$
$$= \frac{1}{s} - \frac{s + \xi\omega_n}{(s+\xi\omega_n)^2 + \omega_d^2} - \frac{\xi\omega_n}{(s+\xi\omega_n)^2 + \omega_d^2} \tag{1-17}$$

故

$$\begin{aligned}h(t)&=1-e^{-\xi\omega_n t}\cos\omega_d t-e^{-\xi\omega_n t}\frac{\xi}{\sqrt{1-\xi^2}}\sin\omega_d t\\&=1-\frac{e^{-\xi\omega_n t}}{\sqrt{1-\xi^2}}(\sqrt{1-\xi^2}\cos\omega_d t+\xi\sin\omega_d t)\\&=1-\frac{e^{-\xi\omega_n t}}{\sqrt{1-\xi^2}}\sin(\omega_d t+\beta)\quad(t\geqslant 0)\end{aligned}\tag{1-18}$$

由式（1-18）可见，二阶系统欠阻尼时的单位阶跃响应曲线是衰减振荡型的，其振荡频率为 ω_d，故称 ω_d 为阻尼振荡频率。而且当时间 t 趋于无穷时，系统的稳态值为 1，故稳态误差为 0。

2. 无阻尼（$\xi=0$）

无阻尼时，$s_{1,2}=\pm j\omega_n$，二阶系统的特征根为两个共轭纯虚根，如图 1-8 所示。

图 1-8　无阻尼状态下的闭环极点

$$H(s)=\frac{\omega_n^2}{s^2+\omega_n^2}\frac{1}{s}=\frac{1}{s}-\frac{s}{s^2+\omega_n^2}\tag{1-19}$$

故

$$h(t)=1-\cos\omega_n t\quad(t\geqslant 0)\tag{1-20}$$

可见，无阻尼二阶系统的单位阶跃响应曲线是围绕 1 的等幅振荡曲线，其振荡频率为 ω_n，系统不能稳定工作。

3. 临界阻尼（$\xi=1$）

临界阻尼时，$s_{1,2}=-\omega_n$，二阶系统的特征根为两个相等的负实根，如图 1-9 所示。

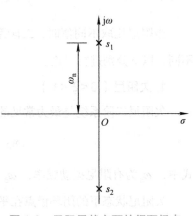

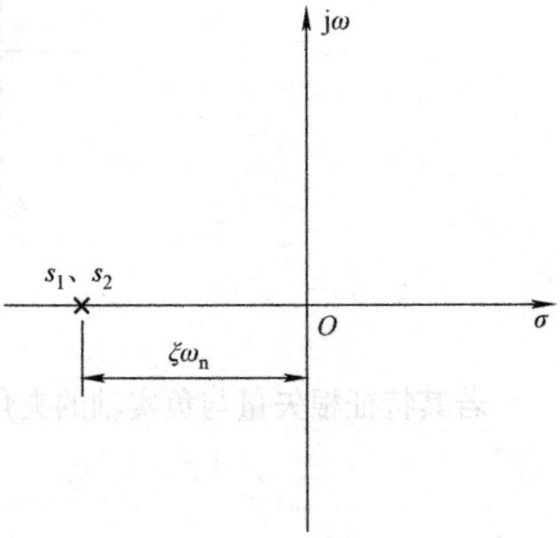

图 1-9　临界阻尼时二阶系统的特征根

$$\begin{aligned}H(s)&=\frac{\omega_n^2}{s^2+2\omega_n s+\omega_n^2}\frac{1}{s}=\frac{\omega_n^2}{(s+\omega_n)^2}\frac{1}{s}\\&=\frac{1}{s}-\frac{1}{s+\omega_n}-\frac{\omega_n}{(s+\omega_n)^2}\end{aligned}\tag{1-21}$$

故

$$h(t)=1-e^{-\omega_n t}(1+\omega_n t)\quad(t\geqslant 0)\tag{1-22}$$

式（1-22）表明，临界阻尼的二阶系统的单位阶跃响应曲线为单调非周期、无超调的曲线。

4. 过阻尼（$\xi > 1$）

过阻尼时，$s_{1,2} = -\xi\omega_n \pm \omega_n\sqrt{1-\xi^2}$，二阶系统的特征根是两个不相等的实根，如图 1-10 所示。

$$H(s) = \frac{\omega_n^2}{s^2 + 2\xi\omega_n s + \omega_n^2}\frac{1}{s} = \frac{\omega_n^2}{(s-s_1)(s-s_2)}\frac{1}{s}$$

$$= \frac{1}{s} + \frac{\omega_n^2}{s_1(s-s_1)(s-s_2)} + \frac{\omega_n^2}{s_2(s-s_1)(s-s_2)} \qquad (1\text{-}23)$$

故

$$h(t) = 1 + \frac{\omega_n^2}{s_1(s_1-s_2)}e^{s_1 t} + \frac{\omega_n^2}{s_2(s_1-s_2)}e^{s_2 t} \quad (t \geq 0) \qquad (1\text{-}24)$$

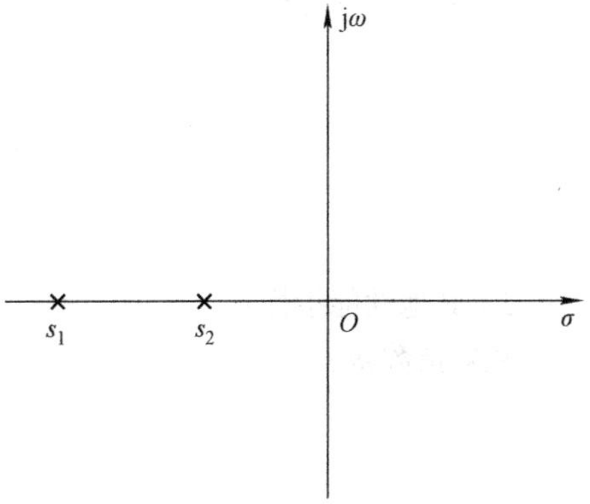

可见，响应的暂态分量是由两个单调衰减的指数项组成，所以过阻尼二阶系统的单位阶跃响应曲线为单调非周期、无振荡、无超调的曲线。

图 1-10　过阻尼时二阶系统的特征根

由以上分析可见，不同阻尼情况时，系统具有不同的响应曲线。

综观全部曲线可以得出以下结论：

1）过阻尼（$\xi > 1$）时，其时间响应的调节时间 t_s 最长，进入稳态很慢，但无超调量。

2）临界阻尼（$\xi = 1$）时，其时间响应也没有超调量，且响应速度比过阻尼要快。

3）无阻尼（$\xi = 0$）时，其响应是等幅振荡，没有稳态。

4）欠阻尼（$0 < \xi < 1$）时，上升时间比较快，调节时间比较短，但有超调量，如果选择合理的 ξ 值，有可能使超调量比较小，调节时间也比较短。

综上所述，只有二阶欠阻尼系统的阶跃响应有可能兼顾快速性与稳定性，并表现出比较好的性能。因此，下面主要讨论欠阻尼情况下的性能指标计算。

欠阻尼情况下二阶系统的动态性能指标的计算如下：

1）上升时间 t_r：

$$t_r = \frac{\pi - \theta}{\omega_d} \qquad (1\text{-}25)$$

式中，$\theta = \arctan\dfrac{\sqrt{1-\xi^2}}{\xi}$；$\omega_d = \omega_n\sqrt{1-\xi^2}$。

2）峰值时间 t_p：

$$t_p = \frac{\pi}{\omega_d} = \frac{\pi}{\omega_n\sqrt{1-\xi^2}} \qquad (1\text{-}26)$$

3）超调量 $\delta\%$:

$$\delta\% = e^{\frac{\xi\pi}{\sqrt{1-\xi^2}}} \times 100\% \qquad （1-27）$$

4）调节时间 t_s :

$$t_s = \begin{cases} \dfrac{3}{\xi\omega_n} & (\Delta = \pm 5\%) \\[2mm] \dfrac{4}{\xi\omega_n} & (\Delta = \pm 2\%) \end{cases} \qquad （1-28）$$

5）其他性能指标：

衰减指数 m :

$$m = \frac{\xi}{\sqrt{1-\xi^2}} = \frac{\xi\omega_n}{\omega_d} \qquad （1-29）$$

衰减率 ψ :

$$\psi = e^{\frac{2\pi\xi}{\sqrt{1-\xi^2}}} = e^{-2\pi m} \qquad （1-30）$$

由上面计算得到的各动态性能指标的计算式可看出以下动态性能指标与系统参数之间的关系：

1）超调量 $\delta\%$ 的大小，完全由阻尼比 ξ 决定。ξ 越小，超调量 $\delta\%$ 越大，响应振荡性加强。当 $\xi = 0.707$ 时，$\delta\% < 5\%$，系统响应的平稳性令人满意。分析表明，此时系统的调节时间也较短，故常称该阻尼比为最佳阻尼比。

2）三个时间指标 t_r、t_p、t_s 与两个系统参数 ξ 和 ω_n 均有关系。当 ξ 一定时，增大 ω_n，三个时间指标均能减小，且 $\delta\%$ 保持不变。

3）当 ω_n 一定时，要减小 t_r 和 t_p，就要减小 ξ；若要减小 t_s，则要增大 ξ 的值，但 ξ 取值有一定范围，不能过大，也不能过小。

由以上分析可看出，各动态指标之间是有矛盾的，因此要全面提高动态性能指标是很困难的。通过调整二阶系统的两个特性参数 ξ 和 ω_n，很难同时满足各项性能指标的要求。一个实际的物理系统，由于所使用部件的结构和参数往往都是固定的，很难改变，因此工程上常采用在系统中加入一些附加环节从而改变系统的结构，来改善系统的性能。

1.2.5 高阶系统的动态响应和简化分析

用二阶以上微分方程描述的系统，统称为高阶系统。在高阶系统中，凡距虚轴近的闭环极点，指数函数（包括振荡函数的振幅）衰减得就较慢，而其在动态过程中所占的分量也较大。如果某一极点远离虚轴，这一极点对应的动态响应分量就较小，衰减得就较快。如果一个极点附近有闭环零点，它们可视为一对偶极子，它们的作用将会近似相互抵消。如果把那些对动态响应影响不大的项忽略掉，高阶系统就可以用一个较低阶的系统来近似描述。

在高阶系统中，若按求解微分方程得到响应曲线的办法去分析系统的特性，将是十分困难的，因此在工程中，常用低阶近似的方法来分析高阶系统，闭环主导极点的概念就是在这种情况下提出的。若系统距虚轴最近的闭环极点的周围无闭环零点，则称这个极点为闭环主导极点，高阶系统的性能就可以根据这个闭环主导极点近似估算。因为工程上往往将系统设计成衰减振荡的动态特性，所以闭环主导极点通常都选择为共轭复数极点。

图 1-11 所示为一个选择闭环主导极点的例子。图中，共轭复数极点 p_1 和 p_2 距虚轴最近，而 p_3、p_4 和 p_5 三个极点距虚轴的距离大于 5 倍以上，因此可以把 p_1 和 p_2 选为主导极点，把一个五阶系统近似成一个二阶系统。

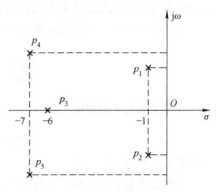

图 1-11　选择闭环主导极点

使用闭环主导极点的概念有一定的条件，因此不能任意使用，否则会产生较大的误差，得不到正确的结论。

1.2.6　自动控制系统的稳定性分析及代数判据

控制系统的稳定性，直观地讲就是指在控制系统受到外界扰动影响后被调量（测量值）偏离给定值，但在有限的时间内又能通过控制装置的调节作用使被调量重新回到或接近给定值。稳定性是控制系统是否能够进行工作的首要条件，因此，系统的稳定性是非常重要的概念。稳定性的严格数学定义是李雅普诺夫于 1892 年提出的，这里不准备讨论关于稳定性的各种严格定义，而只讨论线性定常系统稳定性的概念、稳定的充分必要条件和代数稳定判据。

设系统处于某一起始的平衡状态，在外作用的影响下，它离开了平衡状态，当外作用消失后，如果经过足够长的时间它能够恢复到原来起始的平衡状态，则称这样的系统为稳定的系统；否则为不稳定的系统。

稳定指系统所受扰动消失后，经过一段过渡过程仍能恢复到平衡状态。

相对稳定是指系统距零阶稳定状态有一定稳定裕量，和绝对稳定相比，则要求过渡过程短、振荡次数少。在实际系统中，对二者都有严格要求，这样才能正常工作。

临界稳定是指系统输出在原平衡状态附近等幅振荡，有闭环共轭极点分布在虚轴上。

不稳定是指系统所受扰动消失后不能回到平衡位置且偏差越来越大（发散）。

举例说明如下：小球放在一个凹面上，原平衡位置为 A 点，当小球受外力作用时偏离 A 点移至 B 点，当外力消除时，小球经左右滚动，最终回到原平衡位置 A，这个系统是稳定的。反之，把小球放在一个凸面上，原平衡位置为 A，当给外力稍加推动，尽管以后外力消失，小球也将越滚越远，不能返回到原来的平衡位置 A，这样的系统就是不稳定的。当然，这只是一个不严格的、简化的说明，实际的系统要复杂得多。

下面介绍稳定性机理的数学分析。一个线性系统可由线性微分方程描述，即

$$a_n y(n) + a_{n-1} y(n-1) + \cdots + a_1 y' + a_0 y = b_m x(m) + b_{m-1} x(m-1) + \cdots + b_1 x' + b_0 x \qquad (1\text{-}31)$$

其通解 $Y(t)$ = 特解 + 齐次方程通解。其中：

特解：稳态分量（强制分量），与外作用形式有关。

通解：暂态分量（自由分量），与系统本身参数结构和初始条件有关。

由于稳定性研究的是系统扰动消除后输出量的运动情况（动态的、暂态的、瞬态的），因此齐次微分方程式便是研究系统稳定的对象，也就是特征方程式可写成传递函数的形式。

式（1-31）可写成传递函数的形式：

$$\frac{Y(s)}{R(s)} = \frac{b_m s^m + b_{m-1} s^{m-1} + \cdots + b_1 s + b_0}{a_n s^n + a_{n-1} s^{n-1} + \cdots + a_1 s + a_0} \tag{1-32}$$

由式（1-32）得特征方程：

$$a_n s^n + a_{n-1} s^{n-1} + \cdots + a_1 s + a_0 = 0 \tag{1-33}$$

该方程只与参数结构有关。

由特征方程式（1-33）可解得特征根。

1）有一实根 $-a$，则通解为

$$A\mathrm{e}^{-at} \begin{cases} -a < 0, & \text{单调递减收敛} \\ -a > 0, & \text{单调递增发散} \end{cases} \tag{1-34}$$

2）有共轭复根 $-a \pm \mathrm{j}\omega$，则通解为

$$\mathrm{e}^{-at}(B\cos\omega t + C\sin\omega t) \begin{cases} -a < 0, & \text{衰减振荡} \\ -a = 0, & \text{增幅振荡} \\ -a > 0, & \text{等幅振荡} \end{cases} \tag{1-35}$$

由于线性系统具有叠加性，因此只要有一个特征根的实部为正，其暂态响应分量便会发散，系统便不稳定。

由系统稳定性定义可见，稳定性是系统去掉外作用后自身的一种恢复能力，所以是系统的一种固有特性。对于线性定常系统，它只取决于系统本身的结构和参数，而与初始条件和外作用等无关。系统的稳定性只取决于系统的极点，而与系统的零点无关。因此，可以用系统的特征方程来对它进行分析，并由此来讨论系统稳定的充要条件。

线性定常系统稳定的充要条件是：闭环系统特征方程式的所有根全部为负实数或为具有负实部的共轭复数，也就是所有闭环特征根全部位于复平面的左半面。如果至少有一个闭环特征根分布在右半面上，则系统就是不稳定的；如果没有右半面的根，但在虚轴上有根（即有纯虚根）则系统是临界稳定的。在工程上，线性系统处于临界稳定和处于不稳定一样，是不能被采用的。上述结论对于特征方程有重根时仍适用。

对于低阶系统（三阶以下的系统），特征根的求取过程比较简单。但对于高阶系统而言，即便是求解代数方程，其求解特征根的解题步骤也是相当复杂的，所以直接利用控制系统稳定的充要条件来判断系统稳定性的方法适用性不大。尤其是热工控制系统，一般都是三阶以上的系统。因此，为解决高阶系统的稳定性判别问题，引出了具有广泛使用价值的劳斯（Routh）稳定判据。

1. 初步判据

定理：系统稳定的必要条件是特征方程所有系数都为正。系数全为正，系统未必稳定，但若有为零（缺项）或小于零的系数，则可判定系统必不稳定。

证明：由特征方程式可得

$$a_n \prod_{i=1}^{q}(s+\sigma_i)(s+\sigma_i) \prod_{k=1}^{r}\left[(s+a_k)^2 + \omega_k\right] = 0 \tag{1-36}$$

若系统稳定，$-\sigma_i < 0$，$-a_k < 0$，式（1-36）展开后各项系数都大于 0。

实际上，对于一、二阶系统，上述结论也是充分的，对于三阶以上的高阶系统则需进一步判断。

2. 劳斯稳定判据

劳斯稳定判据是英国人劳斯于 1877 年提出的，因此得名。

设线性定常系统的特征方程为

$$a_n s^n + a_{n-1}s^{n-1} + \cdots + a_i s^i + \cdots + a_1 s + a_0 = 0 \tag{1-37}$$

式中，a_n，a_{n-1}，$\cdots$，a_1，a_0 是方程的系数，均为实常数。

若特征方程缺项（有等于零的系数）或系数间不同号（有为负值的系数），特征方程的根就不可能都具有负实部，系统必然不稳定。所以，线性定常系统稳定的必要条件是特征方程的所有系数 $a_i > 0$。满足必要条件的系统并不一定稳定，劳斯稳定判据则可以用来进一步判断系统是否稳定。

在应用劳斯稳定判据时，必须计算劳斯表。式（1-38）给出了劳斯表的计算方法。劳斯表（式 1-39）中的前两行是根据系统特征方程的系数隔行排列的。从第三行开始，表中的各元素则必须根据上两行元素的值计算求出。读者不难从表中找出计算的方法和规律如下：

$$
\begin{aligned}
b_1 &= \frac{a_{n-1}a_{n-2} - a_n a_{n-3}}{a_{n-1}}, \quad b_2 = \frac{a_{n-1}a_{n-4} - a_n a_{n-5}}{a_{n-1}} \\
c_1 &= \frac{b_1 a_{n-3} - a_{n-1}b_2}{b_1}, \qquad c_2 = \frac{b_1 a_{n-5} - a_{n-1}b_3}{b_1}
\end{aligned} \tag{1-38}
$$

$$
\begin{array}{llllll}
s^n & a_n & a_{n-2} & a_{n-4} & a_{n-k} & a_{n-2m} \\
s^{n-1} & a_n & a_{n-3} & a_{n-5} & a_{n-(k+1)} & a_{n-(2m+1)} \\
s^{n-2} & b_1 & b_2 & b_3 & & \\
s^{n-3} & c_1 & c_2 & c_3 & & \\
\vdots & & & & & \\
s^1 & & & & & \\
s^0 & & & & &
\end{array} \tag{1-39}
$$

劳斯稳定判据的内容：当线性定常系统的特征方程 $a_i > 0$，且劳斯表第一列所有元素都大于零时，该线性定常系统是稳定的。这是用劳斯稳定判据表示的线性定常系统稳定的充分必要条件。

若劳斯表中第一列元素的符号正负交替，则系统不稳定。正负号变换的次数就是位于 s 平面右半边的闭环极点的个数。

3. 劳斯稳定判据的特殊情况

在应用劳斯稳定判据判断系统是否稳定时，会遇到以下两种特殊情况：一种是劳斯表某行第一列的元素出现零值，而该行其他元素则不全为零；另一种是劳斯表某行元素全为零（说明此时系统存在各对称于原点的根，如大小相等、符号相反的实根或（和）一些共轭虚根，或者为实部符号相反的共轭复根）。若遇到这种情况，劳斯表就无法计算下去。下面通过一些例子说明对这种情况如何处理。

【**例 1.1**】 已知控制系统的特征方程为 $s^5 + 2s^4 + 2s^3 + 4s^2 + s + 1 = 0$，判断该系统是否稳定。

【**解**】
构造劳斯表：

$$
\begin{array}{cccc}
s^5 & 1 & 2 & 1 \\
s^4 & 2 & 4 & 1 \\
s^3 & 0(\varepsilon) & \dfrac{1}{2} & \\
s^2 & 4-\dfrac{1}{\varepsilon} & 1 & \\
s^1 & \dfrac{1}{2} & & \\
s^0 & 1 & &
\end{array}
$$

本例中，劳斯表第 3 行元素出现 0，若继续计算，第 4 行的元素将为无穷大。这时可以用一个很小的正数 ε 代替第 3 行的零元素，继续计算下去。很显然

$$4 - \frac{1}{\varepsilon} < 0$$

劳斯表第 1 列元素的符号改变了两次，说明系统不稳定且有两个特征根位于 s 平面右半边。

在这种情况下，若第 1 列元素全部为正，说明系统特征根有纯虚根，即有闭环极点分布在 s 平面虚轴上。s 平面虚轴把 s 平面分为两个半边，系统闭环极点若分布在 s 平面左半边，系统一定稳定，所以 s 平面左半边是稳定区。只要系统有闭环极点分布在 s 平面右半边，系统就一定不稳定。所以 s 平面右半边是不稳定区。闭环极点若分布在虚轴上，称其为稳定的临界情况，因为这类闭环极点对应的系统齐次方程的解是等幅振荡或常量，在李雅普诺夫稳定性的定义下，这种情况是稳定的，但不是渐进稳定。在实际的控制工程中，系统稳定或不稳定与李雅普诺夫稳定性定义中的稳定是有差别的。

【**例 1.2**】 已知控制系统的特征方程为 $s^6 + s^5 - 2s^4 - 4s^3 - 7s^2 - 4s - 4 = 0$，讨论系统稳定的情况。

【解】

从特征方程上看，此系统不满足线性定常系统稳定的必要条件：$a_i > 0$，可以得出结论，系统不稳定。但是为了获取系统在稳定性方面更多的信息，仍然可使用劳斯稳定判据。

构造劳斯表：

$$
\begin{array}{cllll}
s^6 & 1 & -2 & -7 & -4 \\
s^5 & 1 & -3 & -4 & 0 \\
s^4 & 1 & -3 & -4 & \\
s^3 & 0(4) & 0(-6) & 0 & \\
s^2 & -1.5 & -4 & & \\
s^1 & -16.7 & & & \\
s^0 & -4 & & &
\end{array}
$$

本例中，劳斯表第 4 行出现了全为 0 的行。这种情况下，可以取全为 0 的行的上一行的元素构成一个辅助方程，方程中 s 均为偶次，即

$$s^4 - 3s^2 - 4 = 0$$

对辅助方程求导得

$$4s^3 - 6s = 0$$

用辅助方程求导后得到的方程的系数取代全为 0 的行中的对应零元素，再继续劳斯表的计算。本例中劳斯表第 1 列元素改变了一次符号，所以系统特征方程有一个根在 s 平面右半边。

出现某行元素全为 0 的情况，说明系统存在对称于 s 平面原点的特征根。求解辅助方程，可以得到这些根，即

$$s^4 - 3s^2 - 4 = 0$$
$$s_{1,2} = \pm 2, \quad s_{3,4} = \pm j$$

但是当一行中的第一列的元素为 0，而且没有其他项时，可以按第一种特殊情况处理。

1.2.7　控制系统的稳态误差分析

控制系统的性能包括动态性能和稳态性能。系统的稳态性能主要用稳态误差来衡量。所谓稳态误差，是指系统达到稳态时输出量的期望值与稳态值之间存在的差值。稳态误差的大小是稳态系统时域性能的重要指标。稳态误差并不包括由于元件的非线性、零点漂移、老化等原因所造成永久性的误差。没有稳态误差的系统称为无差系统，具有稳态误差的系统称为有差系统。通常，用给定稳态误差来衡量随动系统的控制精度，用扰动稳态误差来衡量恒值控制系统的控制精度。

系统的稳态误差可以从输入端定义，也可以从输出端定义。在自动控制理论中，使用较多的是从输入端定义的稳态误差。本节主要介绍从输入端定义的稳态误差，控制系统框图如图 1-12 所示。

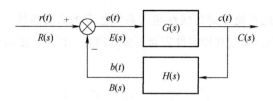

图 1-12　控制系统框图

1. 误差定义

对于误差，有不同的定义，常用的误差定义有以下两种。

1）从输出端定义的误差：系统输出量的期望值与实际值之差，即

$$e(t) = c_{\mathrm{r}}(t) - c(t) \tag{1-40}$$

式中，$e(t)$ 为误差；$c_{\mathrm{r}}(t)$ 为与系统给定输入量相对应的期望输出量；$c(t)$ 为系统的实际输出量。

这种定义物理意义明确，但在实际系统中往往不可测量，故不常用。

2）从输入端定义的误差：系统给定输入量与主反馈量之差，即

$$e(t) = r(t) - b(t) \tag{1-41}$$

式中，$r(t)$ 为给定输入量；$b(t)$ 为系统实际输出量 $c(t)$ 经反馈后送到输入端的反馈量。

这种定义的误差在实际系统中容易测量，便于进行理论分析，故在控制系统的分析中，常用这种定义的误差。

2. $c_{\mathrm{r}}(t)$ 与 $r(t)$

对于被控量的期望值 $c_{\mathrm{r}}(t)$，也有不同的定义。对于负反馈系统，当反馈通路传递函数 $H(s)$ 是常数（通常如此）时，本书定义，偏差信号 $e(t) = 0$ 时的被控量的值就是期望输出值。

令

$$E(s) = 0$$

则

$$C(s) = C_{\mathrm{r}}(s)$$
$$R(s) - H(s)C_{\mathrm{r}}(s) = 0$$

故

$$C_{\mathrm{r}}(s) = \frac{R(s)}{H(s)}, \quad c_{\mathrm{r}}(t) = \frac{1}{H(s)}r(t)$$

由误差的第一种定义，有

$$E_1(s) = C_{\mathrm{r}}(s) - C(s) \Rightarrow E_1(s) = \frac{R(s)}{H(s)} - C(s) \tag{1-42}$$

由误差的第二种定义，有

$$E(s) = R(s) - B(s) = R(s) - H(s)C(s) \Rightarrow E_1(s) = \frac{1}{H(s)}E(s)$$

$$e_1(t) = \frac{1}{H(s)}e(t)$$

（1-43）

对于单位负反馈系统，即 $H(s)=1$，上面两种定义的误差是一样的。

3. 稳态误差的定义

从输入端定义的误差为

$$e(t) = r(t) - b(t)$$

（1-44）

当时间 $t \to \infty$ 时，该差值就是稳态误差，用 e_{ss} 表示，即

$$e_{ss} = \lim_{t \to \infty} e(t) = \lim_{t \to \infty}\left[r(t) - b(t)\right]$$

（1-45）

定义：稳定的控制系统，在输入变量的作用下，动态过程结束后，进入稳定状态下的误差，称为稳态误差。

对于单位反馈系统，$H(s)=1$，$b(t)=y(t)$，其稳态误差 e_{ss} 为

$$e_{ss} = \lim_{t \to \infty} e(t) = \lim_{t \to \infty}\left[r(t) - y(t)\right]$$

（1-46）

本节研究由参考输入信号 $r(t)$ 和扰动信号 $n(t)$ 引起的稳态误差，它们与系统的结构和参数、信号的函数形式（阶跃、斜坡或加速度）以及信号进入系统的位置有关。对于不稳定的系统，误差的瞬态分量很大，这时研究和减小稳态误差都没有实际意义，所以这里只研究稳定系统的稳态误差。

4. 稳态误差的分类

闭环控制系统框图如图 1-13 所示。

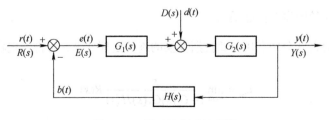

图 1-13　闭环控制系统框图

当给定输入 $r(t)$ 和扰动输入 $d(t)$ 同时作用时，如图 1-13 所示，输出 $y(t)$ 的拉普拉斯变换 $Y(s)$ 为

$$Y(s) = G_1(s)G_2(s)E(s) + D(s)G_2(s)$$
$$\qquad = G_1(s)G_2(s)\left[R(s) - H(s)Y(s)\right] + D(s)G_2(s) \qquad (1\text{-}47)$$

将式整理后得

$$Y(s) = \frac{G_1(s)G_2(s)}{1 + G_1(s)G_2(s)H(s)}R(s) + \frac{G_2(s)}{1 + G_1(s)G_2(s)H(s)}D(s) \qquad (1\text{-}48)$$

误差 $e(t)$ 的拉普拉斯变换为

$$E(s) = R(s) - H(s)Y(s) = \frac{1}{1 + G_1(s)G_2(s)H(s)}R(s) - \frac{G_2(s)H(s)}{1 + G_1(s)G_2(s)H(s)}D(s) \qquad (1\text{-}49)$$

式（1-49）表明，误差 $E(s)$ 既与给定值输入 $R(s)$ 及扰动输入 $D(s)$ 有关，也与系统的结构有关，即与 $G_1(s)$、$G_2(s)$、$H(s)$ 等有关。

式（1-47）等号右边第一项对应于给定值 $r(t)$ 输入所引起的误差，用 $E_r(s)$ 代表；右边第二项对应于扰动输入 $n(t)$ 所引起的误差，用 $E_n(s)$ 代表，因此式（1-49）可写成

$$E(s) = E_r(s) + E_n(s) \qquad (1\text{-}50)$$

其中

$$E_r(s) = \frac{1}{1 + G_1(s)G_2(s)H(s)}R(s)$$

$$E_n(s) = \frac{-G_2(s)H(s)}{1 + G_1(s)G_2(s)H(s)}D(s)$$

而

$$\frac{E(s)}{R(s)} = \frac{1}{1 + G_1(s)G_2(s)H(s)}$$

称为给定输入 $r(t)$ 系统的误差传递函数。

$$\frac{E(s)}{D(s)} = \frac{-G_2(s)H(s)}{1 + G_1(s)G_2(s)H(s)}$$

称为扰动输入 $d(t)$ 系统的误差传递函数。

对 $E_r(s)$ 和 $E_n(s)$ 两式分别利用拉普拉斯变换的终值定理计算，可得给定稳态误差 e_{ssr} 为

$$e_{ssr} = \lim_{s \to 0} \frac{s}{1 + G_1(s)G_2(s)H(s)}R(s) \qquad (1\text{-}51)$$

及扰动稳态误差 e_{ssn} 为

$$e_{ssn} = \lim_{s \to 0} \frac{-sG_2(s)H(s)}{1 + G_1(s)G_2(s)H(s)}D(s) \qquad (1\text{-}52)$$

由于稳态误差与系统的结构有关，这里介绍一种控制系统按开环结构中积分环节数来分类的方法。

假设系统的开环传递函数有下列形式：

$$G(s)H(s)=\frac{K\prod_{i=1}^{m}(\tau_i s+1)}{s^N\prod_{j=1}^{n-N}(T_j s+1)} \tag{1-53}$$

式中，K 为开环放大系数；N 为开环结构中串联的积分环节数；τ_i 为开环传递函数分子多项式的时间常数，$i=1,2,\cdots,m$；T_j 为开环传递函数分母多项式的时间函数，$j=1,2,\cdots,n-N$。

控制系统根据不同的 N 值可分为下列类型：

当 $N=0$，即控制系统开环传递函数不含积分环节时，称为 0 型系统；当 $N=1$ 时，称为 I 型系统；当 $N=2$ 时，称为 II 型系统。

由于当 $N>2$ 时，对系统的稳定性是不利的，因此一般不采用，这里不再讨论。

5. 给定值输入下的稳态误差计算

（1）按照误差定义利用终值定理计算系统的稳态误差

【例 1.3】　如图 1-13 所示的系统，已知 $G_1(s)=2$，$G_2(s)=\dfrac{1}{s+1}$，$H(s)=1$，确定当 $r(t)=10\cdot1(t)$ 时，系统的给定稳态误差 e_{ssr}。

【解】

首先判断系统的稳定性。系统的特征方程为

$$1+G_1(s)G_2(s)H(s)=0\Rightarrow 1+\frac{2}{s+1}=0\Rightarrow s+3=0$$

系统稳定，而

$$E_{ssr}=\frac{1}{1+G_1(s)G_2(s)H(s)}R(s)=\frac{1}{s+3}R(s)$$

$$e_{ssr}=\lim_{s\to0}sE_{ssr}=\lim_{s\to0}s\frac{1}{s+3}R(s)=\lim_{s\to0}s\frac{1}{s+3}\frac{10}{s}=\frac{10}{3}$$

（2）利用开环结构形式及输入信号的形式计算系统的稳态误差

当系统结构复杂时，用上述方法计算给定值扰动下的稳态误差，由于需要求取系统的闭环传递函数，因此计算过程比较复杂，尤其是对于多回路的复杂系统，计算过程更为烦琐。另外这种计算方法既不能显示出系统产生误差的原因，也不能确定减小误差的措施。尤其是对于设计指标要求必须具有静态无差能力的系统，上述求取误差的方法无法确定设计无差系统的直观方法。为寻找求取系统稳态性能的简单直观方法并且研究内部结构与系统稳态误差的内在联系，这里引出一个概念，即用开环结构确定闭环系统的稳态性能。

从例 1.3 可看出，给定稳态误差与给定值输入类型、开环放大系数和系统的类型（0 型、I 型、II 型等）有关。通常采用单位阶跃输入、单位斜坡输入和单位抛物线输入等来研究给定稳态误差。每种输入又可以作用于不同类型的系统，从而得到稳态误差的不同计算结果。下面介绍不同情况下给定稳态误差的计算。

1）单位阶跃输入：当输入为单位阶跃函数时，图 1-13 中 $r(t)=1(t) \Rightarrow R(s)=\dfrac{1}{s}$，代入上述 e_{ssr} 计算公式可得给定稳态误差 e_{ssr} 为

$$e_{ssr} = \lim_{s \to 0} \frac{s}{1+G_1(s)G_2(s)H(s)} \frac{1}{s} \quad (1\text{-}54)$$

令 $G_1(s)G_2(s)=G(s)$，并定义

$$K_p = \lim_{s \to 0} G(s)H(s) \quad (1\text{-}55)$$

K_p 称为稳态位置误差系数。

将 $G(s)$、K_p 代入式（1-54）得

$$e_{ssr} = \lim_{s \to 0} \frac{1}{1+G(s)H(s)} = \frac{1}{1+\lim\limits_{s \to 0} G(s)H(s)} = \frac{1}{1+K_p} \quad (1\text{-}56)$$

对于 0 型系统

$$K_p = \lim_{s \to 0} \frac{K\prod\limits_{i=1}^{m}(\tau_i s+1)}{\prod\limits_{j=1}^{n}(T_j s+1)} = K, \quad e_{ssr}=\frac{1}{1+K} \quad (1\text{-}57)$$

对于 I 型或高于 I 型的系统

$$K_p = \lim_{s \to 0} \frac{K\prod\limits_{i=1}^{m}(\tau_i s+1)}{s^N\prod\limits_{j=1}^{n-N}(T_j s+1)} = \infty \quad (N \geqslant 1), \quad e_{ssr}=\frac{1}{1+K_p}=0 \quad (1\text{-}58)$$

从以上分析可以看出，由于 0 型系统中没有积分环节，单位阶跃输入时的稳态误差为一定值，它的大小差不多与系统开环传递函数 K 成反比。K 越大，e_{ssr} 越小，但总有误差。因此，这种开环结构没有积分环节的 0 型系统，又称为有差系统。

虽然实际生产过程的控制系统一般是允许存在误差的，只要误差不超过规定的指标就可以，但总是希望稳态误差越小越好，因此，常在稳定条件允许的前提下，增大 K_p 或 K。若要求系统对阶跃输入的稳态误差为零，则系统必须是 I 型或高于 I 型的，即其前向通道中必须具有积分环节。

2）单位斜坡输入：当输入为单位斜坡函数时，图 1-13 中 $r(t)=\dfrac{1}{2}t^2 \Rightarrow R(s)=\dfrac{1}{s^3}$，代入式（1-51）得给定稳态误差 e_{ssr} 为

$$e_{\text{ssr}} = \lim_{s \to 0} \frac{s}{1 + G_1(s)G_2(s)H(s)} \frac{1}{s^2} = \lim_{s \to 0} \frac{1}{s[1 + G(s)H(s)]}$$

$$= \lim_{s \to 0} \frac{1}{s + sG(s)H(s)} = \lim_{s \to 0} \frac{1}{sG(s)H(s)} \tag{1-59}$$

定义

$$K_{\text{v}} = \lim_{s \to 0} sG(s)H(s) \tag{1-60}$$

K_{v} 称为稳态速度误差系数。

将 K_{v} 代入式（1-59）得

$$e_{\text{ssr}} = \frac{1}{K_{\text{v}}}$$

对于 0 型系统

$$K_{\text{v}} = \lim_{s \to 0} s \frac{K\prod_{i=1}^{m}(\tau_i s + 1)}{\prod_{j=1}^{n}(T_j s + 1)} = 0, \quad e_{\text{ssr}} = \frac{1}{K_{\text{v}}} = \infty \tag{1-61}$$

对于 I 型系统

$$K_{\text{v}} = \lim_{s \to 0} s \frac{K\prod_{i=1}^{m}(\tau_i s + 1)}{s\prod_{j=1}^{n-1}(T_j s + 1)} = K, \quad e_{\text{ssr}} = \frac{1}{K_{\text{v}}} = \frac{1}{K} \tag{1-62}$$

对于 II 型或高于 II 型的系统

$$K_{\text{v}} = \lim_{s \to 0} s \frac{K\prod_{i=1}^{m}(\tau_i s + 1)}{s^N\prod_{j=1}^{n-N}(T_j s + 1)} = \infty, \quad e_{\text{ssr}} = \frac{1}{K_{\text{v}}} = 0 \tag{1-63}$$

上述分析表明：对于 0 型系统，输出不能紧跟等速度输入（斜坡输入），最后稳态误差趋近 ∞；对于 I 型系统，输出能跟踪等速度输出，但总有误差（$1/K$）。为了减少误差，必须使前向通道系统的 K_{v} 或 K 值足够大；对于 II 型或 II 型以上系统，稳态误差为零。这种系统有时称为二阶无差系统。

所以对于斜坡输入信号，要使系统稳态误差为定值或为零，必须使前向通道串联的积分环节数 N 大于等于 1，也就是要有足够的积分环节数。

3）单位抛物线输入：当输入为单位抛物线函数（即等加速度函数）时，图 1-13 中 $r(t) = \frac{1}{2}t^2 \Rightarrow R(s) = \frac{1}{s^3}$，代入式（1-51）得给定稳态误差 e_{ssr} 为

$$e_{ssr} = \lim_{s \to 0} \frac{s}{1+G(s)H(s)} \frac{1}{s^3} = \lim_{s \to 0} \frac{1}{s^2 + s^2 G(s)H(s)} = \lim_{s \to 0} \frac{1}{s^2 G(s)H(s)} \quad (1\text{-}64)$$

定义

$$K_a = \lim_{s \to 0} s^2 G(s)H(s) \quad (1\text{-}65)$$

K_a 称为稳态加速度误差系数。

将 K_a 代入式（1-64）得

$$e_{ssr} = \frac{1}{K_a}$$

对于 0 型系统

$$K_a = \lim_{s \to 0} s^2 \frac{K\prod_{i=1}^{m}(\tau_i s+1)}{\prod_{j=1}^{n}(T_j s+1)} = 0, \quad e_{ssr} = \frac{1}{K_a} = \infty \quad (1\text{-}66)$$

对于 I 型系统

$$K_a = \lim_{s \to 0} s^2 \frac{K\prod_{i=1}^{m}(\tau_i s+1)}{s\prod_{j=1}^{n-1}(T_j s+1)} = 0, \quad e_{ssr} = \frac{1}{K_a} = \infty \quad (1\text{-}67)$$

对于 II 型系统

$$K_a = \lim_{s \to 0} s^2 \frac{K\prod_{i=1}^{m}(\tau_i s+1)}{s^2\prod_{j=1}^{n-2}(T_j s+1)} = K, \quad e_{ssr} = \frac{1}{K_a} = \frac{1}{K} \quad (1\text{-}68)$$

对于 III 型或高于 III 型的系统

$$K_a = \lim_{s \to 0} s^N \frac{K\prod_{i=1}^{m}(\tau_i s+1)}{s^N\prod_{j=1}^{n-N}(T_j s+1)} = \infty, \quad e_{ssr} = \frac{1}{K_a} = 0 \quad (1\text{-}69)$$

所以，当输入为单位抛物线函数时，0 型和 I 型系统都不能满足要求，II 型系统能工作，但要有足够大的 K_a 或 K 使稳态误差在允许范围之内。只有 III 型或 III 型以上的系统，输出才能紧跟输入，且稳态误差为零。但是必须指出，当前向通道积分环节增多时，系统的动态稳定性将变得很差以至不能正常工作。

当输入信号是上述典型输入的组合时，为使系统满足稳态影响的要求，N 值应按最复杂的输入函数来选定（例如，输入函数包含有阶跃和斜坡两种函数时，N 必须大于或等于 1）。

6. 扰动作用下的稳态误差计算

控制系统除了受到给定值输入的作用外，还经常受到各种扰动输入的作用。在控制系统受到扰动时，即使给定值不变也会产生稳态误差。另外，系统的元器件受环境影响、老化、磨损等会使系统特性发生变化，也可以产生稳态误差。系统在扰动作用下的稳态误差大小反映了系统抗干扰的能力。

（1）按照误差定义利用终值定理计算系统的稳态误差

【例 1.4】　如图 1-13 所示的系统，已知 $G_1(s) = 2$，$G_2(s) = \dfrac{1}{s+1}$，$H(s) = 1$，确定系统当 $n(t) = 5 \cdot 1(t)$ 时系统的稳态误差 e_{ssd}。

【解】

首先判断系统的稳定性。系统的特征方程为

$$1 + G_1(s)G_2(s)H(s) = 0 \Rightarrow 1 + \frac{2}{s+1} = 0 \Rightarrow s + 3 = 0$$

系统稳定，而

$$E_{ssn} = -\frac{G_2(s)}{1 + G_1(s)G_2(s)H(s)} N(s) = -\frac{\dfrac{1}{s+1}}{1 + \dfrac{2}{s+2}} N(s)$$

$$e_{ssn} = \lim_{s \to 0} s E_{ssn} = -\lim_{s \to 0} s \frac{1}{s+3} N(s) = -\lim_{s \to 0} s \frac{1}{s+3} \frac{5}{s} = -\frac{5}{3}$$

（2）利用开环结构形式及输入信号的形式计算系统的稳态误差

扰动输入能从各种不同部位作用到系统。系统对于某种形式的给定输入的稳态误差可能为零，但是由于作用的部位不同，对同样形式的扰动输入，其稳态误差未必为零。

对于图 1-13 所示的系统，这里来讨论该系统在扰动 $d(t)$ 作用下的稳态误差。按叠加原理，假定 $R(s) = 0$，系统中只有扰动输入，则 $D(s)$ 引起的稳态误差 $E_d(s)$ 为

$$E_d(s) = \frac{-G_2(s)H(s)}{1 + G_1(s)G_2(s)H(s)} D(s) \tag{1-70}$$

当 $G_1(s)G_2(s)H(s) \gg 1$ 时，式（1-70）可近似写成

$$E_d(s) \approx -\frac{D(s)}{G_1(s)} \tag{1-71}$$

扰动稳态误差 e_{ssd}（时域表示）为

$$e_{ssd} = \lim_{s \to 0} s E_d(s) \approx -\lim_{s \to 0} s \frac{D(s)}{G_1(s)} \tag{1-72}$$

设

$$G_1(s) = \frac{K_1 \prod_{i=1}^{m_1}(\tau_i s + 1)}{s^{N_1} \prod_{j=1}^{n_1-N_1}(T_j s + 1)}$$ （1-73）

式中，K_1 为 $G_1(s)$ 的放大系数；N_1 为 $G_1(s)$ 含有的积分环节数。则

$$e_{\text{ssd}} = -\lim_{s \to 0} sD(s) \frac{s^{N_1}}{K_1}$$ （1-74）

为了降低和消除扰动引起的稳态误差，可以在扰动作用点前的传递函数 $G_1(s)$ 中引入积分环节和提高放大系数 K_1，这样做可以仅消除扰动引起的稳态误差而又不影响系统的稳定性。值得说明的是，扰动稳态误差与干扰的作用点有关。

若要求取系统在给定值输入和扰动输入同时作用下的稳态误差，只要将二者叠加就可以了。

表 1-1 给出了在输入信号作用下系统的稳态误差。

表 1-1　输入信号作用下系统的稳态误差

系统类型	静态误差系数			阶跃输入 $r(t) = R \cdot 1(t)$	斜坡输入 $r(t) = Rt$	加速度输入 $r(t) = \frac{1}{2}Rt^2$
	K_p	K_v	K_a	$e_{\text{ss}} = \frac{R}{1+K_p}$	$e_{\text{ss}} = \frac{R}{K_v}$	$e_{\text{ss}} = \frac{R}{K_a}$
0 型	K	0	0	$\frac{R}{1+K}$	∞	∞
I 型	∞	K	0	0	$\frac{R}{K}$	∞
II 型	∞	∞	K	0	0	$\frac{R}{K}$
III 型	∞	∞	∞	0	0	0

由以上分析可知，为减小稳态误差，提高系统准确性，要根据输入信息形式选择系统类型（提高系统类型）；在考虑系统稳定的前提下，可尽量提高开环放大倍数；要保证反馈通道各环节参数恒定及给定信号的精度。即减少稳态误差的方法有如下几种：

1）保证反馈通道各环节参数的精度和给定信号的精度。

2）增大开环总增益（错开原则），并加在扰动作用点前。

3）增加系统前向通道中的积分环节数目（提型）。

1.3 线性系统频域分析法

建立了系统数学模型（动态微分方程、传递函数），就可以分析评价系统的动、静态特性，并进而寻求改进系统性能的途径。

通过前面的分析可知，用时域响应来描述系统的动态性能最为直观准确。但是，用分析方法求解系统的时域响应往往比较烦琐，对于高阶系统就更加困难，对于有些系统或元器件很难列写出其微分方程。而且，对于高阶系统，系统结构和参数同系统动态性能之间没有明确的关系，不易看出系统结构和参数对系统动态性能的影响，当系统的动态性能不能满足生产工艺要求时，很难指出改善系统性能的途径。虽然根轨迹分析法在这一点上有了显著的进步，但也只能研究一个参数变化对系统性能的影响，而且对于复杂系统的设计采用这种方法，计算量也比较大。

本章研究的频域分析法是以控制系统的频率特性作为数学模型，不去求解系统的微分方程或动态方程，而是做出系统频率特性的图形，然后通过频域与时域之间的关系来分析系统的性能，因而比较方便。频率特性不仅可以反映系统的性能，还可以反映系统的参数和结构与系统性能的关系，因此研究频率特性，可以了解如何改变系统的参数和结构来改善系统的性能。另外，由于频率特性有明确的物理意义，可以用实验方法较为准确地测取，这对于那些难以用解析法建立数学模型的系统或元器件更具有实际意义，因此被广泛地应用于工程实际，是一种必须掌握的控制系统性能分析法。

1.3.1 频域特性的基本概念

频域分析法是一种控制系统性能分析的图解方法。它把时间域里难以定量分析的复杂系统通过模型变换转换到频率域进行研究，从而使复杂的计算过程变成直观的图示形式，将系统动静态性能以新的指标形式清晰地展现出来。

通常，人们研究系统性能时都是在给系统强加一定形式的扰动信号，并通过系统的动态调节获取动态性能指标的。在时域分析法中，选用的扰动信号一般为阶跃、脉冲和斜坡形式，而在频域分析法中，是通过研究控制系统对不同频率正弦信号的反应揭示系统的本质结构特征的。相比较而言，频域分析法更具有明确的物理意义和工程使用价值。

频域分析法的特点如下：

1）用绘图的方法代替复杂的计算过程。

2）用开环频率特性曲线研究闭环系统的性能。

3）有明确的物理意义和工程实用价值。

控制系统对正弦输入信号的稳态响应称为系统的频率响应。

下面讨论线性定常系统的频率响应。图 1-14 所示为一个线性定常系统，系统的传递函数为 $G(s)$，输入函数是正弦函数

$$x(t) = X \sin \omega t$$

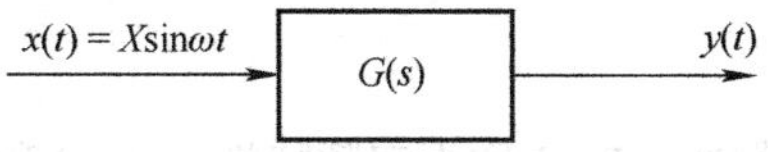

式中，X 为正弦函数的最大振幅；ω 为角频率。

图 1-14 线性定常系统

$x(t)$ 的拉普拉斯变换为

$$X(s) = \frac{\omega X}{s^2 + \omega^2} \qquad (1\text{-}75)$$

$$Y(s) = G(s)X(s) \Rightarrow \cdots \Rightarrow y(t) = Y\sin(\omega t + \phi) \qquad (1\text{-}76)$$

由此可知,线性定常系统在正弦输入信号的作用下,其输出的稳态分量是与输入信号相同频率的正弦函数,但振幅和相位不同。

线性定常系统对正弦输入的稳态响应是由系统的特性决定的。稳态输出与输入的振幅比为

$$\frac{Y}{X} = |G(j\omega)| \qquad (1\text{-}77)$$

稳态输出与输入的相位差为

$$\phi = \angle G(j\omega) \qquad (1\text{-}78)$$

定义:系统的稳态输出正弦信号与输入正弦信号的振幅比称为幅频特性,相位差称为相频特性。幅频特性和相频特性都是输入信号的频率 ω 的函数。采用复数的模和辐角表示振幅比和相位差称为系统的频率特性。用数学公式表示为

$$G(j\omega) = \frac{Y(j\omega)}{X(j\omega)} |G(j\omega)| e^{j\phi(\omega)} \qquad (1\text{-}79)$$

系统的频率特性是系统传递函数 $G(s)$ 的特殊形式,它们之间的关系是

$$G(j\omega) = G(s)\big|_{s=j\omega} \qquad (1\text{-}80)$$

式(1-80)表明,频率特性函数是一种特殊的传递函数,即只在虚轴上取值。频率特性包含了线性定常系统稳定性和动态特性的信息,反映了系统本身固有的特性。

利用系统的频率特性,在频域中对控制系统进行分析和设计的方法称为频域分析法。频域分析法避免了求解复杂的微分方程,而且对难以写出其微分方程的复杂对象,也可以用实验法求得频率特性进行分析。频域分析法是一种图解方法,在工程上应用比较方便,因而在控制工程中获得了广泛的应用,并已形成了一套完整的分析和设计控制系统的理论和方法。

1.3.2 频率特性的表示方法

频率特性的表示方法分为频率特性的解析式和频率特性的图示(曲线)两类。在频域分析法中,采用的数学模型是频率特性曲线,在寻找频率特性曲线的绘制规律及形式特征时,需要运用频率特性的解析式方法。通过频域分析法,可以用开环频率特性曲线研究闭环系统的性能。

1. 频率特性的解析式方法

1)直角坐标式:

$$G(j\omega) = R(\omega) + jI(\omega) \qquad (1\text{-}81)$$

式中,$R(\omega)$ 称为实频特性;$I(\omega)$ 称为虚频特性。

2)极坐标式:

$$G(j\omega) = A(\omega)e^{j\phi(\omega)} \qquad (1\text{-}82)$$

式中，$A(\omega)$ 称为幅频特性，$A(\omega) = |G(j\omega)|$；$\phi(\omega)$ 称为相频特性，$\phi(\omega) = \angle G(j\omega)$。

3）直角坐标式和极坐标式之间的关系：

$$\begin{cases} R(\omega) = A(\omega)\cos\phi(\omega) \\ I(\omega) = A(\omega)\sin\phi(\omega) \\ A(\omega) = \sqrt{R^2(\omega) + I^2(\omega)} \\ \phi(\omega) = \arctan\dfrac{I(\omega)}{R(\omega)} \end{cases} \qquad（1-83）$$

2. 频率特性的图示方法

频率特性、传递函数和微分方程都可以表示控制系统的动态性能，而采用频率特性的优点是可以用图示表示。因此，工程上常常不是用频率特性的函数表达式而是用图示来分析系统的性能。要掌握频域分析法必须首先了解并掌握频率特性的各种图示方法。下面分别介绍控制工程中常用的三种频率特性的图示方法。

（1）极坐标图

极坐标图是根据复数的矢量表示方法来表示频率特性的。频率特性函数 $G(j\omega)$ 可表示为

$$G(j\omega) = |G(j\omega)|e^{j\phi|\omega|} \qquad（1-84）$$

只要知道了某一频率下的模 $|G(j\omega)|$ 与辐角 $\angle G(j\omega)$，就可以在极坐标系下确定一个矢量。矢量的末端点随 ω 变动就可以得到一条矢端曲线。这就是频率特性曲线。

工程上的极坐标图常和直角坐标系画在一个平面上，横坐标是频率特性的实部，纵坐标是频率特性的虚部，形成一个直角坐标复平面。在直角坐标复平面中，由实频特性和虚频特性的具体值确定平面上的点，这个点就是由坐标系原点指向该点的矢量的端点。

极坐标图的优点是利用实频特性和虚频特性做频率特性图比较方便，利用复数的矢量表示求解幅频特性和相频特性比较简单。极坐标图又称为奈奎斯特（Nyquist）图或幅相特性图。

（2）对数频率特性图

在控制系统的结构框图中常遇到一些环节里的串联和反馈，在求总的传递函数时，总会遇到传递函数的相乘运算。对这些环节进行频率特性的计算，同样会遇到相乘的问题，计算十分复杂。若对频率特性取对数后再运算，则可以变乘法为加法，使计算变得容易进行。基于这种思想，可以把幅频特性和相频特性按对数坐标来表示，称为对数频率特性。要完整地表示频率特性，需要两个坐标平面，一个表示幅频特性，一个表示相频特性。

表示幅频特性的坐标平面称为对数幅频特性图。其横坐标是频率，对频率取常用对数并按对数值进行分度。在横坐标上，每一个分度单位频率相差十倍，称这个分度单位的长度为十倍频程。在横坐标上并不标出频率的对数值，而是直接标出频率值，这样比较直观。对数幅频特性图的纵坐标是 $L(\omega)$

$$L(\omega) = 20\lg|G(j\omega)| \qquad（1-85）$$

式中，$L(\omega)$ 称为增益，单位为 dB。纵坐标是按分贝均匀分度的。

对数相频特性图的横坐标与对数幅频特性图相同，纵坐标直接按相位角 $\phi(\omega)$ 的值分度，不取对数。因为相位角的运算就是加法运算。

应用对数频率特性图除了运算简便外，还有一个突出的优点，即在低频段可以"展宽"频率特性，便于了解频率特性的细节特点，而在高频段可以"压缩"频率特性，因为高频段的频率特性曲线都比较简单，近似于直线。

由于 $\omega=0$ 和 $|G(j\omega)|=0$ 的对数不存在，所以在对数频率特性图上无法表示这些点。

对数频率特性图又称伯德（Bode）图。

（3）对数幅相图

对数频率特性图需要两个坐标平面表示频率特性，有时不太方便。对数幅相图则把两个平面合为一个坐标平面，其横坐标为相频特性的相位角的值，纵坐标为对数幅频特性 $L(\omega)$ 的值，频率 ω 作为一个参变量在图中标出。对数幅相图又称为尼柯尔斯图。

总之，对数频率特性图是由对数幅频特性和对数相频特性曲线组成，是工程实际中应用最多的一组曲线，本章重点研究它的应用。

1.3.3 典型环节的频率特性

前面已提到，频域分析法是利用开环频率特性曲线研究闭环系统性能的一种简单的图示方法。用频域分析法研究系统的性能，首先要解决开环频率特性曲线的绘制问题，而开环传递函数通常是由典型环节的乘积组成的，所以详细地了解典型环节的频率特性是绘制开环频率特性曲线的基础。

构成控制系统的典型环节主要包括比例环节、积分环节、微分环节、惯性环节、振荡环节和延时环节。

1. 比例环节

比例环节的传递函数为

$$G(s) = K \qquad (1-86)$$

式中，K 为放大系数。

比例环节的频率特性为

$$G(j\omega) = K \qquad (1-87)$$

比例环节的频率特性是一个不随频率变化的实常数。

在极坐标图上，比例环节是实轴上的一点。该点的具体位置由 K 的大小确定。比例环节的极坐标图如图 1-15 所示。

在对数坐标图上，由于

$$L(\omega) = 20\lg K, \quad \phi(\omega) = 0° \qquad (1-88)$$

因此，多数对数幅频特性是一条平行于 ω 轴的直线，对数相频特性是过 0° 线的一条直线，如图 1-16 所示。

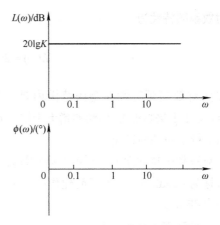

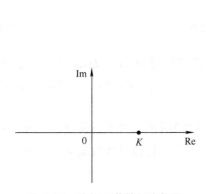

图 1-15　比例环节的极坐标图

图 1-16　比例环节的伯德图

2. 积分环节

积分环节的传递函数为

$$G(s) = \frac{1}{s} \qquad (1\text{-}89)$$

积分环节的频率特性为

$$G(j\omega) = \frac{1}{j\omega} = -j\frac{1}{\omega} \qquad (1\text{-}90)$$

积分环节的幅频特性和相频特性为

$$\left|G(j\omega)\right| = \frac{1}{\omega}, \quad \phi(\omega) = -90° \qquad (1\text{-}91)$$

图 1-17 所示为积分环节的极坐标图。由于其相角恒为 -90°，因此频率特性曲线是负虚轴，当 ω 从 $0 \sim \infty$ 变化时，频率特性从负无穷远处沿虚轴变化到零（图中的箭头表示频率特性随 ω 变化的方向）。

积分环节的伯德图（对数频率特性）如图 1-18 所示。

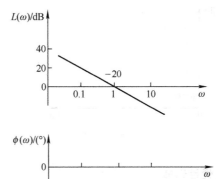

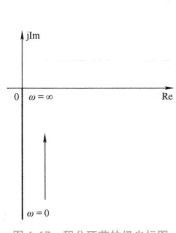

图 1-17　积分环节的极坐标图

图 1-18　积分环节的伯德图

对数幅频特性为

$$L(\omega) = 20\lg\frac{1}{\omega} = -20\lg\omega \qquad (1\text{-}92)$$

显然对数幅频特性在全频范围内是一条直线，这条直线过 $\omega = 1$，$L(\omega) = 0$ 点，斜率是 $-20\mathrm{dB/dec}$（十倍频程），即频率增大十倍，$L(\omega)$ 下降 $20\mathrm{dB}$。对数相频特性，由于 $\phi(\omega) = -90°$，是一条平行于 ω 轴的直线。

在对数频率特性图上，对数幅频特性是斜线时，应当在图中标注斜线的斜率。例如，积分环节应标为 $-20\mathrm{dB/dec}$。为了简化作图，本书约定，只在斜线上标出具体数值即可，所表示的斜率即为 $\mathrm{dB/dec}$。

3. 微分环节

微分环节的传递函数为

$$G(s) = s \qquad (1\text{-}93)$$

微分环节的频率特性为

$$G(\mathrm{j}\omega) = \mathrm{j}\omega \qquad (1\text{-}94)$$

图 1-19 给出了微分环节的极坐标图，频率特性曲线位于正虚轴上。

微分环节的对数频率特性为

$$L(\omega) = 20\lg\omega, \quad \phi(\omega) = 90° \qquad (1\text{-}95)$$

微分环节的伯德图如图 1-20 所示。

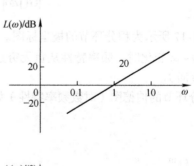

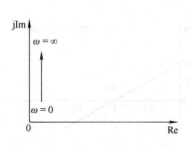

图 1-19　微分环节的极坐标图

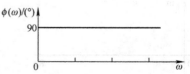

图 1-20　微分环节的伯德图

4. 惯性环节

惯性环节的传递函数为

$$G(s) = \frac{1}{Ts+1} \qquad (1\text{-}96)$$

惯性环节的频率特性为

$$G(\mathrm{j}\omega)=\frac{1}{1+(T\omega)^2}-\mathrm{j}\frac{T\omega}{1+(T\omega)^2} \qquad (1\text{-}97)$$

惯性环节频率特性的极坐标图如图 1-21 所示，是一个圆心为 $(0.5, \mathrm{j}0)$ 点，直径为 1 的下半圆。

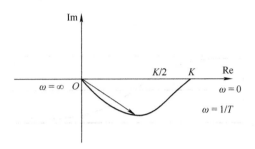

图 1-21　惯性环节频率特性的极坐标图

惯性环节的对数频率特性为

$$\begin{cases} L(\omega)=20\lg A(\omega)=20\lg \dfrac{1}{\sqrt{1+(\omega T)^2}}=-20\lg\sqrt{1+(\omega T)^2} \\ \phi(\omega)=-\arctan T \end{cases} \qquad (1\text{-}98)$$

当 $\omega \ll \dfrac{1}{T}$ 时，$L(\omega)\approx -20\lg 1=0\mathrm{dB}$，也就是说，对数幅频特性在低频段是以零分贝线作为渐近线的。频率越低就越接近于零分贝线。

而当 $\omega \gg \dfrac{1}{T}$ 时，$L(\omega)\approx -20\lg T\omega \mathrm{dB}$，这是斜率为 $-20\mathrm{dB/dec}$ 的一条直线，称为高频渐近线。频率越高，对数幅频特性曲线就越接近于高频渐近线。低频渐近线和高频渐近线相交于 $\omega=\dfrac{1}{T}$ 点处称 $\dfrac{1}{T}$ 为转折频率（或截止频率）。实际上，在 $\omega<0.1\dfrac{1}{T}$ 和 $\omega>10\dfrac{1}{T}$ 时，惯性环节的对数幅频特性基本上与高频和低频渐近线重合。在中频段，即在 $0.1\dfrac{1}{T}<\omega<10\dfrac{1}{T}$ 的范围内，对数幅频特性与高频和低频渐近线有误差，最大的误差发生在转折频率处，误差为 3dB。在画对数幅频特性图时，可以先画出高低频渐近线，在此基础上对中频段进行修正，从而得到准确的对数幅频特性曲线。

惯性环节对数幅频特性修正的范围并不大，误差最大也只有 3dB，所以在不少情况下，直接用低频渐近线和高频渐近线来表示对数幅频特性。

惯性环节的对数相频特性曲线，在 $\omega \ll \dfrac{1}{T}$ 时，$\phi \to 0°$；在 $\omega=\dfrac{1}{T}$ 时，$\phi=-45°$；在 $\omega \gg \dfrac{1}{T}$ 时，$\phi \to -90°$。

图 1-22 所示为惯性环节的伯德图。

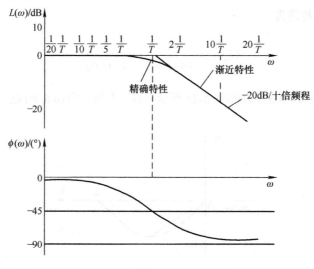

图 1-22　惯性环节的伯德图

一阶微分环节的传递函数为

$$G(s) = Ts + 1 \qquad (1\text{-}99)$$

一阶微分环节的传递函数和惯性环节的传递函数互为倒数。因此，一阶微分环节的对数频率特性曲线和惯性环节的对数频率特性曲线以 ω 轴对称。图 1-23 所示为一阶微分环节的伯德图（对数频率特性）。

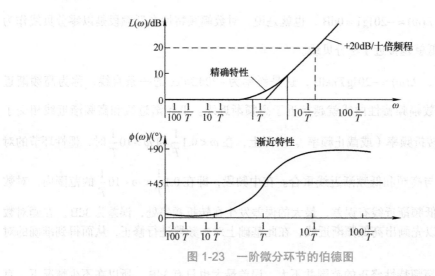

图 1-23　一阶微分环节的伯德图

5. 振荡环节

振荡环节的传递函数为

$$G(s) = \left.\frac{1}{T^2 s^2 + 2\xi Ts + 1}\right|_{s=j\omega} = \frac{1}{1 - \omega^2 T^2 + j2\xi\omega T} = \frac{1}{1 - \left(\dfrac{\omega}{\omega_n}\right)^2 + j2\xi\dfrac{\omega}{\omega_n}} \qquad (1\text{-}100)$$

式中，$\omega_n = \dfrac{1}{T}$，为系统无阻尼自振频率。

振荡环节的频率特性为

$$G(j\omega) = \frac{1}{(1-\omega^2 T^2) + j2\xi\omega T} \tag{1-101}$$

实频特性为

$$R(\omega) = \frac{1-\omega^2 T^2}{(1-\omega^2 T^2)^2 + (2\xi\omega T)^2} \tag{1-102}$$

虚频特性为

$$I(\omega) = \frac{-2\xi\omega T}{(1-\omega^2 T^2)^2 + (2\xi\omega T)^2} \tag{1-103}$$

幅频特性为

$$|G(j\omega)| = \frac{1}{\sqrt{(1-T^2\omega^2)^2 + (2\xi T\omega)^2}} \tag{1-104}$$

相频特性为

$$\phi(\omega) = -\arctan\frac{2\xi T\omega}{1-T^2\omega^2} \tag{1-105}$$

振荡环节的频率特性曲线与 ξ 有关。图 1-24 所示为振荡环节的极坐标图。

当 $\omega = \dfrac{1}{T} = \omega_n$ 时，$R(\omega)=0$，$I(\omega) = \dfrac{1}{2\xi}$，此时

$$G(j\omega) = -j\frac{1}{2\xi}$$

即振荡环节的极坐标图与虚轴相交的频率是振荡环节的无阻尼自然振荡频率。当 $\omega=0$ 时，$|G(j\omega)|=1$，$\phi(\omega)=0°$，是正实轴上的 $(1, j0)$ 点。当 $\omega\to\infty$ 时，$|G(j\omega)|=0$，$\phi(\omega)=-180°$，频率特性曲线以负实轴相切的方向终止于原点。振荡环节的幅频特性 $|G(j\omega)|$ 当 ω 从 $0\sim\infty$ 变化时，并不是从 1 单调变化到 0。振荡环节的频率特性曲线有一个谐振峰，谐振峰值为 $M_r = \dfrac{1}{2\xi\sqrt{1-\xi^2}}$，对应的谐振频率为 $\omega_r = \omega_n\sqrt{1-\xi^2}$。图 1-25 所示为惯性环节的谐振线，表示了振荡环节谐振峰及谐振频率的极坐标图。

振荡环节的对数频率特性曲线可仿照惯性环节的作图方法，即先找出高、低频渐近线，再进行精确修正。振荡环节的对数幅频特性为

$$L(\omega) = -20\lg\sqrt{(1-T^2\omega^2)^2 + (2\xi T\omega)^2} \tag{1-106}$$

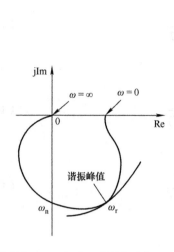

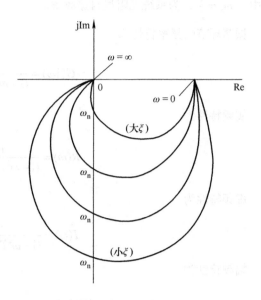

图 1-24　振荡环节的极坐标图　　　　　　图 1-25　惯性环节的谐振线

当 $\omega \ll \dfrac{1}{T}$ 时，$L(\omega) \approx -20\lg 1 = 0\text{dB}$，即振荡环节对数幅频特性的低频渐近线为零分贝线。

而当 $\omega \gg \dfrac{1}{T}$ 时，则 $L(\omega) \approx -40\lg T\omega$，这是以 -40dB/dec 为斜率的一条直线，称为振荡环节的高频渐近线。高、低频渐近线相交于 $\dfrac{1}{T}$，称为振荡环节的转折频率，也是振荡环节的无阻尼自然振荡频率。

振荡环节的对数相频特性曲线，当 $\omega = 0$ 时，$\phi(\omega) = 0°$，在对数坐标图上，$0°$ 是低频渐进线。当 $\omega = \dfrac{1}{T}$ 时，$\phi(\omega) = -90°$；当 $\omega \to \infty$ 时，$\phi(\omega)$ 以 $-180°$ 线为渐近线。

6. 延时环节

延时环节的传递函数为

$$G(s) = e^{-\tau s} \tag{1-107}$$

延时环节的频率特性为

$$G(\mathrm{j}\omega) = e^{-\mathrm{j}\tau\omega} \tag{1-108}$$

延时环节的幅频和相频特性为

$$|G(\mathrm{j}\omega)| = 1, \quad \phi(\omega) = -\tau\omega \tag{1-109}$$

不论 ω 如何变化总等于 1，因此它在极坐标图（见图 1-26）上的频率特性是一个单位圆。

延时环节的对数频率特性为

$$L(\omega) = 20\lg|G(j\omega)| = 0\text{dB}, \quad \phi(\omega) = -57.3\tau\omega \qquad （1\text{-}110）$$

在对数幅频特性图上（见图 1-27）是过 0dB 的水平直线。

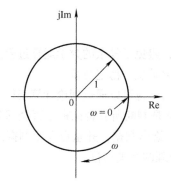

图 1-26　延时环节的极坐标图

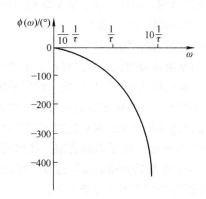

图 1-27　延时环节的对数频率特性图

1.3.4　控制系统的开环频率特性

根据传递函数求出的频率特性称为开环频率特性。开环频率特性和开环传递函数一样，在控制系统的分析中具有十分重要的作用。

设系统的开环传递函数为

$$G_0(s)H(s) = G_1(s)G_2(s)\cdots G_n(s) \qquad （1\text{-}111）$$

开环频率特性为

$$G(j\omega)H(j\omega) = G_1(j\omega)G_2(j\omega)\cdots G_n(j\omega) = |G_0(j\omega)H(j\omega)|e^{j\phi|\omega|} \qquad （1\text{-}112）$$

幅频特性为

$$|G_0(j\omega)H(j\omega)| = |G_1(j\omega)||G_2(j\omega)|\cdots|G_n(j\omega)| \qquad （1\text{-}113）$$

相频特性为

$$\phi(\omega) = \phi_1(\omega) + \phi_2(\omega) + \cdots + \phi_n(\omega) \qquad （1\text{-}114）$$

绘制开环频率特性的极坐标图，必须计算出某一频率下的幅值和辐角，从而给出开环频率特性曲线。用计算机通过专用的程序绘制开环频率特性曲线的极坐标图十分方便。绘制开环对数频率特性的步骤如下：

1）先画出除比例环节外其余各环节的对数幅频特性的渐近线。

2）从低频端开始，以每个转折频率为界，对频率进行分段。

3）每段内的斜率相加，从最左边开始按各段斜率首尾相接，画出开环对数幅频特性的渐近线。

4）将纵坐标分度值移动 $20\lg K$ 。

5）相频曲线则相加得到总的对数相频特性。

1.3.5　控制系统的稳定性分析

频率法中对系统稳定性的分析是应用奈奎斯特（Nyquist）判据进行的。奈奎斯特判据是根据控制系统的开环频率特性判断闭环系统是否稳定的判据。应用奈奎斯特判据不仅能解决系统是否稳定的问题，而且还能了解系统稳定的程度，并找出改善系统动态特性的途径。因此，奈奎斯特判据是频域分析的基础。

奈奎斯特判据的优点如下：

1）由奈奎斯特曲线可以直接观察出闭环系统的稳定性，避免了复杂的数学运算过程。

2）能够直接从频率特性曲线上确定系统的型别以及了解系统的稳定裕量。

3）系统的性能指标求取方法灵活，可以从图上测量求得，也可以通过理论计算获得。

奈奎斯特判据是通过映射定理推导得到的，其思路仍然是判断所有特征根是否全部分布在 s 平面的左半平面。由于篇幅有限，在这里不做推导，直接给出判据，并重点介绍判据的使用方法。有关奈奎斯特判据的推导过程，可以参考自动控制原理的有关书籍。

奈奎斯特判据步骤可总结如下：

1）穿次：奈奎斯特曲线与从 $(-1, j0)$ 点向负实轴方向引出的射线的交点定义为穿次。

2）正负穿次：奈奎斯特曲线随 ω 增加从射线的上面向下穿次为正穿次，反之为负穿次。正穿次数记为 a ，负穿次数记为 b 。当奈奎斯特曲线起于或终于从 $(-1, j0)$ 点向负实轴方向引出的射线时，记为 1/2 穿次。

3）开环传递函数在右半平面的极点数：对于最小相位系统，开环传递函数在右半平面无极点，只有非最小相位系统，可能存在位于右半平面的极点，记为 P 。

4）开环传递函数含有积分环节的个数：记为 v 。

5）闭环传递函数在右半平面的极点数：若闭环传递函数在右半平面无极点，则系统稳定；若闭环传递函数在右半平面的极点数不为零，则系统不稳定。闭环传递函数在右半平面的极点数记为 N 。

若已知系统的开环传递函数以及所对应的奈奎斯特曲线，且满足 $N = P - 2(a-b) = 0$ 的条件，则闭环系统稳定；反之，则不稳定，且 N 的个数为闭环系统特征根在右半平面的个数。

只判断控制系统是否稳定并且以稳定和不稳定来区分系统，这种稳定性分析称为绝对稳定性问题。在更多的情况下，还需要知道控制系统的稳定程度如何，这就是相对稳定性问题。应用奈奎斯特判据不仅可以判断系统是否稳定，而且可以分析系统的相对稳定性问题。

图 1-28 所示为一个控制系统的开环频率特性曲线的局部（ $P = 0$ ）。当系统的 K 较小时，开环频率特性曲线不包围 $(-1, j0)$ 点。继续增大 K ，开环频率特性曲线仍未包围 $(-1, j0)$ 点，系统还是稳定的，但开环频率特性曲线更靠近 $(-1, j0)$ 点，可以说它的稳定程度不如前者。再增大 K ，开环频率特性曲线通过 $(-1, j0)$ 点，系统处于临界稳定状态。随着 K 的继续增大，开环频率特性曲线包围了 $(-1, j0)$ 点，系统变成了不稳定系统。图 1-28 表明，对于稳定的系统，开环频率特性

曲线越靠近 $(-1, j0)$ 点，系统的稳定程度越低。对于不稳定的系统，开环频率特性曲线离 $(-1, j0)$ 点越远，不稳定程度越大。

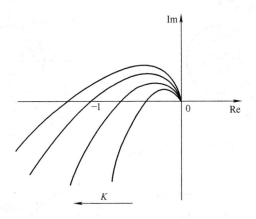

图 1-28 开环频率特性随 K 变化

开环频率特性曲线通过点 $(-1, j0)$ 时，必然满足

$$\left|G_0(j\omega)H(j\omega)\right| = 1, \quad \phi(\omega) = -180° \tag{1-115}$$

开环频率特性曲线靠近 $(-1, j0)$ 点的程度就是系统相对稳定的程度。工程上，可以采用稳定裕量来具体描述系统相对稳定性的大小。稳定裕量是由相位裕量和增益裕量共同决定的。

（1）相位裕量

当开环频率特性的幅频特性满足 $\left|G_0(j\omega)H(j\omega)\right| = 1$ 时，开环相频特性的相位角 $\phi(\omega)$ 与 $-180°$ 之差，定义为系统的相位裕量，如图 1-29a 所示。

$$\gamma = \phi(\omega) - (-180°) = \phi(\omega) + 180° \tag{1-116}$$

式中，γ 为系统的相位裕量。相位裕量为正值，系统稳定。

在开环频率特性的对数坐标图上，满足 $\left|G_0(j\omega)H(j\omega)\right| = 1$ 的是对数幅频特性曲线穿越线 0dB 的点，这时对应的频率称为幅值穿越频率 ω_c，在开环相频曲线上对应 ω_c 的相位角即为相位裕量，如图 1-29b 所示。

（2）增益裕量

当开环频率特性的相频特性满足 $\phi(\omega) = -180°$ 时，对应于该频率下开环幅频特性的倒数定义为增益裕量

$$K_g = \frac{1}{\left|G_0(j\omega)H(j\omega)\right|} \tag{1-117}$$

式中，K_g 称为增益裕量。

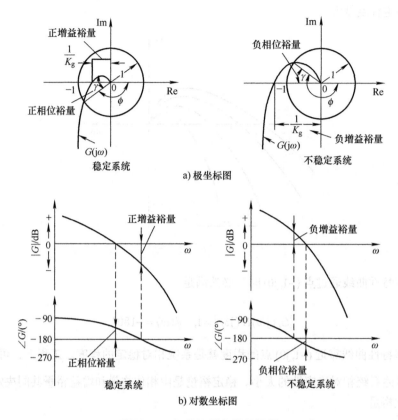

a) 极坐标图

b) 对数坐标图

图 1-29　相位裕量和增益裕量

增益裕量表示在相位已达到 $-180°$ 的条件下，开环频率特性的幅值在此时还可以放大多少倍才变得不稳定。若 $K_g > 1$，则称为正的增益裕量；若 $K_g < 1$，则称为负的增益裕量。若系统稳定，则增益裕量必须为正。

在开环对数相频特性图上，满足 $\phi(\omega) = -180°$ 时，相频特性曲线穿越 $-180°$ 线，此时对应的频率称为相位穿越频率 ω_g，与此频率相对应的开环频率特性距 0dB 线的距离即为幅值的增益裕量，如图 1-29b 所示。

稳定裕量反映了控制系统在增益和相位方面的稳定储备量。一个控制系统设计时是稳定的，但在其后的运行中可能面临许多不确定因素，例如，制造时的偏差、测量的误差、环境等因素对元器件参数的影响，以及运行条件的变化等，都可能使系统的参数甚至结构产生变化。如果系统具有相当的稳定裕量，系统在这些不确定因素的影响下，仍能保持稳定，那么系统就比较可靠。增益裕量和相位裕量一同使用，才能表示稳定裕量。稳定裕量还可以反映出系统的动态特性，稳定裕量小的系统，振荡比较剧烈，往往超调量较大；而稳定裕量过大，则系统的动态响应变慢。工程上一般使系统保持 $30° \sim 60°$ 的相位裕量和大于 6dB 的增益裕量。

以上讨论的相位裕量和增益裕量的计算和结论只适用于最小相位系统。最小相位系统是指开环传递函数在 s 平面右半边无零极点的系统。控制工程中遇到的多数系统都是最小相位系统。

1.3.6　频域分析法中的系统性能指标

1. 控制系统的性能指标

控制系统的性能指标主要由频率特性曲线低频段的形式确定。

1）系统型别：对于最小相位系统而言，根据已知系统的开环频率特性曲线就可以直接得到系统开环传递函数的型别，在奈奎斯特曲线上，曲线的起点位置表明了系统含有积分环节的个数；在伯德曲线上，低频段的斜率表明了系统含有积分环节的个数。由此，即可确定系统的型别。

2）开环增益（给定输入下的开环增益）：对于最小相位系统而言，在奈奎斯特曲线上，当开环传递函数不含积分环节时，曲线起点到原点的距离即为系统的开环增益；在伯德曲线的对数幅频特性上，从 $\omega=1$ 处引垂线与低频段折线交点的纵坐标即为 $20\lg K$。

2. 控制系统的动态性能

控制系统的动态性能主要由频率特性曲线中频段的形式确定。

1）穿越（截止）频率 ω_c：频域分析法中的一个重要指标。从宏观上分析，在系统稳定的前提条件下，ω_c 越大，表明系统允许通过且放大的信号频段越宽，对输入信号反应的灵敏度越强，系统的调节速度会加快。但这时，抗拒高频干扰信号的能力下降，对系统的稳定性不利。

2）相位裕量 γ 和幅值裕量 K_g：用于衡量系统稳定程度的重要指标。其中，工程上常用的是相位裕量 γ。从宏观上分析，相位裕量 γ 越大，系统的稳定程度越好，但调节速度会随之减慢。

3）抗高频干扰的能力：控制系统的抗干扰能力主要用频率特性曲线高频段折线的斜率和转折频率的大小来确定。高频段折线的斜率越负，对高频信号的衰减能力越强；转折频率越小，被衰减信号的频率段越宽。

应当指出的是，控制系统的动态性能指标主要取决于伯德曲线的中频段，即穿越频率附近的频段。穿越频率所对应的幅频特性决定了系统的相位裕量的大小，而系统的动态性能正是由相位裕量所决定的。根据最小相位系统幅频和相频的对应关系，若要保证系统具有一定的稳定裕量，则穿越频率处所在折线的斜率应为 –20dB/dec，且该折线应该具有较长的频带宽度，以确保系统具有较大的相位裕量。

3. 频域指标的计算

（1）依据开环频率特性曲线计算最小相位系统的动态性能指标

已知系统开环传递函数为 $G_K(s)$，令

$$\angle G_K(j\omega_g) = -180° \Rightarrow \omega_g \Rightarrow K_g = \frac{1}{\left|G(j\omega_g)\right|} \tag{1-118}$$

令

$$\left|G_K(j\omega_c)\right| = 1 \Rightarrow \omega_c \Rightarrow \gamma = 180° - \angle G_K(j\omega_c) \tag{1-119}$$

（2）依据开环对数频率特性折线近似计算最小相位系统的动态性能指标

已知系统开环传递函数为 $G_K(s)$，绘制伯德曲线（折线）草图，令

$$20\lg|G(j\omega_c)|=0 \Rightarrow |G(j\omega_c)|=1 \Rightarrow \omega_c \Rightarrow \gamma=180°-\angle G(j\omega_c) \quad (1\text{-}120)$$

令

$$\angle G_K(j\omega_g)=-180° \Rightarrow \omega_g$$

$$\Rightarrow K_g=20\lg\frac{1}{|G(j\omega_g)|}=-20\lg|G(j\omega_g)| \quad (1\text{-}121)$$

式中，K_g 的单位为 dB。

频域分析法中，主要频域指标包括穿越频率、相位裕量和幅值裕量。求解系统的相角裕度 γ 和幅值裕度 K_g 的关键在于求开环系统的截止频率 ω_c 和相角交界频率 ω_g。其中，截止频率 ω_c 的求取，除依据开环对数频率特性折线近似计算外，还可通过设幅频特性 $|G(j\omega)H(j\omega)|=1$ 求出，但这种方法计算起来十分麻烦，往往要解高阶方程，因此，一般都采用近似方法计算。

1.4 线性系统的校正法

前面几节简单地介绍了控制系统的分析方法，即时域分析法和频率特性法，并介绍了控制系统性能指标的估算方法、影响性能指标的因素以及改善系统性能指标的可行途径，揭示了控制系统性能指标的矛盾性，从而为控制系统的设计奠定了基础。

对于一个实际系统，不但要求具有稳定性，而且应具有一定的稳定裕量，即相对稳定性，以保证系统具有满意的性能指标。另外，值得指出的是，实际系统一般是用来满足特定的目标的，并不是对所有的动静态指标都有要求。因此，控制系统也只需满足特定的性能指标，其设计一般都具有明确的目的性。例如，加热炉过程由于对象的热惯性很大，响应速度很慢，对于系统的瞬态指标要求并不太高，主要是满足其稳态指标要求，而雷达系统则既要求响应速度快又要求稳态精度高。

为了使系统满足一定的性能指标，最简单的方法就是调整系统的开环增益。不过，在许多情况下仅仅调整系统的开环增益，虽然会使一些指标得到改善，但也会使另一些指标被破坏，甚至使系统失去稳定。为了解决这一矛盾，通常要在系统中引入附加装置以改善系统的性能指标，这种附加装置称为"校正装置"。

1.4.1 校正的基本概念

在控制工程中，一般是先给出控制系统的性能指标，然后按这些指标的要求设计控制系统以满足特定任务的需要。控制系统的性能指标主要反映的是控制系统的稳定性、快速性、超调量和控制精度。

组成一个控制系统的被控对象、传感器、信号变换器、执行机构等都是控制系统的重要设备和装备，这些设备和装备的性能往往不可变动或只允许稍做变动。因此，在设计中可以认为这些是一个控制系统中的不可变部分。当然，如果只由这些设备组成控制系统，控制系统的性能也是不可变的，不但很难满足预先给定的性能指标，而且无法调整。解决这个问题的办法就

是在系统中人为地引入一个可以调整的附加装置——控制器（控制器有些情况下也称为校正装置），通过调整控制器的参数，使系统最终满足性能指标的要求。由此可见，控制器的设计是控制系统设计的核心。

确定控制器的功能、结构和参数的过程称为控制系统的校正。

在被控对象数学模型 $G_0(s)$ 已知的前提下，一般需要根据控制系统的性能指标选择一种设计方案。其中，性能指标包括动态性能指标和静态性能指标，设计方案则包括对系统的结构选择和确定控制器参数取值等内容。

控制系统的结构与校正的方法并非是唯一的，因此，如何选择设计结构，如何确定校正装置的参数，才能够既使得系统满足设计指标要求，又能使设计过程的计算简单且易于工程实现，是该问题的核心所在。

设计指标有如下几点：

1）稳定性。

2）静态指标：稳态误差 e_{ss} 或位置误差系数 K_p、速度误差系数 K_v 和加速度误差系数 K_a。

3）时域动态指标：调节时间 t_s、超调量 $\delta\%$ 和峰值时间 t_p，或确定系统主导极点位置。

4）频域动态指标：穿越频率 ω_c 和相位裕量 γ。

下面简单介绍控制系统设计的结构及特点。

1. 串联校正

串联校正的系统结构如图 1-30 所示。图中，$G_0(s)$ 为被控对象的传递函数，$G_c(s)$ 为校正装置的传递函数，闭环系统的性能指标取决于 $G_c(s)G_0(s)$ 的结构与参数的取值。由于 $G_0(s)$ 固定不变，因此设计的任务是，怎样选择 $G_c(s)$ 的结构与参数的取值，使得 $G_c(s)G_0(s)$ 构成的闭环控制系统满足性能指标的要求。

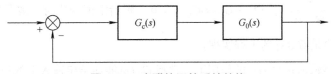

图 1-30　串联校正的系统结构

2. 串联加局部反馈校正

当串联校正不能完全满足动态性能的设计指标要求时，可选择加局部反馈校正，通过改变被控对象的结构提高系统的性能指标。

串联加局部反馈校正的系统结构一般如图 1-31 所示。

原被控对象的传递函数为

$$G_0(s) = G_{01}(s)G_{02}(s) \tag{1-122}$$

加局部反馈校正后，被控对象的传递函数改变为

$$G_K(s) = \frac{G_{01}(s)G_{02}(s)}{1 + G_{01}(s)G_c(s)} \tag{1-123}$$

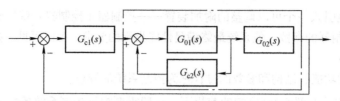

图 1-31　串联加局部反馈校正的系统结构

3. 串联反馈加前馈校正

（1）对给定值的前馈校正

对给定值的前馈校正系统结构如图 1-32 所示。由于前馈作用的介入不会破坏系统的稳定性，所以，当设计的串联反馈控制系统已经基本满足系统稳定性设计要求时，加入对给定值的前馈校正可以提高测量值跟踪给定值的能力。

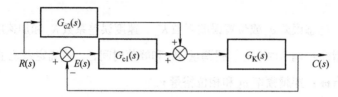

图 1-32　串联反馈加对给定值的前馈校正的系统结构

校正后给定输入下的误差传递函数为

$$\frac{E_r(s)}{R(s)}=\frac{1-G_{c2}(s)G_K(s)}{1+G_{c1}(s)G_K(s)}$$
$$E_r(s)=\frac{1-G_{c2}(s)G_K(s)}{1+G_{c1}(s)G_K(s)}R(s)$$

（1-124）

若选择 $G_{c2}(s)=\dfrac{1}{G_K(s)}$，使得 $1-G_{c2}(s)G_K(s)=0$，则给定值变化时，被调量无动态和静态跟踪差，设计难度主要是 $G_{c2}(s)$ 的工程实现。

若在确定的典型输入信号 $r(t)$ 的作用下，选择 $G_{c2}(s)$ 能使给定输入下的稳态误差

$$e_{ssr}=\lim_{s\to0}sE_r(s)=\lim_{s\to0}s\frac{1-G_{c2}(s)G_K(s)}{1+G_{c1}(s)G_K(s)}R(s)=0$$

则在给定输入作用下，可实现被调量的静态无差跟踪。

（2）对扰动值的前馈校正

对扰动值的前馈校正系统结构如图 1-33 所示。当设计的串联反馈控制系统已经基本满足系统稳定性设计要求时，加入对扰动信号的前馈校正可以提高系统抗拒干扰的能力。

校正后扰动输入下的误差传递函数为

$$\frac{E_n(s)}{N(s)}=-\frac{G_{K2}(s)+G_{c2}(s)G_{K1}(s)}{1+G_{c1}(s)G_{K1}(s)}$$
$$E_n(s)=-\frac{G_{K2}(s)+G_{c2}(s)G_{K1}(s)}{1+G_{c1}(s)G_{K1}(s)}N(s)$$

（1-125）

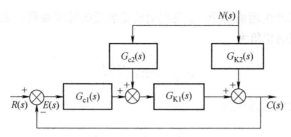

图 1-33　串联反馈加对扰动值的前馈校正的系统结构

若选择

$$G_{c2}(s) = -\frac{G_{K2}(s)}{G_{K1}(s)} \qquad (1\text{-}126)$$

使得

$$G_{K2}(s) + G_{c2}(s)G_{K1}(s) = 0 \qquad (1\text{-}127)$$

又因为

$$R(s) = 0$$

所以

$$C(s) = -E_n(s) = 0 \qquad (1\text{-}128)$$

则扰动作用时，对被调量没有任何动、静态影响。设计难度主要是 $G_{c2}(s)$ 的工程实现。

若在确定的典型扰动信号 $n(t)$ 的作用下，选择 $G_{c2}(s)$ 能使扰动输入下的稳态误差

$$e_{ssn} = \lim_{s \to 0} sE_n(s) = \lim_{s \to 0} s\frac{-G_{K2}(s) - G_{c2}(s)G_{K1}(s)}{1 + G_{c1}(s)G_{K1}(s)} N(s) = 0$$

则在扰动输入作用下，可实现被调量的静态无差跟踪。

系统校正的方法可以采用时域法、根轨迹法和频域法。当所设计的控制系统的性能指标是以频域指标形式给出时，一般采用频域法校正。本章只讨论频域法校正，读者若想了解更多的校正方法，可参阅其他书籍。

频域法校正的过程是：根据给定的性能指标，找出与性能指标相对应的开环频率特性，称之为预期频率特性，然后与系统的不可变部分的频率特性相比较，根据二者的差别，确定校正装置的频率特性和参数。总之，最终应使加入校正装置后系统的频率特性与预期的频率特性一致。

1.4.2　串联校正典型环节特性

在控制工程中，串联校正应用比较广泛。串联校正环节的特性按照其频率特性上相位超前或滞后的性质可分为三类：超前校正、滞后校正和滞后 - 超前校正。以下分别介绍典型的超前校正环节、滞后校正环节和滞后 - 超前校正环节的特性。

1. 超前校正环节特性

超前校正装置的传递函数为

$$G_c(s) = \frac{\alpha Ts + 1}{Ts + 1} \quad (\alpha > 1) \qquad (1\text{-}129)$$

超前校正装置可以产生超前相角。α 是超前校正装置的可调参数，表示了超前校正的强度。超前校正装置最大的超前相角为

$$\phi_{\max} = \arctan \frac{\alpha - 1}{\alpha + 1} \tag{1-130}$$

产生超前相角最大值的频率为

$$\omega_m = \frac{1}{\sqrt{\alpha}T}, \quad L(\omega_m) = 10\lg \alpha \tag{1-131}$$

若控制系统不可变部分的频率特性在截止频率附近有相角滞后，利用校正装置产生的超前角可以补偿相角滞后，以提高系统的相位稳定裕量，改善系统的动态特性。

2. 滞后校正环节特性

滞后校正装置的传递函数为

$$G_c(s) = \frac{\beta Ts + 1}{Ts + 1} \quad (\beta < 1) \tag{1-132}$$

其中，β 表示超前校正强度。滞后校正装置产生相位滞后，最大的相位滞后角发生在转折频率的几何中点频率处。滞后校正装置基本上是一个低通滤波器，对于低频信号没有影响，而在高频段会造成衰减。滞后网络在高频段对数频率特性的衰减值为

$$\Delta L(\omega) = -20\lg \beta \tag{1-133}$$

滞后校正正是利用了这一对数频率衰减特性，而不是利用其相位的滞后特性。

为了避免滞后校正装置的滞后角发生在校正后的截止频率附近，降低稳定裕量，所以在选择滞后校正装置时，应使其转折频率 $\frac{1}{\beta T}$ 远小于 ω_c'。在中频段和高频段，由于滞后校正装置的高频衰减作用，使开环增益下降，因此会使截止频率左移，增加系统的相位裕量，改变系统的动态特性。在低频段，由于滞后校正装置不影响开环增益，因此不会影响系统的稳态特性。不过，由于系统的截止频率降低，系统的响应速度将会变慢。

如果把滞后校正装置配置在低频段，系统的相频特性变化很小，即系统的动态特性变化不大，但开环增益却因此可以提高，使稳态性能得到改善。在控制系统动态特性较好，需要改变其稳态性能时，采用滞后校正，可以提高稳态精度，同时又对动态特性不产生大的影响。这是滞后校正装置的主要用途之一。

3. 滞后 - 超前校正环节特性

滞后校正主要用来改善系统的稳态性能，超前校正主要用来提高系统的稳定裕量，改善动态性能，如果把二者结合起来，就能同时改善系统的稳态性能和动态性能。这种校正方式称为滞后 - 超前校正。

1.4.3 频域法设计串联校正环节

若系统的性能指标以稳态误差、相位裕量和增益裕量等频域指标表示，则用频域法设计串联校正环节是很方便的。在伯德图上把校正环节的幅频和相频曲线分别加在原系统的幅频和相频曲线上就能清楚地显示校正环节的作用，同时也能方便地根据性能指标确定所需要的校正环节。

理想的开环频率特性是：低频段增益应足够大，以保证稳态精度的要求；中频段一般以 −20dB/dec 的斜率穿越零分贝线，并维持一定的宽度，以保证合适的相位裕量和增益裕量，从而使系统具有良好的动态性能；高频段的增益要尽可能小，以便使系统噪声影响降到最低程度。

串联超前校正的一般步骤可总结如下：

1）根据 $G_0(s)$ 的结构和系统静态性能指标的要求，确定校正装置 $G_c(s) = \dfrac{k_c}{s^v} G_c'(s)$ 中的 v 和 k_c。

2）由 $\dfrac{k_c}{s^v} G_0(s)$ 计算系统的穿越频率 ω_c 和相位裕量 γ。当 γ 和 ω_c 均不满足要求，且穿越频率在 −40dB 的折线上时，一般可以选择串联超前校正。

3）计算超前网络的补偿角：$\phi = \gamma^* - \gamma + \Delta$（$\gamma^*$ 为希望相角裕量，$\Delta \approx 5° \sim 8°$）。

4）计算校正装置的参数：$\alpha = \dfrac{1 + \sin\phi}{1 - \sin\phi}$。

5）计算校正后的穿越频率 ω_c'：令 $L(\omega_c') + 10\lg\alpha = 0$，让最大超前角处在校正后的穿越频率处。

6）计算校正装置的时间常数 T：$T = \dfrac{1}{\sqrt{\alpha}\,\omega_m} = \dfrac{1}{\sqrt{\alpha}\,\omega_c'}$。

7）获得超前校正网络传递函数：$G_c(s) = \dfrac{\alpha Ts + 1}{Ts + 1}$。

8）动态性能校验：由 $\dfrac{k_c}{s^v} \dfrac{\alpha Ts + 1}{Ts + 1} G_0(s)$ 计算校正后的系统性能指标，若不满足，则适当增大超前角，重复上述计算过程，或选择滞后 - 超前校正方案。

习题

【1.1】 已知系统的开环传递函数为 $G(s) = \dfrac{s^3}{(s+0.2)(s+1)(s+5)}$，绘制伯德图。

【1.2】 已知系统的开环传递函数为 $G(s) = \dfrac{5(s+2)(s+3)}{s^2(s+1)}$，绘制幅相曲线。

【1.3】 已知系统的开环传递函数为 $G(s) = \dfrac{K}{s-1}$，试用奈奎斯特判据判别 $K=0.5$ 和 $K=2$ 时的闭环系统稳定性。

【1.4】 系统的结构图如图 1-12 所示，其中 $G(s) = \dfrac{K(0.6s+1)}{s(s+1)(2s+1)}$，$H(s) = 1$，当 $r(t) = t$ 时，要求 $e_{ss} < 0.1$，求 K 的范围。

第 2 章

计算机控制系统

随着科学技术的进步，人们越来越多地利用计算机来控制系统。近几年来，计算机技术、自动控制技术、检测与传感技术、CRT 显示技术、通信与网络技术等的发展给计算机控制技术带来了巨大的变革。计算机控制是自动控制理论和计算机技术相结合的产物，人们利用这种技术可以完成常规控制技术无法完成的任务，达到常规控制技术无法达到的性能指标。随着计算机技术、高级控制策略、现场总线智能仪表和网络技术的发展，计算机控制技术水平必将大大提高。采用计算机对系统进行控制，不仅在工业、交通、农业、军事等部门得到了广泛应用，而且在经济管理等领域也得到了应用。与常规模拟控制系统相比，计算机控制系统具有许多优点。计算机参与控制，对控制系统的性能、系统的结构以及控制理论等多方面都产生了极为深刻的影响。目前，计算机控制技术成为各行业不可或缺的重要技术之一。

本章主要介绍计算机控制系统的定义、特点、分类以及计算机控制系统的发展概况和趋势。

2.1 计算机控制系统概述

2.1.1 计算机控制系统组成

计算机控制系统（Computer Control System，CCS）就是以计算机为中心，同时借助一些辅助部件，对被控对象进行控制的系统。这里的计算机通常是指数字计算机，可以有各种规模，如从微型到大型的通用或专用计算机。辅助部件主要是指输入输出接口、检测装置和执行机构等。部件与被控对象的联系以及部件之间的联系，可以是有线方式，例如，通过电缆的模拟信号或数字信号进行联系；也可以是无线方式，例如，用红外线、微波、无线电波、光波等方式进行联系。计算机控制系统的基本结构如图 2-1 所示。

计算机控制系统由控制部分和被控对象组成。控制部分主要包括计算机系统、执行机构和反馈装置。因为进出计算机的信号都是数字信号，所以必须有模数（A/D）转换器将输入的连续模拟信号转换为数字二进制信号，还要有数模（D/A）转换器将数字指令信号转换为连续模拟信号，然后发送给执行机构。控制部分既有硬件又有软件。

一个计算机控制系统需要有一套完善的硬件设备作为支撑。计算机控制系统硬件部分的基本组成有：主机、标准外部设备、过程通道、接口、人机联系设备、通信设备。其中主机是核心部分，一般由微处理器、存储器和时钟电路组成，它可以根据输入的参数信息自动进行处理，做出控制决策后输出控制信号；标准外部设备一般由输入输出设备和外存储器组成，常见输入设备有键盘、鼠标等，用来输入信息；输出设备有打印机、CRT 显示器等，可以显示控制过程；磁盘是典型的外存储器，用来存放数据；过程通道是计算机和被控对象之间信息交换的桥梁，按传送信号的形式可以分为模拟量通道和数字量通道，按信号传送的方向可以分为输入通道和输出通道；接口是用来协调计算机与外设和过程通道的工作，是通道和计算机之间的中介；人机联系设备实现操作员和计算机之间的信息交换，在计算机控制系统中，通常有一个控制台或控制面板，使操作人员可以及时地了解被控对象、过程的状态，必要时进行人为修改某些参数或紧急处理某些事件。现代化控制系统被控过程的规模一般很大，对被控对象的控制和管理也很复杂，一般需要很多台计算机分级完成控制和管理任务，因此在不同位置、不同功能的计算机之间和设备之间就需要通信设备进行信息交换，需要把多台计算机或设备连接起来构成计算机通信网络。

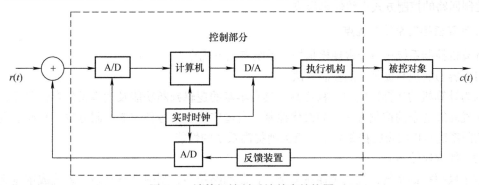

图 2-1　计算机控制系统基本结构图

软件由系统软件和应用软件组成。系统软件一般包括操作系统、语言处理程序和服务性程序等，它们通常由计算机制造厂为用户配套提供，有一定的通用性。应用软件是为实现特定控制目的而编制的专用程序，如数据采集程序、控制决策程序、输出处理程序和报警处理程序等，它们涉及被控对象的自身特征和控制策略等，由实施控制系统的专业人员自行编制。被控对象的范围很广，包括各行各业的生产过程、机械装置、交通工具、机器人、实验装置、仪器仪表、家庭生活设施、家用电器和儿童玩具等。控制目的可以是使被控对象的状态或运动过程达到某种要求，也可以是达到某种最优化目标。

图 2-1 所示为一个闭环控制系统。反馈装置通过测量元件对被控对象的参数，如温度、压力、流量、转速、位移等进行测量，然后把测量值反馈到输入端。该控制系统如果去掉反馈环节就是一个开环控制系统。开环控制系统因为不能消除控制系统中产生的误差，因此它的性能不如闭环控制系统。

2.1.2　计算机控制系统特点

相对于连续控制系统，计算机控制系统在系统结构、信号特征以及工作方式等方面都具有一些特点，现将主要特点归纳如下。

1. 系统结构的特点

计算机控制系统必须包括计算机，它是一个数字式离散处理器。此外，由于多数系统的被控对象及执行部件、测量部件是连续模拟式的，因此必须加入信号变换装置（如 A/D 及 D/A 变换器）。所以，计算机控制系统通常是由模拟与数字部件组成的混合系统。

2. 信号形式上的特点

连续系统中各个点均为连续模拟信号，而计算机控制系统有多种信号形式。由于计算机是串行工作的，必须按一定的采样间隔（称为采样周期）对连续信号进行采样，将其变成时间上是断续的离散信号，并进而变成数字信号才能进入计算机。所以，它除了有连续模拟信号外，还有离散模拟、离散数字等信号形式，是一种混合信号系统。

3. 系统工作方式的特点

在连续控制系统中，控制器通常是由不同电路构成，并且一台控制器仅为一个控制回路服务，如模拟式火炮位置控制系统。但在计算机控制系统中，一台计算机可同时控制多个被控对象或被控量，即可为多个控制回路服务。同一台计算机可以采用串行或分时并行方式实现控制，每个控制回路的控制方式由软件来形成。

4. 计算机控制系统的优点

计算机控制系统相对于常规模拟控制系统有以下优点。

（1）容易实现高级复杂的控制方法

因为计算机的运算速度快、精度高，具有丰富的逻辑判断功能及大容量的存储单元，所以容易实现高级复杂的控制方法，如最优控制、自适应控制及各种智能控制方法，从而达到常规模拟控制系统难以实现的控制质量，极大地提高系统的性能。

（2）性价比较高

对于模拟控制系统，控制规律越复杂，控制回路越多，则硬件越复杂，系统成本越高。而一台计算机可以代替多台控制仪器，同时控制多个回路，即实现群控。因此对于计算机控制系统，增加一个控制回路的费用很少并且控制规律的改变和复杂程度的提高可以由软件编程来实现，不需要改变硬件而增加成本，所以计算机控制系统有很高的性价比。

（3）灵活性强

由于计算机控制系统的硬件模块化、标准化，使得硬件配置上的可装配性、可扩充性好。因为计算机控制系统的控制算法是由软件编程实现的，所以通过修改软件就可以方便地使系统具有不同的特性，而不必像模拟控制系统那样需要改变控制器硬件结构或参数。所以计算机控制系统具有很强的灵活性。

（4）可靠性高

模拟控制系统难以实现自动检测和故障诊断，而计算机控制系统则比较方便，并且通过采用各种抗干扰、去噪声的方法，使得计算机控制系统有较强的可靠性和容错能力。

（5）易于监控

由于计算机有自诊断功能，一旦系统出现故障，计算机可以立即发出声或光的警报信号，方便维护人员迅速地找到故障点，及时进行修复。因此计算机控制系统容易实现实时监控和高层次的自动化管理。

另外，计算机控制系统还有灵敏度高、操作简便等优点。随着对自动控制系统要求的不断提高，计算机控制系统的优势越来越明显，现代的控制系统几乎都是计算机控制系统。

5. 计算机控制系统的典型形式

计算机控制系统所采用的形式与它所控制的生产过程的复杂程度密切相关，不同的被控对象和不同的要求，需要有不同的控制方案。计算机控制系统大致可分为以下几种典型形式。

（1）操作指导控制系统

操作指导控制系统的构成如图 2-2 所示。该系统不仅具有数据采集和处理的功能，而且能够为操作人员提供生产过程工况的各种数据，并且相应地给出操作指导信息，供操作人员参考。

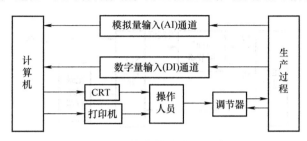

图 2-2　操作指导控制系统

操作指导控制系统属于开环控制结构。计算机根据一定的控制算法（数学模型），依赖测量元件测得的信号数据，计算出供操作人员选择的最优操作条件及操作方案。操作人员根据计算机的输出信息，如 CRT 显示图形或数据、打印机输出等去改变调节器的给定值或直接操作执行机构。

操作指导控制系统的优点是结构简单，控制灵活、安全。缺点是要人工操作，速度受到限制，不能控制多个对象。

（2）直接数字控制系统

直接数字控制（Direct Digital Control，DDC）系统的构成如图 2-3 所示。计算机首先通过模拟量输入通道（AI）和开关量输入通道（DI）实时采集数据，然后按照一定的控制规律进行计算，最后发出控制信息，并通过模拟量输出通道（AO）和开关量输出通道（DO）直接控制生产过程。DDC 系统属于计算机闭环控制系统，是计算机在工业生产过程中最普遍的一种应用方式。

由于 DDC 系统中的计算机直接承担控制任务，所以要求实时性好、可靠性高和适应性强，为了充分发挥计算机的利用率，一台计算机通常要控制几个或几十个回路，那就要合理地设计应用软件，使之稳定高效地完成所有功能。

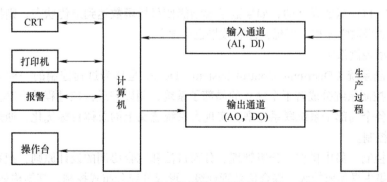

图 2-3　直接数字控制系统的构成

（3）监督控制系统

监督控制（Supervisory Computer Control，SCC）系统中，计算机根据原始工艺信息和其他参数，按照描述生产过程的数学模型或其他方法，自动地改变模拟调节器或者以直接数字控制方式工作的微型机中的给定值，从而使生产过程始终处于最优工况（如保持高质量、高效率、低消耗、低成本等）。从这个角度说，它的作用是改变给定值，所以又称设定值控制（Set Point Control，SPC）。监督控制系统有两种不同的结构形式，如图 2-4 所示。

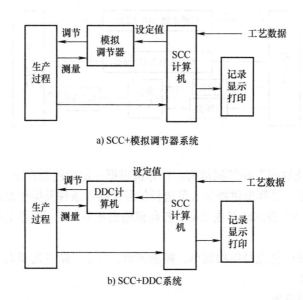

a) SCC+模拟调节器系统

b) SCC+DDC系统

图 2-4　监督控制系统的两种结构形式

　　1）SCC 加上模拟调节器的系统。该系统是由微型机系统对个物理量进行巡回检测，并按一定的数学模型对生产工况进行分析、计算后得出对控制对象个参数最优给定值送给调节器，是工况保持在最优状态。当 SCC 微型机出现故障时，可由模拟调节器独立完成操作。

　　2）SCC 加上 DDC 的分级控制系统。这实际上是一个二级控制系统，SCC 可采用高档微型机，它与 DDC 之间通过接口进行信息联系。SCC 微型机可完成工段、车间高一级的最优化分析和计算，并给出最优给定值，送给 DDC 级执行过程控制。当 DDC 级微型机出现故障时，可由 SSC 微型机完成 DDC 的控制功能。这种系统的控制效果取决于所建立的数学模型，该数学模型是针对某一目标函数设计的，如果数学模型能使目标函数达到最优状态，则控制过程能达到最优状态，如果数学模型不理想，控制效果也会很差。

　　（4）分散型控制系统

　　分散型控制系统（Distribute Control System，DCS）是作为过程控制的一种工程化产品提出的，DCS 将控制系统分成若干个独立的局部子系统，用以完成被控过程的自动控制任务，通过通信网络将各个局部子系统联系起来，实现大系统意义上的总体目标优化，通过协调器实现全系统的协调控制。

　　采用分散控制、集中操作、分级管理、分而自治和综合协调的设计原则，把系统分为分散过程控制级、集中操作监控级、综合信息管理级，形成分级分布式控制，其结构如图 2-5 所示。

　　（5）现场总线控制系统

　　现场总线控制系统（Fieldbus Control System，FCS）是新一代分布式控制结构。20 世纪 80 年代发展起来的 DCS，其结构模式为"操作站 - 控制站 - 现场仪表"三层结构，系统成本较高，而且各厂商的 DCS 有各自的标准，不能互联。FCS 与 DCS 不同，它的结构模式为："工作站 - 现场总线智能仪表"二层结构，FCS 用二层结构完成了 DCS 中三层结构的功能，降低了成本，提高了可靠性，国际标准统一后，可实现真正的开放式互联系统结构。

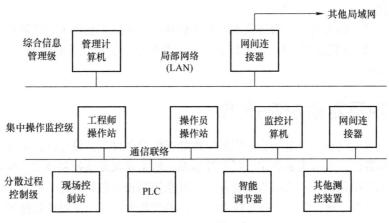

图 2-5　DCS 结构示意图

（6）综合自动化系统

在现代工业生产中，综合自动化系统不仅包括各种简单和复杂的自动调节系统顺序逻辑控制系统、自动批处理控制系统、联锁保护系统等，也包括各生产装置先进控制、企业实时生产数据集成、生产过程流程模拟与优化、生产设备故障诊断和维护、根据市场和生产设备状态进行生产计划和生产调度系统、以产品质量和成本为中心的生产管理系统、营销管理系统和财务管理系统等，涉及产品物流增值链和产品生命周期的所有过程，为企业提供全面的解决方案。

目前，由企业资源信息管理系统（Enterprise Resources Planning，ERP）、生产执行系统（Manufacturing Execution System，MES）和生产过程控制系统（Process Control System，PCS）构成的三层结构，已成为综合自动化系统的整体解决方案。综合自动化系统主要包括制造业的计算机集成制造系统（Computer Integrated Manufacturing System，CIMS）和流程工业的计算机集成过程系统（Computer Integrated Process System，CIPS）。

综合自动化系统是计算机技术、网络技术、自动化技术、信号处理技术、管理技术和系统工程技术等新技术发展的结果，它将企业的生产、经营、管理、计划、产品设计、加工制造、销售及服务等环节和人力、财力、设备等生产要素集成起来，进行统一控制，以得到生产活动的最优化。

6. 计算机控制系统的发展方式

计算机控制系统是自动控制理论与计算机技术相结合的产物，计算机相关技术包括多媒体技术、人工智能技术、网络通信技术、微电子技术、虚拟现实技术等，这些技术的发展都将推动计算机控制系统向前发展。计算机本身从大型机发展成小型机、微型机，可靠性得到提高，成本也降低很多。目前，计算机控制系统主要向智能化、网络化、集成化方面发展。

（1）智能化

人工智能技术的出现和发展使自动控制向高层次的智能控制发展变为可能。智能控制是用计算机模拟人类的智能，无须人的干预就能够自主地驱动智能机器并实现其目标。几年来，学习控制、模糊控制、人工智能网络等智能控制方法为智能化自动控制的发展提供了理论基础。

（2）网络化

以现场总线等先进网络通信技术为基础的现场总线控制系统越来越受到人们的青睐，将成为今后微型计算机控制系统发展的主要方向，并最终取代传统的分布式控制系统。

（3）集成化

基于制造技术、信息技术、管理技术、自动化技术、系统工程技术的计算机集成制造技术是多种技术的综合与信息的集成，这种综合自动化系统是信息时代企业自动化发展的总方向，有非常广阔的应用前景。

2.2 常规及复杂控制技术

计算机控制系统的设计，是指在给定系统性能指标的条件下，设计出控制器的控制规律和相应的数字控制算法。本节主要介绍计算机控制系统的常规及复杂控制技术。常规控制技术包括数字控制器的连续化设计和离散化设计技术；复杂控制技术包括纯滞后控制、串级控制、前馈-反馈控制、解耦控制、模糊控制等技术。对大多数系统，采用常规控制技术均可达到满意的控制效果，但对于复杂及有特殊控制要求的系统，采用常规控制技术难以达到目的，在这种情况下，则需要采用复杂控制技术，甚至采用现代控制和智能控制技术。

2.2.1 数字控制器的连续化设计步骤

数字控制器的连续化设计是忽略控制回路中所有的零阶保持器和采样器，在 s 域中按连续系统进行初步设计，求出连续控制器，然后通过某种近似，将连续控制器离散化为数字控制器，并由计算机来实现。在这个设计过程中，也可以用某种 z 域分析法来检验原来的设计目的是否已达到。由于广大工程技术人员对 s 平面比对 z 平面更为熟悉，因此连续化设计方法易于被采用。连续设计方法的缺点是在将连续控制器变换成离散控制器的过程中，无论哪一种方法均会引起 z 平面的极点偏离所需要的位置，因此需经适当的试凑。

在图 2-6 所示的计算机控制系统中，$G(s)$ 是被控对象的传递函数，$H(s)$ 是零阶保持器，$D(z)$ 是数字控制器。现在的设计问题是：根据已知的系统性能指标和 $G(s)$ 来设计出控制器 $D(z)$。

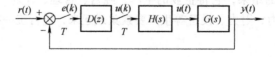

图 2-6　计算机控制系统结构图

要将上面的系统看成连续系统需要满足两个条件：

（1）量化单位

模拟量经 A/D 转换之后才能进入计算机，因此模拟量经过了整量化，如果整量化单位过大，相当于系统中引入了较大的干扰。但是这个问题在工程上可实现的条件下，可以通过增加 A/D 转换的位数来将干扰限制在很小的程度。例如，一个 5V 基准电源的转换器，当位数 $n=8$ 时，分辨率 $\delta=20\text{mV}$；当 $n=12$ 时，分辨率 $\delta=1.25\text{mV}$，量化单位很小，可以看成连续信号。

（2）采样周期的选择

采用连续设计方法，用离散控制器去近似连续控制器，要求有相当短的采样周期。

数字控制器的连续化设计步骤如下：

1. 设计假想的连续控制器 $D(s)$

由于人们对连续系统的设计方法比较熟悉，因此，可先对图 2-7 所示的假想连续控制系统进行设计，例如，利用连续系统的频率特性法、根轨迹法等设计出假想的连续控制器 $D(s)$。关于连续系统设计 $D(s)$ 的各种方法可参考有关自动控制原理方面的资料，这里不再讨论。

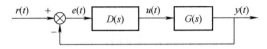

图 2-7　假想的连续控制系统结构图

2. 选择采样周期 T

香农采样定理给出了从采样信号恢复连续信号的最低采样频率。在计算机控制系统中，信号恢复功能一般由零阶保持器 $H(s)$ 来实现。零阶保持器的传递函数为

$$H(s) = \frac{1 - \mathrm{e}^{-sT}}{s} \tag{2-1}$$

其频率特性为

$$H(\mathrm{j}\omega) = \frac{1 - \mathrm{e}^{-\mathrm{j}\omega T}}{\mathrm{j}\omega} = T\frac{\sin\frac{\omega T}{2}}{\frac{\omega T}{2}} < -\frac{\omega T}{2} \tag{2-2}$$

从式（2-2）可以看出，零阶保持器将对控制信号产生附加相移（滞后）。对于小的采样周期，可以把零阶保持器 $H(s)$ 近似为

$$H(s) = \frac{1 - \mathrm{e}^{-sT}}{s} \approx \frac{1 - 1 + sT - \frac{(sT)^2}{2} + \cdots}{s} = T\left(1 - s\frac{T}{2} + \cdots\right) \approx T\mathrm{e}^{-s\frac{T}{2}} \tag{2-3}$$

式（2-3）表明，零阶保持器 $H(s)$ 可以用半个采样周期的瞬间滞后环节来近似。假定相位裕量可减少 5°~15°，则采样周期应选为

$$T \approx (0.15 \sim 0.5)\frac{1}{\omega_{\mathrm{c}}} \tag{2-4}$$

其中 ω_{c} 是连续控制系统的剪切频率。按上式的经验法选择的采样周期相当短。因此，采用连续化设计方法，用数字控制器去近似连续控制器，要有相当短的周期。

3. 将 $D(s)$ 离散化为 $D(z)$

将连续控制器 $D(s)$ 离散化为数字控制器 $D(z)$ 的方法有很多种，如双线性变换法、后向差分法、前向差分法、冲击响应不变法、零极点匹配法、零阶保持器法等。在这里，我们只介绍常用的双线性变换法、前向差分法和后向差分法。

（1）双线性变换法

由 z 变换的定义可知 $z = e^{sT}$，利用级数展开得

$$z = e^{sT} = \frac{e^{\frac{sT}{2}}}{e^{-\frac{sT}{2}}} = \frac{1 + \frac{sT}{2} + \cdots}{1 - \frac{sT}{2} + \cdots} \approx \frac{1 + \frac{sT}{2}}{1 - \frac{sT}{2}} \tag{2-5}$$

式（2-5）称为双线性变换或塔斯廷（Tustin）近似。

为了由 $D(s)$ 求解 $D(z)$，由式（2-5）可得

$$s = \frac{2}{T} \frac{z-1}{z+1} \tag{2-6}$$

且有

$$D(z) = D(s)\big|_{s=\frac{2}{T}\frac{z-1}{z+1}} \tag{2-7}$$

式（2-7）就是利用双线性变换法由 $D(s)$ 求取 $D(z)$ 的计算公式。

双线性变换也可从数值积分的梯形法对应得到。设积分控制规律为

$$u(t) = \int_0^t e(t)\mathrm{d}t \tag{2-8}$$

两边求拉氏变换可推导得出控制器为

$$D(s) = \frac{U(s)}{E(s)} = \frac{1}{s} \tag{2-9}$$

当用梯形法求积分时的计算公式如下

$$u(k) = u(k-1) + \frac{T}{2}[e(k) + e(k-1)] \tag{2-10}$$

式（2-10）两边求 z 变换后可推导得出数字控制器为

$$D(z) = \frac{U(z)}{E(z)} = \frac{1}{\frac{2}{T}\frac{z-1}{z+1}} = D(s)\big|_{s=\frac{2}{T}\frac{z-1}{z+1}} \tag{2-11}$$

（2）前向差分法

利用级数展开可将 $z = e^{sT}$ 写成以下形式

$$z = e^{sT} = 1 + sT + \cdots \approx 1 + sT \tag{2-12}$$

式（2-12）称为前向差分法或欧拉法的计算公式。

为了由 $D(s)$ 求取 $D(z)$，由式（2-12）可得

$$s = \frac{z-1}{T} \tag{2-13}$$

且

$$D(z) = D(s)\big|_{s=\frac{z-1}{T}} \tag{2-14}$$

式（2-14）便是前向差分法由 $D(s)$ 求取 $D(z)$ 的计算公式。

前向差分法也可由数值微分中得到。设微分控制规律为

$$u(t) = \frac{\mathrm{d}e(t)}{\mathrm{d}t} \tag{2-15}$$

两边求拉氏变换后可推导出控制器为

$$D(s) = \frac{U(s)}{E(s)} = s \tag{2-16}$$

对式（2-15）采用前相差分近似可得

$$u(k) \approx \frac{e(k+1) - e(k)}{T} \tag{2-17}$$

式（2-17）两边求 z 变换后可推导出数字控制器为

$$D(z) = \frac{U(z)}{E(z)} = \frac{z-1}{T} = D(s)\big|_{s=\frac{z-1}{T}} \tag{2-18}$$

（3）后向差分法

利用级数展开还可将 $z = \mathrm{e}^{sT}$ 写成以下形式

$$z = \mathrm{e}^{sT} = \frac{1}{\mathrm{e}^{-sT}} \approx \frac{1}{1-sT} \tag{2-19}$$

由式（2-19）可得

$$s = \frac{z-1}{Tz} \tag{2-20}$$

且有

$$D(z) = D(s)\big|_{s=\frac{z-1}{Tz}} \tag{2-21}$$

式（2-21）便是利用后向差分法求取 $D(z)$ 的计算公式。

后向差分法也同样可由数值微分计算中得到。对式（2-15）采用后向差分近似可得

$$u(k) \approx \frac{e(k) - e(k-1)}{T} \tag{2-22}$$

式（2-22）两边求 z 变换后可推得数字控制器为

$$D(z) = \frac{U(z)}{E(z)} = \frac{z-1}{Tz} = D(s)\big|_{s=\frac{z-1}{Tz}} \tag{2-23}$$

双线性变换的优点在于，它把左半 s 平面转换到单位圆内。如果使用双线性变换，一个稳定的连续控制系统在变换之后仍将是稳定的，然而使用前向差分法，就可能把它变换为一个不稳定的离散控制系统。

4. 设计由计算机实现的控制算法

设数字控制器 $D(z)$ 的一般形式为

$$D(z) = \frac{U(z)}{E(z)} = \frac{b_0 + b_1 z^{-1} + \cdots + b_m z^{-m}}{1 + a_1 z^{-1} + \cdots + a_n z^{-n}} \qquad (2\text{-}24)$$

式中，$n \geq m$，各系数 a_i，b_i 为实数，且有 n 个极点和 m 个零点。

式（2-24）可写为

$$U(z) = (-a_1 z^{-1} - a_2 z^{-2} - \cdots - a_n z^{-n})U(z) + (b_0 + b_1 z^{-1} + \cdots + b_m z^{-m})E(z)$$

上式用时域表示为

$$u(k) = -a_1 u(k-1) - a_2 u(k-2) - \cdots - a_n u(k-n) + b_0 e(k) + b_1 e(k-1) + \cdots + b_m e(k-m) \qquad (2\text{-}25)$$

利用式（2-25）即可实现计算机编程，因此式（2-25）称为数字控制器 $D(z)$ 的控制算法。

5. 校验

控制器 $D(z)$ 设计完并求出控制算法后，需按图 2-6 所示的计算机控制系统检验其闭环特性是否符合设计要求，这一步可由计算机控制系统的仿真计算来验证，如果满足设计要求则设计结束，否则应该修改设计。

2.2.2　数字控制器的离散化设计技术

由于连续化设计技术要求相当短的采样周期，因此只能实现较简单的控制算法。由于控制任务的需要，当所选择的采样周期比较大或对控制质量要求比较高时，必须从被控对象的特性出发，直接根据计算机控制理论（采样控制理论）来设计数字控制器，这类方法称为离散化设计方法。离散化设计技术比连续化设计技术更具有一般意义，它完全是根据采样控制系统的特点进行综合分析，进而提出相应的控制规律和算法。

1. 最少拍控制

对离散系统，调节时间是指系统输出值跟踪输入信号变化并达到制定稳态误差精度的时间。调节时间是按采样周期数来计算的，一个采样周期称为一拍，调节时间的拍数最少的控制，称为最少拍控制。可见，最少拍控制实际上是时间最优控制，即设计一个数字控制器，使闭环系统对于典型输入在最少采样周期内达到无静差的稳态，且闭环脉冲传递函数为

$$\varPhi(z) = \phi_1 z^{-1} + \phi_2 z^{-2} + \phi_3 z^{-3} + \cdots + \phi_N z^{-N} \qquad (2\text{-}26)$$

式中，N 为可能情况下的最小正整数。对任何两个采样周期中间的过程则没有要求。最少拍控制的设计与控制对象、输入形式和对输出纹波的要求有关，适用于对系统快速性有要求的系统。稳态误差为零的系统称为无差系统。最少拍系统也称为最小调整时间系统或最快响应系统。

对图 2-6 所示的计算机闭环控制系统，根据式

$$\varPhi(z) = \frac{\text{前向通道所有独立环节} z \text{变换之积}}{1 + \text{闭环回路所有独立环节} z \text{变换之积}}$$

有闭环脉冲传递函数

$$\varPhi(z) = \frac{D(z)G(z)}{1 + D(z)G(z)} \qquad (2\text{-}27)$$

整理得

$$D(z) = \frac{1}{G(z)} \frac{\Phi(z)}{1 - \Phi(z)} \qquad (2\text{-}28)$$

从式（2-28）可以看出，当被控对象确定后，包括零阶保持器在内的广义被控对象的脉冲传递函数 $G(z)$ 就确定了，因此只要根据系统的快速性要求确定 $\Phi(z)$，则可以求出数字控制器的脉冲传递函数 $D(z)$，继而设计出最小拍数字控制器。

2. 最少拍控制器设计

典型输入函数有单位阶跃输入函数、单位速度输入函数（单位斜坡输入函数）和单位加速度输入函数（单位抛物线输入函数），分别如下：

单位阶跃输入函数

$$r(t) = u(t), \quad R(z) = \frac{z}{z - 1} = \frac{1}{1 - z^{-1}}$$

单位速度输入函数

$$r(t) = t, \quad R(z) = \frac{Tz}{(z - 1)^2} = \frac{Tz^{-1}}{(1 - z^{-1})^2}$$

单位加速度输入函数

$$r(t) = \frac{1}{2}t^2, \quad R(z) = \frac{T^2 z(z + 1)}{2(z - 1)^3} = \frac{T^2(z^{-1} + z^{-2})}{2(1 - z^{-1})^3}$$

综合以上三种输入函数，用通式表示为

$$r(t) = \frac{t^{q-1}}{(q-1)!} \qquad (2\text{-}29)$$

$$R(z) = \frac{A(z)}{(1 - z^{-1})^q} \qquad (2\text{-}30)$$

式中，$A(z)$ 是不包含 $(1 - z^{-1})$ 因子的关于 z^{-1} 的多项式，阶次为 $q - 1$。当 $q = 1, 2, 3$ 时，输入分别对应为单位阶跃、单位速度和单位加速度输入函数。

对图 2-6 所示的计算机闭环控制系统，有

$$E(z) = R(z) - C(z) = R(z)[1 - \Phi(z)] = R(z)\Phi_{\mathrm{e}}(z)$$

根据 z 变换中值定理，系统的稳态误差为

$$e(\infty) = \lim_{n \to \infty} e(n) = \lim_{z \to 1}(1 - z^{-1})E(z)R(z)[1 - \Phi(z)]$$

代入典型输入函数式（2-30）得

$$e(\infty) = \lim_{z \to 1}(1 - z^{-1})\frac{A(z)}{(1 - z^{-1})^q}[1 - \Phi(z)]$$

因为 $A(z)$ 不包含 $(1-z^{-1})$ 因子，为了令稳态误差为零，就必须使 $[1-\varPhi(z)]$ 包含因子 $(1-z^{-1})^r$，且 $r \geqslant q$，设

$$\varPhi(z) = (1-z^{-1})^r F(z)$$

式中，$F(z)$ 是由其他条件确定的关于 z^{-1} 的多项式。若 $G(z)$ 是稳定的且不含纯滞后，为使数字控制器最简单，可取 $F(z)=1$。$E(z)$ 的 z^{-1} 多项式次数决定系统达到无偏差的时间，为使系统达到无偏差的时间最短即实现最少拍控制，应取 $r=q$，即

$$\varPhi_e(z) = 1-\varPhi(z) = (1-z^{-1})^q \qquad (2\text{-}31)$$

或

$$\varPhi(z) = 1-(1-z^{-1})^q \qquad (2\text{-}32)$$

（1）单位阶跃输入时的最少拍控制设计

此时输入为

$$R(z) = \frac{1}{1-z^{-1}}$$

因为 $q=1$，所以根据式（2-31）闭环脉冲传递函数为

$$\varPhi(z) = 1-(1-z^{-1}) = z^{-1}$$

则误差为

$$E(z) = R(z)[1-\varPhi(z)] = \frac{1}{(1-z^{-1})}(1-z^{-1}) = 1$$

输出为

$$C(z) = \varPhi(z)R(z) = z^{-1}\frac{1}{(1-z^{-1})} = z^{-1}+z^{-2}+z^{-3}+\cdots$$

最少拍控制器脉冲传递函数为

$$D(z) = \frac{1}{G(z)}\frac{\varPhi(z)}{1-\varPhi(z)} = \frac{z^{-1}}{G(z)(1-z^{-1})}$$

可见，只需一拍（一个采样周期）输出就能跟踪输入，且稳态误差为零。

（2）单位速度输入时的最少拍控制设计

此时输入为

$$R(z) = \frac{Tz^{-1}}{(1-z^{-1})^2}$$

因为 $q=2$，所以根据式（2-23）闭环脉冲传递函数为

$$\varPhi(z) = 1-(1-z^{-1})^2 = 2z^{-1}-z^{-2}$$

则误差为

$$E(z) = R(z)[1-\varPhi(z)] = \frac{Tz^{-1}}{(1-z^{-1})^2}(1-2z^{-1}+z^{-2}) = Tz^{-1}$$

输出为

$$C(z) = \Phi(z)R(z) = (2z^{-1} - z^{-2})\frac{Tz^{-1}}{(1-z^{-1})^2} = 2Tz^{-2} + 3Tz^{-3} + \cdots$$

最少拍控制器脉冲传递函数为

$$D(z) = \frac{1}{G(z)}\frac{\Phi(z)}{1-\Phi(z)} = \frac{2z^{-1} - z^{-2}}{G(z)(1-z^{-1})^2}$$

可见，只需两拍（两个采样周期），输出就能跟踪输入，且稳态误差为零。

（3）单位加速度输入时的最少拍控制设计

此时输入为

$$R(z) = \frac{T^2(z^{-1} + z^{-2})}{2(1-z^{-1})^3}$$

因为 $q = 3$，所以闭环脉冲传递函数为

$$\Phi(z) = 1 - (1-z^{-1})^3 = 3z^{-1} - 3z^{-2} + z^{-3}$$

则误差为

$$E(z) = R(z)[1 - \Phi(z)] = \frac{T^2(z^{-1} + z^{-2})}{2(1-z^{-1})^3}(1 - 3z^{-1} + 3z^{-2} - z^{-3}) = \frac{1}{2}T^2 z^{-1} + \frac{1}{2}T^2 z^{-2}$$

输出为

$$C(z) = \Phi(z)R(z) = (3z^{-1} - 3z^{-2} + z^{-3})\frac{T^2(z^{-1} + z^{-2})}{2(1-z^{-1})^3}$$

$$= \frac{1}{2}T^2(3z^{-2} + 9z^{-3} + 16z^{-4} + \cdots)$$

最少拍控制器为

$$D(z) = \frac{1}{G(z)}\frac{\Phi(z)}{1-\Phi(z)} = \frac{3z^{-1} - 3z^{-2} + z^{-3}}{G(z)(1-z^{-1})^3}$$

可见，只需三拍（三个采样周期），输出就能跟踪输入，且稳态误差为零。

各种典型输入下的最少拍系统参数见表 2-1。

表 2-1　各种典型输入下的最少拍系统

输入量（t）	最快响应时的 $\Phi_e(z)$	$\Phi(z)$	消除偏差所需时间
$1(t)$	$1 - z^{-1}$	z^{-1}	T
t	$(1-z^{-1})^2$	$2z^{-1} - z^{-2}$	$2T$
$\frac{1}{2}t^2$	$(1-z^{-1})^3$	$3z^{-1} - 3z^{-2} + z^{-3}$	$3T$
$\frac{1}{(q-1)!}t^{q-1}$	$(1-z^{-1})^q$	$1 - (1-z^{-1})^q$	qT

最少拍控制器的设计可以使系统对某一典型输入的响应为最少拍，但对于其他典型输入不

一定是最少拍，也就是说，最少拍控制对不同输入的适应性差。

3.最少拍无纹波控制

按单纯的最少拍控制设计的系统，可能出现响应曲线经过采样点围绕着期望曲线波动的情况，这种系统称为最少拍有纹波系统。纹波有可能是振荡的，引起系统的不稳定。产生纹波的原因是单纯最少拍控制算法中，只考虑了采样点的误差特性，而对两个采样点之间的过程未作要求。非采样点存在纹波的原因是当偏差为零时，控制器输出序列 $u(n)$ 不为常值或零，而是震荡收敛的，使得输出产生周期振荡。为了消除波纹，必须对单纯的最少控制进行改进，下面介绍最少拍无纹波控制的设计。

（1）被控对象的必要条件

1）对阶跃输入，当 $t \geqslant NT$ 时，有 $c(t)$ = 常数。

2）对速度输入，当 $t \geqslant NT$ 时，有 $c'(t)$ = 常数，即 $G(s)$ 中至少含有一个积分环节。

3）对加速度输入，当 $t \geqslant NT$ 时，有 $c''(t)$ = 常数，即 $G(s)$ 中至少含有两个积分环节。

（2）确定 $\Phi(z)$ 的约束条件

有纹波设计时，$\Phi(z)$ 只包含了 $G(z)$ 单位圆上或单位圆外的零点；而无纹波设计时，$\Phi(z)$ 应包含 $G(z)$ 的全部零点。

（3）增加调整时间

无纹波系统的调整时间要比有纹波系统的调整时间增加若干拍，增加的拍数等于 $G(z)$ 在单位圆内的零点数。

2.2.3 PID 控制

根据偏差的比例（P）、积分（I）、微分（D）进行控制（进行 PID 控制），是控制系统中应用最广泛的一种控制规律。实际运行的经验和理论分析都表明，运用这种控制规律对许多工业过程进行控制，能得到满意的效果。不过，用计算机实现 PID 控制，不是简单地把模拟 PID 控制规律数字化，而是进一步与计算机的逻辑判断功能结合，使 PID 控制器更加灵活，更能满足生产过程提出的要求。

1.模拟 PID 控制

在工业控制系统中，常常采用图 2-8 所示的 PID 控制，其控制规律为

$$u(t) = K_{\mathrm{P}}[e(t) + \frac{1}{T_{\mathrm{I}}} \int_0^t e(t)\mathrm{d}t + T_{\mathrm{D}} \frac{\mathrm{d}e(t)}{\mathrm{d}t}] \tag{2-33}$$

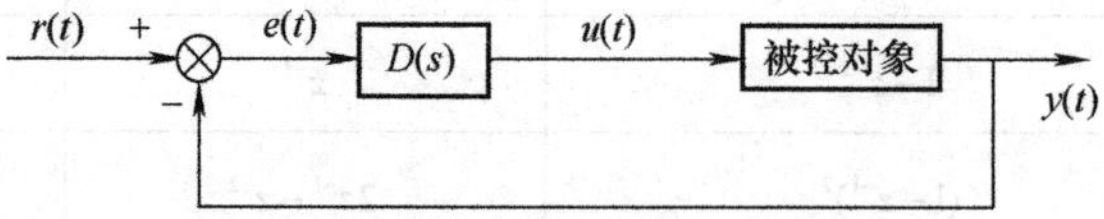

图 2-8　模拟 PID 控制系统

对应的 PID 控制器的传递函数为

$$D(s) = \frac{U(s)}{E(s)} = K_{\mathrm{P}}(1 + \frac{1}{T_{\mathrm{I}}s} + T_{\mathrm{D}}s) \tag{2-34}$$

式中，K_P 为比例增益，K_P 与比例带 δ 成倒数关系，即 $K_P = \dfrac{1}{\delta}$；T_I 为积分时间常数；T_D 为微分时间常数；$u(t)$ 为控制量；$e(t)$ 为偏差。

1）比例控制：就是对误差进行控制。系统一旦检测到有误差，控制器就会立即调节控制输出，使被控量与给定量之间的误差减小，误差减小的速度由比例增益 K_P 决定，K_P 越大误差减小的越快，但容易引起振荡。比例控制的优点是能迅速地减小误差，结构简单；缺点是不能完全消除静差，加大 K_P 可以减小静差，但 K_P 太大会使系统动态性变差，导致系统不稳定。

2）积分控制：就是对累积误差进行控制，直至误差为零。积分控制的效果与误差的大小及误差的持续时间有关。积分时间常数 T_I 越大，积分作用越弱。积分控制的优点是能累计控制作用，最终消除稳态误差；缺点是积分作用太强时会使系统超调量加大，甚至出现振荡。

3）微分控制：就是在误差出现之前，预测误差的变化趋势从而修正误差，即超前控制。微分时间常数 T_D 越大，微分作用越强。微分控制的优点是能加快动态响应速度，减小超调量，提高系统稳定性；缺点是微分作用容易放大高频噪声，降低系统的信噪比，使系统的抗干扰能力下降，特别是当微分作用太强时容易引起输出失真。

2. 数字 PID 控制

在计算机控制系统中，PID 控制规律的实现必须用数值逼近的方法。当采样周期相当短时，用求和代替积分，用后向差分代替微分，使模拟 PID 离散化变为差分方程。

（1）数字 PID 位置型控制算法

对连续 PID 控制规律的数学算式（2-33）离散化，就得到离散系统的数字 PID 位置型控制算法，即取如下近似：

$$\int_0^t e(t)\mathrm{d}t \approx \sum_{t=0}^{n} Te[i] \tag{2-35}$$

式中，T 为采样周期，n 为采样信号，于是式（2-35）变换为差分方程式

$$
\begin{aligned}
u(n) &= K_P\{e(n) + \frac{T}{T_I}\sum_{i=0}^{n}e(i) + T_D\frac{e(n)-e(n-1)}{T}\} \\
&= K_Pe(n) + K_P\frac{T}{T_I}\sum_{i=0}^{n}e(i) + K_P\frac{T_D}{T}\{e(n)-e(n-1)\} \\
&= K_Pe(n) + K_I\sum_{i=0}^{n}e(i) + K_D\{e(n)-e(n-1)\}
\end{aligned}
\tag{2-36}
$$

式中，K_P 为比例系数，$K_I = K_P\dfrac{T}{T_I}$ 为积分系数，$K_D = K_P\dfrac{T_D}{T}$ 为微分系数。可见，采样周期越长，积分作用越强，微分作用越弱。式（2-36）称为数字 PID 位置型控制算法，控制总量表征了执行机构的位置，例如，执行机构为调节阀时控制量表征了阀门的总开度。

（2）数字 PID 增量型控制算法

由式（2-36）可知，位置型控制算法容易产生较大的累加误差，还需知道所有历史误差采样值，内存和计算时间花费多，而且控制量以全量输出，误动作影响大。因此，对式（2-36）加以改进，以增量为控制量

$$\begin{aligned}
\Delta u(n) &= u(n) - u(n-1) \\
&= K_P\{e(n) - e(n-1)\} + K_I e(n) + K_D\{e(n) - 2e(n-1) + e(n-2)\} \\
&= (K_P + K_I + K_D)e(n) + (-K_P - 2K_D)e(n-1) + K_D e(n-2) \\
&= q_0 e(n) + q_1 e(n-1) + q_2 e(n-2)
\end{aligned} \tag{2-37}$$

式中

$$q_0 = K_P + K_I + K_D = K_P(1 + \frac{T}{T_I} + \frac{T_D}{T})$$

$$q_1 = -K_P - 2K_D = -K_P(1 + \frac{2T_D}{T})$$

$$q_2 = K_D = K_P \frac{T_D}{T}$$

式（2-37）称为数字 PID 增量型控制算法。增量型控制算法实质上是根据误差在三个时刻的采样值加权计算后求得的，通过调整加权系数则可以获得不同的控制品质和精度。相对于位置型算法，增量算法有如下优点：

1）增量型算法与当前误差采样值及前两次误差采样值有关，累加误差小。

2）控制量以增量的形式输出，误动作影响小。

3）容易实现手动到自动的无冲击切换。

位置型算法和增量型算法在物理上代表了不同的实现方法，在实际中可以根据不同的执行机构，选择不同的控制算法。

3. 数字 PID 控制算法的改进

数字 PID 位置型控制算法和增量型控制算法都是由连续 PID 控制算法离散化后得到的，它们都是数字 PID 的基本算法。在此基础上，还可以进一步利用计算机的运算速度快、逻辑判断能力强及信息处理功能强等特点，对数字 PID 基本算法加以改进，建立模拟控制器难以实现的特殊控制规律，从而更好地发挥计算机控制系统的优势。

（1）积分项的改进

积分项的存在可以对累积误差进行控制，但同时也造成了相位滞后，使系统响应变慢。当积分作用太强时，虽然系统偏差已经等于零，但控制量仍然保持较大的数值，从而产生较大的超调，甚至出现系统振荡，这种现象称为积分饱和。消除积分饱和的常用方法有积分分离法和遇限制消弱积分法等。

1）积分分离法。$e(n)$ 较大时，取消积分项，进行快速控制；当偏差较小时，投入积分项，消除静差。

对于数字 PID 位置型控制算法，在式（2-36）中的积分项前加入分离系数 k_i，修正控制量为

$$\begin{aligned}
u(n) &= K_P\{e(n) + k_i \frac{T}{T_I} \sum_{i=0}^{n} e(i) + T_D \frac{e(n) - e(n-1)}{T}\} \\
&= K_P e(n) + k_i K_P \frac{T}{T_I} \sum_{i=0}^{n} e(i) + K_P \frac{T_D}{T}\{e(n) - e(n-1)\} \\
&= K_P e(n) + k_i K_I \sum_{i=0}^{n} e(i) + K_D\{e(n) - e(n-1)\}
\end{aligned} \tag{2-38}$$

对于数字 PID 增量型控制算法，在式（2-37）中的积分项前加入分离系数 k_i，修正控制量为

$$\Delta u(n) = u(n) - u(n-1)$$
$$= K_P\{e(n) - e(n-1)\} + k_i K_1 e(n) + K_D\{e(n) - 2e(n-1) + e(n-2)\}$$

（2-39）

积分分离阈值 β 根据实际对象的特性及系统的控制要求来确定。若 β 取值过大，则积分项可能一直存在，达不到积分分离的目的；若 β 取值过小，则积分项可能不起作用，进行 PD 控制。引入积分分离后，控制量不容易进入饱和区，即使进入了也能较快退出，使系统的输出特性比单纯的 PID 控制更好。

2）遇限制消弱积分法。遇限制削弱积分法的原理是当控制量进入饱和区后，只进行削弱积分项的累加，而不进行增加积分项的累加。在计算控制量 $u(n)$ 时，先判断 $u(n-1)$ 是否超过执行机构的最大极限 u_{max} 和最小极限 u_{min}，若已超过 u_{max}，则只累计负偏差；若小于 u_{min}，则只累计正偏差。这种方法可以缩短系统处于饱和区的时间。

3）梯形积分法。原积分项是以矩形面积求和近似得到的，即

$$\int_0^t e(t)\mathrm{d}t \approx \sum_{t=0}^n T e(i)$$

如将积分项改为以梯形面积求和近似，将提高积分项的计算精度，即计算公式改为

$$\int_0^t e(t)\mathrm{d}t \approx \sum_{t=0}^n T \frac{e(i) + e(i-1)}{2}$$

4）消除积分不灵敏区。在 A/D 转换中，转化位数越多，即运算字长越长，则量化误差越小；反之，字长越短，则量化误差越大。小于量化误差的值会作为"零"被舍去。当采样周期较小，积分时间较长时，容易出现积分增量因小于量化误差而被舍去的情况，这种使积分作用消失的区域称为积分不灵敏区。

为了减小或消除积分不灵敏区，可以增加 A/D 转换的位数，提高转换精度，减小量化误差；还可以将小于量化误差的各次积分累加起来，当累加值大于量化误差时，输出 $\Delta u_1(n) = S_1$，同时将累加器清零，准备好下一次累加。

（2）微分项的改进

微分项的存在能够改善系统的动态特性，但同时由于微分放大高频噪声，容易引起控制过程振荡。因此，在 PID 控制中，除了要限制微分增益外，还要对信号进行平滑处理，消除高频噪声的影响。

1）不完全微分 PID 控制。不完全微分 PID 控制算法的原理是在标准的 PID 控制器的微分项中串联一阶惯性环节（低通滤波器），使微分作用来的较小而去的较慢。

一阶惯性环节传递函数为

$$D_f(s) = \frac{1}{T_s + 1}$$

标准 PID 微分项传递函数为

$$D_s = K_P T_D s$$

物联网控制技术

因此，串接一阶惯性环节后的 PID 微分项输出为

$$U_D(s) = \frac{K_P T_D s}{T_f s + 1} E(s) \tag{2-40}$$

求拉式反变换得

$$T_f \frac{du_D(t)}{dt} + u_D(t) = K_P T_D \frac{de(t)}{dt}$$

以差分近似微分，离散化为

$$T_f \frac{u_D(n) - u_D(n-1)}{T} + u_D(n) = K_P T_D \frac{e(n) - e(n-1)}{T}$$

整理得

$$\begin{aligned} u_D(n) &= \frac{T_f}{T_f + T} u_D(n-1) + \frac{K_P T_D}{T_f + T}[e(n) - e(n-1)] \\ &= \frac{T_f}{T_f + T} u_D(n-1) + \frac{K_P T_D}{T} \frac{T}{T_f + T}[e(n) - e(n-1)] \\ &= \frac{T_f}{T_f + T} u_D(n-1) + \frac{T}{T_f + T} K_D[e(n) - e(n-1)] \end{aligned} \tag{2-41}$$

因此，不完全微分的 PID 控制算法为

$$\begin{aligned} u(n) &= K_P e(n) + K_I \sum_{i=0}^{n} e(i) + u_D(n) \\ &= K_P e(n) + K_I \sum_{i=0}^{n} e(i) + \frac{T_f}{T_f + T} K_D u_D(n-1) + \frac{T}{T_f + T} K_D[e(n) - e(n-1)] \end{aligned} \tag{2-42}$$

比较式（2-42）与式（2-36）可以发现，跟标准 PID 算法相比，不完全微分 PID 算法的微分项系数降低了 $\frac{T}{T_f + T}$ 倍，而且多了一项 $\frac{T_f}{T_f + T} u_D(n-1)$。在 $e(n)$ 发生阶跃突变时，标准的完全微分作用仅在第一个采样周期内起作用，而且作用很强；而不完全微分作用在第一个采样周期的作用减弱，然后延续几个周期，按指数规律逐渐衰减到零，因此，可以获得更好的控制效果。

同理，可以推出不完全微分 PID 的增量算法为

$$\begin{aligned} \Delta u(n) &= u(n) - u(n-1) \\ &= K_P[e(n) - e(n-1)] + K_I e(n) + [u_D(n) - u_D(n-1)] \end{aligned}$$

2）微分先行 PID 控制。微分先行是指把微分运算放在最前面，然后再进行比例和积分运算。在给定值频繁升降的场合，给定值的升降会给控制系统带来冲击，引起超调量过大，执行机构动作剧烈。这种情况下，可以对调解器采用 PI 规律，而把微分环节移动到反馈回路上，即只对被控量进行微分，不对输入偏差进行微分，也就是说对给定值无微分作用，减小了给定值的频繁升降对系统的影响。微分先行 PID 控制无论在快速性方面还是在抑制超调量方面都要优于标准 PID。

（3）时间最优 PID 控制

最大值原理也叫快速时间最优控制原理，是研究满足约束条件下获得允许控制的方法。用

最大值原理可以设计出控制变量只在一定范围内取值的时间最优控制系统。在工程上，假设都只取 ±1 两个值，而且依照一定的法则加以切换，使系统从一个初始状态转到另一个状态所经历的过渡时间最短，这种类型的最优切换系统，称为开关控制（Bang-Bang 控制）系统。Bang-Bang 控制与反馈控制相结合的系统，在给定值升降时特别有效。

$$|e(k)| = |r(k) - y(k)| \begin{cases} > \alpha, & \text{Bang-Bang控制} \\ \leq \alpha, & \text{PID控制} \end{cases}$$

（4）带死区的 PID 控制算法

为避免控制动作过于频繁而引起振荡，有时采用所谓带有死区的 PID 控制系统。其控制算式为

$$\Delta u(k) = \begin{cases} \Delta u(k), & \text{当} |e(k)| > \varepsilon \\ 0, & \text{当} |e(k)| \leq \varepsilon \end{cases}$$

死区 ε 是一个可调参数。ε 值太小，调节过于频繁，达不到稳定被调节对象的目的；ε 值太大，则系统将产生很大的滞后；$\varepsilon = 0$，即为常规 PID 控制。

4. 数字 PID 控制参数整定

PID 控制器的参数整定是控制系统设计的核心内容，是根据被控对象的特性确定 PID 控制器的比例系数、积分时间和微分时间的大小。数字 PID 算法是在采样周期 T 足够小的前提下，用数字 PID 去逼近模拟 PID，因此参数整定方法也可以按照模拟 PID 的参数整定方法来整定。

PID 控制器的参数选择一般来说可以分成两个部分，首先是确定控制器的结构，以保证闭环系统的稳定，并尽可能地消除稳态误差。例如，要求系统稳定误差为零，则应选择包含积分环节的控制器，如 PI、PID 等，对于有滞后性质的对象往往需要引入微分环节，如 PD、PID 等。另外，根据被控对象和对控制性能的要求，还可以采用一些改进的 PID 算法。一旦控制器的结构确定下来，下一步就可以开始选择参数。

参数的选择，要根据被控对象的具体特性和对控制系统的性能要求。工程上，一般要求整个闭环系统是稳定的，对给定量的变化能迅速响应并平滑跟踪，超调量要小，在不同干扰作用下能保证被控量在给定值，当环境参数发生变化时整个系统能保持稳定等。对控制系统自身性能来说，这些要求有些是矛盾的，因此，在确定参数时必须根据系统的具体情况，满足主要的性能指标，同时兼顾其他方面的要求。

数字 PID 控制器跟模拟 PID 控制器相比，除了需要整定 K_P、T_I、T_D 之外，还需要整定采样周期 T，合理地选择采样周期是计算机控制系统的关键问题之一。

（1）采样周期的选择

由采样定理知，若连续信号是有带宽的，且它的最高频率分量为 ω_{max}，则当采样频率 $\omega_s \geq 2\omega_{max}$ 时，采样信号可以不失真地表征原来的连续信号，或者说可以由采样信号不失真地恢复原来的连续信号。从理论上来讲，采样频率越高，失真越小，但是当采样频率过高，即采样周期过小时，偏差信号也会过小，此时依靠偏差信号进行调节的控制器将失去调节作用。因此，采样周期的选择需要综合考虑各种因素。

影响采样周期 T 的因素有以下几种。

1）加到被控对象的给定值。

2）被控对象的动态特性。

3）数字控制器的算法及执行机构的类型。

4）控制回路数。

5）控制质量。

采样周期的计算方法有两种，一种是计算法，另一种是经验法。计算法比较复杂，工程上使用较多的是经验法。

（2）扩充临界比例度法整定 PID 参数

这种方法是对模拟控制器临界比例度法的扩充，适用于具有自平衡能力的被控对象，不需要准确知道被控对象的特性，整定步骤如下。

1）选择采样周期 T，一般 $T \leqslant \frac{1}{10}\tau$。

2）根据所选采样周期进行工作，将 PID 控制的积分和微分作用取消，只保留比例作用。然后逐渐增大比例增益 K_P，直到系统发生等幅振荡。记下使系统发生振荡的临界比例增益 K_r，得到临界比例度 $\delta_\mathrm{r} = \frac{1}{K_\mathrm{r}}$，临界振荡周期为 T_r。

3）选择控制度。控制效果的评价函数一般用误差平方积分 $\int_0^\infty e^2(t)\mathrm{d}t$ 来表示。控制度定义为直接数字控制（DDC）的控制效果与模拟控制的控制效果之比，即

$$控制度 = \frac{\int_0^\infty [e^2(t)\mathrm{d}t]_{\mathrm{DDC}}}{\int_0^\infty [e^2(t)\mathrm{d}t]_{\mathrm{ANA}}} \tag{2-43}$$

4）根据选定的控制度，查表 2-2 求得 T、K_P、T_I、T_D 的值。

5）按求得的参数值投入在线运行，观察效果，如果性能不好，再根据经验对各参数进行调整，直到满意为止。

表 2-2 按扩充临界比例度法整定 PID 调节器参数

控制度	调节器类型	T	K_P	T_I	T_D
1.05	PI	$0.03T_\mathrm{r}$	0.53δ	$0.88T_\mathrm{r}$	—
	PID	$0.014T_\mathrm{r}$	0.63δ	$0.49T_\mathrm{r}$	$0.14T_\mathrm{r}$
1.20	PI	$0.05T_\mathrm{r}$	0.49δ	$0.91T_\mathrm{r}$	—
	PID	$0.043T_\mathrm{r}$	0.47δ	$0.47T_\mathrm{r}$	$0.16T_\mathrm{r}$
1.50	PI	$0.14T_\mathrm{r}$	0.42δ	$0.99T_\mathrm{r}$	—
	PID	$0.09T_\mathrm{r}$	0.34δ	$0.43T_\mathrm{r}$	$0.2T_\mathrm{r}$
2.00	PI	$0.22T_\mathrm{r}$	0.36δ	$1.05T_\mathrm{r}$	—
	PID	$0.16T_\mathrm{r}$	0.27δ	$0.4T_\mathrm{r}$	$0.22T_\mathrm{r}$

（3）扩充响应曲线法整定 PID 参数

在模拟控制系统中，可以用响应曲线法代替临界比例度法。同样，在数字控制系统中，也

可以用扩充响应曲线法代替扩充临界比例度法。扩充响应曲线法是对模拟控制器的响应曲线法的扩充，其整定步骤如下。

1）断开数字控制器，使系统在手动状态下工作。将被控对象的被控制量调到给定值附近，并使其稳定下来，然后给一个阶跃信号。使用阶跃响应曲线法确定基准参数如图 2-9 所示。

2）在阶跃响应曲线最大斜率处做切线，时间常数 T_m，求得被控对象滞后时间 τ 以及它们的比值 T_m / τ。

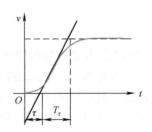

图 2-9　阶跃响应曲线法确定基准参数

3）选择控制度，并查表 2-3 求得 T、K_P、T_I、T_D 的值。

表 2-3　按扩充响应曲线法整定 PID 参数

控制度	调节器类型	T	K_P	T_I	T_D
1.05	PI	0.1τ	$0.84T/\tau$	3.4τ	—
	PID	0.05τ	$1.15T/\tau$	2.0τ	0.45τ
1.20	PI	0.2τ	$0.78T/\tau$	3.6τ	—
	PID	0.16τ	$1.0T/\tau$	1.9τ	0.55τ
1.50	PI	0.5τ	$0.68T/\tau$	3.9τ	—
	PID	0.34τ	$0.85T/\tau$	1.62τ	0.65τ
2.00	PI	0.8τ	$0.57T/\tau$	4.2τ	—
	PID	0.6τ	$0.6T/\tau$	1.5τ	0.82τ
模拟	PI	—	$0.9T/\tau$	3.3τ	—
	PID	—	$1.2T/\tau$	2.0τ	0.4τ

（4）优选法整定 PID 参数

用优选法对自动调节参数进行整定的具体操作为：根据经验先把其他参数固定，然后用 0.618 法对其中某一参数进行优选，待选出最佳参数后，再换另一个参数进行优选，直到把所有的参数优选完毕为止。最后根据 T、K_P、T_I、T_D 诸参数优选的结果取一组最佳值。

（5）参数试凑法整定 PID 参数

参数试凑法即根据现场的实际情况，按比例、积分、微分的顺序，反复调整 K_P、T_I、T_D 直接进行现场参数试凑的整定方法，其整定步骤如下。

1）整定比例部分。将比例增益 K_P 由小到大进行调节，并观察系统响应，直到得到反应快、超调小的响应曲线。如果这时稳态误差已小到允许范围则只用比例控制即可。

2）如果在上述比例控制下稳态误差不能达到要求，则再加入积分控制。首先把上一步确定的 K_P 值减小些，同时让积分时间常数 T_I 逐渐由大到小，反复调整 K_P、T_I，如果得到过渡时间短、超调量小、稳态误差在允许的范围内的系统响应，则只用 PI 控制即可。

3）如果在上述 PI 控制下虽然稳态误差满意，但快速性不好，过渡时间太长，则可再加入微分控制。在上述第 2 步的基础上，让微分时间常数 T_D 逐渐由小变大，同时相应地改变 K_P、T_I 的值，直到得到过渡时间短、超调量小、稳态误差在允许范围内的系统响应为止。此时系统为 PID 控制。

试凑法可以用监测仪表来进行，也可以将参数输入仿真程序中，用软件仿真。

2.2.4 纯滞后系统控制

纯滞后系统是指系统的输出仅在时间上延迟了一段时间，其余特性不变。在工业生产中，大多数过程对象都具有较长的纯滞后时间，例如物料或能量传输延迟就会给系统带来纯滞后时间。纯滞后会引起响应较大的超调量，降低系统的稳定性。因此，对于纯滞后系统，超调量是控制系统的主要指标，而对快速性的要求不高。纯滞后系统的设计思想是控制不仅要根据目前的偏差，而且还要考虑因滞后而影响到目前的过去情况。下面介绍两种经典的纯滞后系统控制方法，即大林（Dahlin）算法和史密斯（Smith）预估算法。

1. 大林算法

（1）大林算法设计原理

在工业生产中，许多具有纯滞后性质的被控对象可以近似为带纯滞后的一阶或二阶惯性环节，其传递函数分别为

$$G_c(s) = \frac{K}{T_1 s + 1} e^{-\tau s} \tag{2-44}$$

或

$$G_c(s) = \frac{K}{(T_1 s + 1)(T_2 s + 1)} e^{-\tau s} \tag{2-45}$$

式中，τ 为被控对象纯滞后时间，设 $\tau = NT$（N 为正整数）；T_1、T_2 为时间常数；K 为放大系数。

大林算法的设计原理是设计数字控制器 $D(z)$，使整个闭环系统的传递函数等效为一个带滞后的一阶惯性环节，并使整个闭环系统的纯滞后时间与被控对象 $G_c(s)$ 的纯滞后时间 τ 相同，即

$$\Phi(s) = \frac{e^{-\tau s}}{T_\tau s + 1} \tag{2-46}$$

式中，T_τ 为闭环系统的时间常数。

（2）数字控制器 $D(z)$ 的设计步骤

1）对于式（2-46）表示的闭环系统进行离散化，得到闭环系统的脉冲传递函数，它等效为零阶保持器与闭环系统的传递函数串联后的 z 变换，即

$$\Phi(z) = z\left[\frac{1 - e^{-Ts}}{s} \cdot \frac{e^{-\tau s}}{T_\tau s + 1}\right] = \frac{(1 - e^{-\frac{T}{T_\tau}}) z^{-N-1}}{1 - e^{-\frac{T}{T_\tau}} z^{-1}} \tag{2-47}$$

2）根据式 $\Phi(z) = \dfrac{\text{前向通道所有独立环节} z \text{变换之积}}{1 + \text{闭环回路所有独立环节} z \text{变换之积}}$ 得

$$\Phi(z) = \frac{D(z)G(z)}{1 + D(z)G(z)}$$

即

$$D(z) = \frac{1}{G(z)} \frac{\varPhi(z)}{1-\varPhi(z)} = \frac{1}{G(z)} \frac{(1-e^{-\frac{T}{T_\tau}})z^{-N-1}}{(1-e^{-\frac{T}{T_\tau}}z^{-1})-(1-e^{-\frac{T}{T_\tau}})z^{-N-1}} \tag{2-48}$$

3）带入被控对象的脉冲传递函数。

当被控对象为纯滞后的一阶环节时，其广义脉冲传递函数为

$$G(z) = Z\left[\frac{1-e^{-Ts}}{s} \frac{Ke^{-\tau s}}{T_\tau s+1} \right] = K\frac{(1-e^{-\frac{T}{T_\tau}})z^{-N-1}}{1-e^{-\frac{T}{T_\tau}}z^{-1}}$$

带入式（2-48）得

$$D(z) = \frac{(1-e^{-\frac{T}{T_\tau}})(1-e^{-\frac{T}{T_\tau}}z^{-1})}{K(1-e^{-\frac{T}{T_\tau}})[(1-e^{-\frac{T}{T_\tau}}z^{-1})-(1-e^{-\frac{T}{T_\tau}})z^{-N-1}]} \tag{2-49}$$

当被控对象为带纯滞后的二阶环节时，其广义脉冲传递函数为

$$G(z) = Z\left[\frac{1-e^{-Ts}}{s} \frac{Ke^{-\tau s}}{(T_1 s+1)(T_2 s+1)} \right] = K\frac{(c_1 + c_2 z^{-1})z^{-N-1}}{(1-e^{-\frac{T}{T_1}}z^{-1})(1-e^{-\frac{T}{T_2}}z^{-1})}$$

式中

$$c_1 = 1 + \frac{1}{T_2 - T_1}(T_1 e^{-\frac{T}{T_1}} - T_2 e^{-\frac{T}{T_2}})$$

带入式（2-48）得

$$D(z) = \frac{(1-e^{-\frac{T}{T_\tau}})(1-e^{-\frac{T}{T_1}}z^{-1})(1-e^{-\frac{T}{T_2}}z^{-1})}{K(c_1 + c_2 z^{-1})[(1-e^{-\frac{T}{T_\tau}}z^{-1})-(1-e^{-\frac{T}{T_\tau}})z^{-N-1}]} \tag{2-50}$$

按大林算法设计的控制器，不仅考虑了目前的偏差，而且考虑了 N 次以前的输出情况，滞后越大，则参考值越靠前，因此能有效地抑制超调。大林算法是一种极点配置算法，适用于广义对象含有滞后环节且要求等效系统没有超调量的情况，因为大林算法设计的等效系统为一阶环节，没有超调量。

（3）振铃现象及消除

振铃（Ringing）现象是指数字控制器的输出以接近二分之一采样频率大幅波动。由于被控对象中惯性环节的低通特性，这种波动对系统的输出几乎没有影响，但会使执行机构频繁的调整，加速磨损。

通常用振铃幅度（Ringing Amplitude，RA）来表示振铃现象的强烈程度，定义为数字控制器在单位阶跃输入作用下，第 0 个采样周期的输出幅度与第一个采样周期的输出幅度之差，即

$$RA = u(0) - u(T)$$

振铃现象的产生是由于单位阶跃输入函数 $R(z) = \frac{z}{z-1}$ 含有极点 $z=1$。如果数字控制器输出

的 z 变换 $U(z)$ 中含有 z 平面上接近在 $z=-1$ 的极点，则在数字控制器的输出序列中将含有这两种幅值相近的瞬态项。瞬态项的符号在不同时刻是不相同的，当两瞬态项符号相同时，数字控制器的输出控制作用加强；当符号相反时，控制作用减弱，从而造成数字控制器的输出序列大幅度波动，产生振铃现象。极点距离 $z=-1$ 越近，则振铃幅度越大；反之，极点距离 $z=-1$ 越远，振铃幅度越小。$U(z)$ 在 z 平面右半平面的零点会加剧振铃现象，而在右半平面的极点会削弱振铃现象。

当被控对象为带纯滞后的一阶惯性环节时，数字控制器的脉冲传递函数不存在负实轴上的极点，因而不会发生振铃现象。当被控对象为带纯滞后的二阶惯性环节时，数字控制器的脉冲传递函数有可能出现接近 $z=-1$ 的极点，这时将引起振铃现象。

大林算法提出了消除振铃现象的方法，即先找出 $D(z)$ 中引起振铃现象的极点因子，也就是 $z=-1$ 附近的因子，然后令因子的 $z=1$，这样就消除了这个极点。这样处理不会影响输出量的稳态值，但却改变了数字控制器的动态特性，将影响闭环系统的瞬态性能。另外还可以通过选择合适的采样周期 T 及系统闭环时间常数 T_{τ}，把振铃幅度抑制在最低限度之内，避免产生强烈的振铃现象。

2. 史密斯预估算法

（1）史密斯预估算法原理

带纯滞后环节的连续控制系统如图 2-10 所示。零阶保持器和被控对象的连续部分的传递函数为 $G_{c}'(s)\mathrm{e}^{-\tau s}$，其中 $G_{c}'(s)$ 为不含纯滞后部分，τ 为纯滞后时间。显然，图中的反馈信号含有滞后信息。

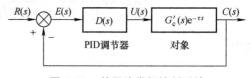

图 2-10　单回路常规控制系统

这时，闭环传递函数为

$$\Phi'(s)=\frac{D(s)G_{c}'(s)\mathrm{e}^{-\tau s}}{1+D(s)G_{c}'(s)\mathrm{e}^{-\tau s}} \qquad (2\text{-}51)$$

系统的闭环特征方程 $1+D(s)G_{c}'(s)\mathrm{e}^{-\tau s}=0$，可见，纯滞后改变了极点，影响了系统性能。如果纯滞后时间 τ 过大，会引起较大的相角滞后，造成系统的不稳定。

史密斯预估算法的原理是设计一个史密斯预估补偿器，将其与被控对象并联，使两者并联后的等效传递函数不含有滞后，从而消除反馈信号中的纯滞后信息。史密斯预估补偿原理图如图 2-11 所示。

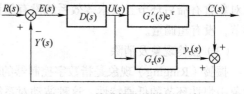

图 2-11　并联补偿的控制系统

根据史密斯预估算法的原理知

$$G_{c}'(s)\mathrm{e}^{-\tau s}+G_{\tau}(s)=G_{c}'(s)$$

即补偿器的传递函数为

$$G_{\tau}(s)=G_{c}'(s)(1-\mathrm{e}^{-\tau s}) \qquad (2\text{-}52)$$

图 2-11 可等效变换为图 2-12。

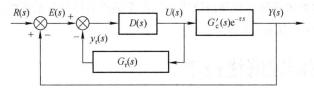

图 2-12　Smith 预估器的控制系统

在图 2-12 中，$D(s)$ 和 $G_\tau(s)$ 形成了一个和闭合回路等效的预估补偿控制器 $D'(s)$，其传递函数为

$$D'(s) = \frac{D(s)}{1 + D(s)G_\tau(s)} = \frac{D(s)}{1 + D(s)G'_c(s)(1 - e^{-\tau s})} \tag{2-53}$$

补偿后整个系统的闭环传递函数为

$$\Phi(s) = \frac{D'(s)G'_c(s)e^{-\tau s}}{1 + D'(s)G'_c(s)e^{-\tau s}} = \frac{D(s)G'_c(s)}{1 + D(s)G'_c(s)}e^{-\tau s} \tag{2-54}$$

可见，闭环特征方程 $1 + D'(s)G'_c(s) = 0$ 中不再含有纯滞后环节，也就是说，补偿器消除了纯滞后对系统性能的影响。经过史密斯预估补偿后，纯滞后环节被等效到闭环控制回路之外，反馈信号不再受滞后的影响。纯滞后只是将控制作用与输出在时间上推移了，不会影响系统的性能指标及稳定性。

（2）史密斯预估补偿的数字控制器设计

史密斯预估补偿控制原理虽然早已出现，但模拟仪表无法实现这种控制规律，直到数字计算机控制出现以后，才使这种算法能够方便地用软件来实现。

带纯滞后环节的离散系统结构图如图 2-13 所示。

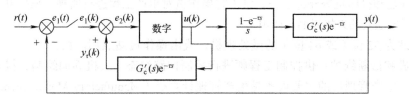

图 2-13　带纯滞后环节的离散系统结构图

与式（2-53）类似，可以得到预估补偿控制器 $D'(z)$ 的脉冲传递函数为

$$D'(z) = \frac{D(z)}{1 + D(z)G'(z)(1 - z^{-N})} \tag{2-55}$$

式中，$G'(z)$ 为广义被控对象中不含纯滞后部分的脉冲传递函数；$D(z)$ 为按 $G'(z)$ 设计的数字控制器；$N = \dfrac{\tau}{T}$（N 为正整数），称为滞后周期数。

史密斯预估补偿控制法的缺点是对系统受到的负荷干扰无补偿作用，而且控制效果依赖于纯滞后时间及被控对象动态模型的精度。

大林算法和史密斯预估算法这两种关于纯滞后系统的控制方法各有特点，其共同之处都是将系统的纯滞后保留到闭环脉冲传递函数中，以消除纯滞后环节对系统性能的影响，而代价是使闭环系统的响应滞后一定的时间。

2.3 分散型测控网络技术

本节简要介绍目前常用的比较典型的计算机控制系统，主要包括：分散型控制系统、现场总线控制系统和计算机集成制造系统。

2.3.1 分散型控制系统

分散型计算机控制系统又称为分布式计算机控制系统，简称分散型控制系统（Distributed Control System，DCS）。分散型控制系统综合了计算机（Computer）技术、控制（Control）技术、通信（Communication）技术、CRT 显示技术（即 4C 技术），集成了连续控制、批量控制、逻辑顺序控制、数据采集等功能。

自从美国的 HoneyWell 公司于 1975 年成功推出了世界上第一套分散型控制系统以来，已更新换代了三代 DCS，现已进入第四代 DCS。本节将概述 DCS 的特点、发展趋势以及其体系结构，让读者对 DCS 有初步的了解。直接控制层是 DCS 的基础，其主要设备是过程控制站（PCS），PCS 主要由输入输出单元（IOU）和过程控制单元（PCU）两部分组成。

过程控制单元下与 IOU 连接，上与控制网络（CNET）连接，其功能一是直接数字控制（DDC），即连续控制、逻辑控制、顺序控制和批量控制等；二是与控制网络通信，以便操作监控层对生产过程进行监控和操作；三是进行安全冗余处理，一旦发现 PCS 硬件或软件故障，就立即切换到备用件，保证系统不间断地安全运行操作监控层是 DCS 的中心，其主要设备是操作员站（OS）、工程师站（ES）、监控计算机站和计算机网关。

操作员站为 32 位（或 64 位）的微处理机或小型机，并配置彩色 CRT（或液晶显示器）、操作员专用键盘和打印机等外部设备，供工艺操作员对生产工程进行监视、操作和管理，具备图文并茂、形象逼真的人机界面（HMI）。

工程师站为 32 位（或 64 位）的微处理机，或由操作员站兼用。供计算机工程师对 DCS 进行系统生成和诊断维护；供控制工程师进行控制回路组态、人机界面绘制、报表制作和特殊软件编制。生产管理层的主要设备是生产管理计算机（Manufactory Management Computer，MMC），一般由一台中型机和若干台微型机组成。

计算机网关用作生产管理网络（MNET）和决策管理网络（DNET）之间的通信。目前世界上有多种 DCS 产品，具有定型产品供用户选择的一般仅限于直接控制层和操作监控层。其原因是下面两层有固定的输入、输出、控制、操作和监控模式，而上面两层的体系结构因企业而异，生产管理与决策管理方式也因企业而异，因而上面两层要针对各企业的要求分别设计和配置系统。

控制站（CS）或过程控制站主要由输入输出单元、过程控制单元和电源三部分组成。

输入输出单元是 PCS 的基础，由各种类型的输入输出处理板（IOP）组成，如模拟量输入板（4 ~ 20mA DC，0 ~ 5V DC）、热电偶输入板、热电阻输入板、脉冲量输入板、数字量输入板、模拟量输出板（4 ~ 20mA DC）、数字量输出板和串行通信接口板等。这些输入输出处理板的类型和数量可按生产过程信号类型和数量来配置；另外，与每块输入输出处理板配套的还有信号调整板（Signal Conditioner Card，SCC）和信号端子板（Signal Terminal Card，STC），其中 SCC 用作信号隔离、放大或驱动，STC 用作信号接线。上述 IOP、SCC 和 STC 的物理划分因 DCS 而异，有的划分为三块板结构；有的划分为两块板结构，即 IOP 和 SCC 合并，外加一块 STC；有的将 IOP、SCC 和 STC 三者合并为一块物理模板，并附有接线端子。控制处理器板的功能是运算、控制和实时数据处理；输入输出接口处理器板是 PCU 和 IOP 之间的接口；通信处理器板是 PCS 与控制网络的通信网卡，实现 PCS 与 CNET 之间的信息交换；PCS 采用冗余 PCU 和 IOU，冗余处理器板承担 PCU 和 IOU 的故障分析与切换功能。

上述四块板的物理划分因 DCS 而异，可以分为四块、三块、两块，甚至合并为一块。一般来说，现场控制站由现场控制单元组成。现场控制单元是 DCS 中直接与现场过程进行信息交互的 I/O 处理系统，用户可以根据不同的应用需求，选择配置不同的现场控制单元构成现场控制站。

一般 DCS 的直接控制层和操作监控层的设备（如 PCS、OS、ES、SCS）都有定型产品供用户选择，即 DCS 制造厂为这两层提供了各种类型的配套设备。生产管理层和决策层的设备无定型产品，一般由用户自行配置，当然要由 DCS 制造厂提供控制网络与生产管理网络（MNET）之间的硬、软件接口，即计算机网关（CG1）。这是因为一般 DCS 的直接控制层和操作监控层不直接对外开放，必须由 DCS 制造厂提供专用的接口才能与外界交换信息，所以说 DCS 的开放是有条件的开放。

实时数据是 DCS 最基本的资源，DCS 的实时数据库是全局数据库，通常采用分布式数据库结构，因此，数据库系统在不同层次上采用的结构不同。由前面分析可知，DCS 实时数据库是全局、分布式数据库，操作员站对 DCS 集中管理和操作的基础就是系统的网络通信，它是 DCS 的关键技术之一。

执行代码部分一般固化在 EPROM 中，而数据部分则保留在 RAM 中，在系统开机或恢复运行时，这些数据的初始值从网络上载入。现场控制站 RAM 中的数据结构和数据信息统称为实时数据库，是实现程序代码重入的关键。

实时数据库一般有以下四种基本数据类型：模拟量输入输出（AN）结构、开关量输入输出（DG）结构、模拟计算量（AC）结构和开关量点组合（GP）结构。网络通信模块周期性地从数据库中取得各记录的实时值广播到网络上，以刷新其他各站的数据库。其中比较典型的为模拟量输入处理，包括异常信号的剔除、信号滤波、工程量转换、非线性补偿与修正等，这是 DCS 与过程直接相连的接口。这些控制算法主要有 PID 调节器模块（包括改进的 PID 调节器）、前馈、解耦、选择控制模块、超前/滞后补偿模块以及 Smith 预估器等用于纯滞后补偿的控制模块。

随着计算机技术的发展及其在工业控制系统中的应用，DCS 表现出十分优秀的性能，将工业过程自动化提高到了一个新的水平。这种方式在检测环节方面存在的问题是精度低、动态补偿能力差、无自诊断功能；同时由于各 DCS 开发商生产自己的专用平台，使得不同厂商的 DCS 不兼容，互操作性差。近年来，随着新技术、新器件、新方法、新应用的相互促进，在 DCS 关联领域有许多新进展，主要表现在如下一些方面。传统 DCS 的结构是封闭式的，使得不同制造商的 DCS 之间不兼容，而现阶段这些智能现场仪表采用现场总线与 DCS 连接，大多沿用 HART 通信协议。

使现场总线与传统的 DCS 系统尽可能地协同工作，这种集成方案能够灵活地系统组态，得到更广泛的、富于实用价值的应用。现场总线集成于 DCS 的方式可从两个方面来考虑。

1）现场总线于 DCS 系统 I/O 总线上的集成。

2）现场总线通过网关与 DCS 系统并行集成。

综上可以预见，未来的 DCS 将采用智能化仪表和现场总线技术，从而彻底实现分散控制，并可节约大量的布线费用，提高系统的易展性。基于 PC 的解决方案将使控制系统更具开放性。总之，DCS 通过采用新技术将不断向标准化、开放化、通用化的方向发展。

2.3.2 现场总线控制系统

现场总线控制系统（Fieldbus Control System，FCS）是一种以现场总线为基础的分布式网络自动化系统。它既是现场通信网络系统，也是现场自动化系统。现场总线和现场总线控制系统的产生，不仅变革了传统的单一功能的模拟仪表，将其改为综合功能的数字仪，而且变革了传统的计算机控制系统（DDC、DCS），将输入、输出、运算和控制功能分散分布到现场总线仪表中，形成了全数字的彻底的分散控制系统。

1. 现场总线概述

根据国际电工委员会（International Electrotechnical Commission，IEC）标准和现场总线基金会（Fieldbus Foundation, FF）的定义，现场总线是连接智能现场设备和自动化系统的数字式、双向传输和多分支结构的通信网络。

现场总线对当今的自动化领域带来以下七个方面的变革：用一对通信线连接多台数字仪表代替一对信号线只能连接一台仪表；用多变量、双向、数字通信方式代替单变量、单向、模拟传输方式；用多功能的现场数字仪表代替单功能的现场模拟仪表；用分散式的虚拟控制站代替集中式的控制站；用现场总线控制系统 FCS 代替传统的分散控制系统 DCS；变革传统的信号标准、通信标准和系统标准；变革传统的自动化系统体系结构、设计方法和安装调试方法。

现场总线技术的特点如下：

1）全数字化通信：现场总线系统是一个"纯数字"系统，而数字信号具有很强的抗干扰能力，所以现场的噪声及其他干扰信号很难扭曲现场总线控制系统里的数字信号，数字信号的完整性使得过程控制的准确性和可靠性更高。

2）一对 N 结构：一对传输线，N 台仪表，双向传输多个信号。这种一对 N 结构使得接线简单，工程周期短，安装费用低，维护容易。如果增加现场设备或现场仪表，只需并行挂接到电缆上，无须架设新的电缆。

3）可靠性高：数字信号传输抗干扰强，精度高，无须采用抗干扰和提高精度的措施，从而降低了成本。

4）可控状态：操作人员在控制室既可以了解现场设备或现场仪表的工作情况，也能对其进行参数调整，还可以预测或寻找故障。整个系统始终处于操作员的远程监视和可控状态，提高了系统的可靠性、可控性和可维护性。

5）互换性：用户可以自由选择不同制造商所提供的性价比最优的现场设备或现场仪表，并将不同品牌的仪表互连。即使某台仪表发生故障，换上其他品牌的同类仪表也能照常工作，实现了"即接即用"。

6）互操作性：用户把不同制造商的各种品牌的仪表集成在一起，进行统一组态，构成其所需的控制回路，而不必绞尽脑汁为集成不同品牌的产品在硬件或软件上花费力气或增加额外投资。

7）综合功能：现场仪表既有检测、变换和补偿功能，又有控制和运算功能，实现了一表多用，不仅方便了用户，而且降低了成本。

8）分散控制：控制站功能分散在现场仪表中，通过现场仪表即可构成控制回路，实现了彻底的分散控制，提高了系统的可靠性、自治性和灵活性。

9）统一组态：由于现场设备或现场仪表都引入了功能块的概念，所有制造商都使用相同的功能块，并统一组态方法，使组态变得非常简单，用户不需要因为现场设备或现场仪表种类不同而带来的组态方法的不同再去学习和培训。

10）开放式系统：现场总线为开放互连网络，所有技术和标准全是公开的，所有制造商必须遵循。这样，用户可以自由地集成不同制造商的通信网络，既可与同层网络互连，也可与不同层网络互连，还可极其方便地共享网络数据库。

2. 现场总线的分类

进入 21 世纪以来，世界上出现了多种现场总线的企业、集团和国家标准，这使得用户非常困惑。既然现场总线有很多优点，为什么统一标准却十分困难？这里存在两方面原因。

第一是技术原因。现场总线是用于过程自动化和制造自动化最底层的现场设备或现场仪表互连的通信网络，涉及行业的方方面面，不仅有技术问题，而且还有不同行业标准和用户习惯的继承、不同类型网络互连的协议制定等问题。

第二是商业利益。国家标准的制定是要参照现存的企业、集团或国家标准，吸取众家之长。这就使各个企业拼命想扩大自己已有的技术，以便在国际标准中占有更多的份额，使国际标准能对自己产生更有利的影响，占领更多的市场，带来更多的经济利益，从而导致目前多种现场总线共存的局面。

目前较流行的现场总线归纳起来有以下几种。

（1）CAN 现场总线

CAN（Controller Area Network）是一种架构开放广播式的新一代网络通信协议，称为控制器局域网现场总线。CAN 原是德国 Bosch 公司为欧洲汽车市场开发的，推出之初是用于汽车内部测量和执行部件之间的数据通信。目前 CAN 总线广泛应用于离散控制系统中的过程监控，以实现控制与测试之间可靠的实时数据交换。

CAN 协议是建立在国际标准组织的开放系统互连基础上的，不过其模型结构只有三层，即只取开放式系统互联（Open System Interconnect，OSI）底层的物理层、数据链路层和顶层的应用层，其信号传输介质为双绞线、同轴电缆和光纤等。采用双绞线通信，当通信距离为 40m 时，传输速率为 1Mbit/s，当距离延长到 10km 时，传输速率为 50kbit/s，挂接设备数量最多可达 110 个。

CAN 的信号传输采用短帧结构，每一帧的有效字节数为八个，因而传输时间短，受干扰的概率低。它支持点对点、一点对多点和全局广播式收 / 发数据。它采用总线仲裁技术，当出现几个节点同时在网络上传输信息时，优先级高的节点可继续传输数据，而优先级低的节点则主动停止发送，从而避免了总线冲突。当节点严重错误时，它具有自动关闭的功能，以切断该节点的信息。

CAN 总线开发系统价格低廉，原始设备制造商（Original Equipment Manufacturer，OEM）

用户容易操作，许多国际上大的半导体厂商也积极开发出支持 CAN 总线的专用芯片。例如，Motolora 公司的 MC68HC05X4，Philips 公司的 P8XC592.82C200、82C150、82C250，Intel 公司的 82527 等。由于 CAN 总线的高通信速率、高可靠性、连接方便、多主站、通信协议简单和高性价比等突出优点，其应用由最初的汽车工业迅速发展至机械制造、铁路运输、医疗领域等各个方面。

（2）LonWorks 现场总线

LonWorks 现场总线技术是美国 Echelon 公司为支持局部操作网络（Local Operating Networks，LON）总线于 1991 年推出的，提供了一套包含所有设计、配置和支持控制网元素的完整开发平台。LonWorks 现场总线采用了 ISO/OSI 模型的全部七层通信协议，采用了面向对象的设计方法，通过网络变量把网络通信设计简化为参数设置；其通信速率从 300bit/s ~ 1.5Mbit/s 不等，直接通信距离可达 2700m（双绞线，78kbit/s）；支持双绞线、同轴电缆、光纤、射频、红外线和电力线等多种通信介质。LonWorks 使用的开放式通信协议 LonTalk 为设备之间交换控制状态信息建立了一个通用的标准。在 LonTalk 协议的协调下，系统和产品融为一体，形成一个网络控制系统。

（3）PROFIBUS 现场总线

过程现场总线（Process Fieldbus）是一种国际性的开放式现场总线标准，目前世界上许多自动化技术生产厂家都为它们的设备提供 PROFIBUS 接口。PROFIBUS 现场总线分为 PROFIBUS-DP、PROFIBUS-FMS 和 PROFIBUS-PA 三 种 兼 容 版 本。DP（Decentralized Periphery，分布式外围设备）型用于分散外设间的高速传输，适合于加工自动化领域的应用；FMS（Fieldbus Message Specification，现场总线报文规范）型主要处理单元级的多主站数据通信，可以在不同的 PLC 系统之间传输数据，适用于纺织、楼宇自动化、可编程控制器和低压开关等一般自动化；PA（Process Automation，过程自动化）型则是用于过程自动化的总线类型。PROFIBUS 提供三种类型的传输技术：DP 和 FMS 的 RS-485 传输、PA 的 IEC1158-2 传输、光纤，其传输速率为 9.6kbit/s ~ 12Mbit/s，最大传输距离在 12Mbit/s 时为 100m，1.5Mbit/s 时为 400m，可用中继器延长至 10km。传输介质可以是双绞线，也可以是光缆。

（4）HART 现场总线

HART 现场总线被称为可寻址远程传感器高速通道的开放通信协议，是由美国 Rosemount 公司提出并开发，用于现场智能仪表和控制室设备之间通信的一种协议。其特点是在现有模拟信号传输线上实现数字信号通信，属于模拟系统向数字系统转变过程中的过渡性产品，因而在当前的过渡时期具有较强的市场竞争能力，得到了较快发展。

HART 规定了一系列命令，按命令方式工作，采用统一的设备描述语言 DDL，现场设备开发商采用这种标准语言来描述设备特性。由 HART 基金会负责登记管理这些设备描述，并把它们编为设备描述字典。主设备运用 DDL 技术来理解这些设备的特性参数，而不必为这些设备开发专用接口。但由于这种模拟、数字混合信号制式，导致难以开发出一种能满足各公司要求的通信接口芯片。

严格来说，HART 协议不能算作总线，只是提供了一种智能工业终端的通信协议和接口标准。但由于它具有相当大的开放性，并且是以智能终端为基础的技术标准，所以得到了广泛的应用。

（5）WorkFIP 现场总线

WorkFIP 的特点是：具有单一的总线，可用于过程控制及离散控制，而且没有任何网桥或网关；低速和高速部分的衔接用软件的办法来解决；已有较完整的系列产品，不像基金会现场总线（Fieldbus Foundation，FF）目前只有 H1 和 H2 两种总线；已准备与 Internet → Extranet → Intranet 互联网相连接。WorkFIP 的战略措施是：一方面保持其独立的产品地位，并先使自己成为欧洲标准，尽快推出产品，占领市场；另一方面也做好准备，一旦 IEC 标准得到通过，马上与 IEC 靠拢。这样，WorkFIP 两方面都已考虑到，可使自己立于不败之地。

2.3.3　计算机集成制造系统

从生产过程参数的监测、控制、优化，生产过程及装置的调度，到企业的管理、经营、决策，计算机及其网络已成为帮助企业全面提高生产和经营效率、增强市场竞争力的重要工具。计算机集成制造系统（Computer Integrated Manufacturing Systems，CIMS）正是反映了工业企业计算机应用的这种趋势。由于当时技术条件和市场发展的限制，特别是计算机使用尚不普遍，CIM 这种先进的制造概念在一段时间内一直停留在理论阶段。在欧洲、美国、日本，很多企业以 CIM 为指导思想，对原有运行管理模式进行改造，成功地完成了许多 CIMS 应用工程，企业的生产经营效率大幅提高，在国际市场竞争中处于非常有利的领导地位。

为赶超国际先进技术，我国于 1986 年提出了国家高技术研究发展计划（863 计划），其中对 CIMS 这一推动工业发展的先进技术给予了充分肯定和极大重视，将 CIMS 作为在 863 计划自动化领域设立的两个研究发展主题之一。

经过十多年对 CIM 概念的深入研究、探索，以及结合我国国情的实践，863/CIMS 主题对 CIM 和 CIMS 的阐述分别为："CIM 是一种组织、管理与运行企业生产的理念，它借助于计算机硬件和软件，综合运用现代管理技术、制造技术、信息技术、自动化技术、系统工程技术，将企业生产全过程中的有关人 / 组织、技术、经营管理三要素及其信息流、物流和价值流有机集成并优化运行，实现企业制造活动的计算机化、信息化、智能化、集成优化，以达到产品上市快、高质、低耗、服务好、环境清洁，进而提高企业的柔性、健壮性、敏捷性，使企业赢得市场竞争""CIMS 是一种基于 CIM 哲理构成的计算机化、信息化、智能化、集成优化的制造系统"。对 CIM 的内涵还可进一步深入阐述如下：

它在 CIMS 中是神经中枢，指挥与控制着各个部分有条不紊地工作。制造自动化系统是 CIMS 中信息流和物料流的结合点，其目的是使产品制造活动优化、周期短、成本低、柔性高。计算机通信网络支持 CIMS 各个分系统之间、分系统内部各工作单元、设备之间的信息交换和处理，是一个开放型的网络通信系统。数据库系统支持 CIMS 各分系统并覆盖企业运行的全部信息。计算机辅助设计（CAD）技术产生于 20 世纪 60 年代，目的是解决飞机等复杂产品的设计问题。由于计算机硬件和软件发展的限制，CAD 技术直到 20 世纪 70 年代才投入实际应用，但发展极其迅速。

为了将 CAD 和 CAM 结合集成为一个完整的系统，即在 CAD 做出设计后，立即由计算机辅助工艺师制定出工艺计划，并自动生成 CAM 系统代码，由 CAM 系统完成产品的制造，计算机辅助工艺（CAPP）于 20 世纪 70 年代应运而生。这些新技术包括计算机辅助工程（CAE）、原材料需求计划（MRP）、制造资源计划（MRP-Ⅱ）等。其中 MRP 和 MRP-Ⅱ是计算机辅助生产管理（CAPM）的主要内容，具有年、月、周生产计划制定、物料需求计划制定、生产能力（资源）的平衡、仓库等管理、市场预测、长期发展战略计划制定等功能。

自 20 世纪 80 年代中期以来，以 CIMS 为标志的综合生产自动化逐渐成为离散制造业的热点。在功能上，CIMS 包含了一个制造工厂的全部生产经营活动，即从市场预测、产品设计、加工制造、质量管理到售后服务的全部活动，比传统的工厂自动化范围大得多，是一个复杂的大系统；CIMS 涉及的计算机系统、自动化系统并不是工厂各个环节的计算机系统、自动化的简单相加，而是有机的集成，包括物料和设备的集成，更重要的是以信息集成为本质的技术集成，也包括人的集成。

由此可见，CIMS 是一种基于计算机和网络技术的新型制造系统，不仅包括和集成了 CAD、CAM、CAPP、CAE 等生产环节的先进制造技术和 MRP、MRP-Ⅱ 等先进的调度、管理、决策策略与技术，而且包括和集成了企业所有与生产经营有关环节的活动与技术，其目的就是为了追求高效率、高柔性，最后取得高效益，以满足市场竞争的需求。在欧美以及日本等先进工业国家，制造业已基本实现了 CIMS 化，使其产品质量高、成本低，在市场上长期保持强盛的竞争势头。

CIMS 应用的成功和巨大的效益又进一步推动了 CIMS 技术的研究和发展。在高新技术不断出现、市场不断国际化的今天，虚拟制造（Virtual Manufacturing）、敏捷制造（Agile Manufacturing）、并行工程（Concurrent Engineering）、绿色制造（Green Manufacturing）、智能制造系统（IMS）等新的制造技术以及及时生产（JIT）、企业资源计划（ERP）、供应链管理（SCM）等新的经营管理技术使 CIMS 的内容越来越充实，Internet/Intranet/Extranet 和多媒体等计算机网络新技术、网络化数据仓库技术以及产品数据管理（PDM）技术等支撑技术的发展使 CIMS 的功能越来越强大，实际上已经使 CIMS 由初始含义的计算机集成制造系统演化为新一代的 CIMS——现代集成制造系统（Contemporary Integrated Manufacturing Systems）。

因而，可以这么说，计算机的普遍应用构成了 CIMS 发展的基础，而激烈的市场竞争和计算机及相关技术的迅速发展又促进了 CIMS 的进一步发展。到目前为止，虽然还没有完全按照较为成熟的离散 CIMS 框架建立的流程企业 CIMS 的完整报道，但实际上，有很多流程企业都已经按照各自需要建立了各种类型的相应系统。

由于流程工业与离散制造业有许多明显的差别，因而流程工业 CIMS 与离散工业 CIMS 相比较，也相应存在着许多自己的独特之处。

（1）流程工业 CIMS

流程工业计算机集成制造系统（流程工业 CIMS）是 CIM 思想在流程工业中的应用和体现。通常所说的计算机集成流程生产系统（Computer Integrated Processing System，CIPS）、企业（或工厂）综合自动化系统等，与流程工业 CIMS 都是同一概念。

（2）流程 CIMS 与离散 CIMS 的比较

流程 CIMS 与离散 CIMS 都是 CIM 在不同领域的应用，在财务、采购、销售、资产和人力资源管理等方面基本相似，它们的主要区别如下。

流程 CIMS 的生产计划可以从生产过程中具有过程特征的任何环节开始，离散 CIMS 只能从生产过程的起点开始计划；流程 CIMS 采用过程结构和配方进行物料需求计划，离散 CIMS 采用物料清单进行物料需求计划；流程 CIMS 一般同时考虑生产能力和物料，离散 CIMS 必须先进行物料需求计划，后进行能力需求计划；离散 CIMS 的生产面向订单，依靠工作单传递信息，作业计划限定在一定时间范围之内，流程 CIMS 的生产主要面向库存，没有作业单的概念，作业计划中也没有可供调节的时间。

流程 CIMS 中新产品的开发过程不必与正常的生产管理、制造过程集成，可以不包括工程设计子系统，离散 CIMS 由于产品工艺结构复杂、更新周期短，新产品开发和正常的生产制造过程中都有大量的变形设计任务，需要进行复杂的结构设计、工程分析、精密绘图、数控编程等，工程设计子系统是其不可缺少的子系统之一。

流程 CIMS 中要考虑产品配方、产品混合、物料平衡、污染防治等问题，需要进行主产品、副产品、协产品、废品、成品、半成品和回流物的管理，而在生产过程中占有重要地位的热蒸汽、冷冻水、压缩空气、水、电等动力、能源辅助系统也应纳入 CIMS 的集成框架，离散 CIMS 则不必考虑这些问题；流程 CIMS 中生产过程的柔性是靠改变各装置间的物流分配和生产装置的工作点来实现的，必须要由先进的在线优化技术、控制技术来保证，离散 CIMS 的生产柔性则是靠生产重组等技术来保证；流程 CIMS 的质量管理系统与生产过程自动化系统、过程监控系统紧密相关，产品检验以抽样方式为主，采用统计质量控制，产品检验与生产过程控制、管理系统严格集成、密切配合，离散 CIMS 的质量控制子系统则是其中相对独立的一部分。

流程 CIMS 要求实时在线采集大量的生产过程数据、工艺质量数据、设备状态数据等，要及时地处理大量的动态数据，同时保存许多历史数据，并以图表、图形的形式予以显示，而离散 CIMS 在这方面的需求则相对较少；流程 CIMS 的数据库主要由实时数据库与历史数据库组成，前者存放大量的体现生产过程状态的实时测量数据，如过程变量、设备状态、工艺参数等，实时性要求高，离散 CIMS 的数据库则是主要以产品设计、制造、销售、维护整个生命周期中的静态数据为主，实时性要求不高；流程 CIMS 由于生产的连续性和大型化，必须保证生产高效、安全、稳定运行，实现稳产、高产，才能获取最大的经济效益，因此安全可靠生产是流程工业的首要任务，必须实现全生产过程的动态监控，使其成为 CIMS 集成系统中不可缺少的一部分，离散 CIMS 则偏重于单个生产装置的监控，监控的目的是保证产品技术指标的一致性，并为实现柔性生产提供有用信息。

流程 CIMS 主要通过稳产、高产、提高产品产量和质量、降低能耗和原料、减少污染来提高生产效率，增加经济效益，离散 CIMS 则注重于通过单元自动化、企业柔性化等途径，达到降低产品成本、提高产品质量、增加产品品种，满足多变的市场需求，提高生产效率；由于流程工业生产过程的资本投入较离散制造业要大得多，因而流程 CIMS 需要更注重生产过程中资金流的管理。

流程 CIMS 由于生产的连续性，更强调基础自动化的重要性，生产加工自动化程度较高，人的作用主要是监视生产装置的运行、调节运行参数等，一般不需要直接参与加工，而离散 CIMS 的生产加工方式不同，自动化程度相对较低，许多情况下需要人直接参与加工，因此两者在人力资源的管理方面有明显区别。离散 CIMS 经过多年的研究和应用，已形成较为完善的理论体系和规范，而流程 CIMS 由于起步较晚，体系结构、柔性生产、优化调度、集成模式和集成环境等方面都缺乏有效的理论指导，急需进行相关的理论研究。

2.4　计算机控制系统设计与实施

通过前面的介绍，读者已经掌握了计算机控制系统各部分的工作原理、硬件和软件技术以及控制算法，具备了设计计算机控制系统的条件。计算机控制系统的设计既是一个理论问题，又是一个工程问题。计算机控制系统的理论设计包括：建立被控对象的数学模型；确定满足一定技术经济指标的系统目标函数，寻求满足该目标函数的控制规律；选择适宜的计算方法和程序设计语言；进行系统功能的软、硬件界面划分，并对硬件提出具体要求。进行计算机控制系统的工程设计，不仅要掌握生产过程的工艺要求，以及被控对象的动态和静态特性，而且要熟悉自动检测技术、计算机技术、通信技术、自动控制技术、微电子技术等。本节主要介绍计算机控制系统设计的原则与步骤，计算机控制系统的工程设计与实现。

2.4.1 计算机控制系统设计原则

尽管计算机控制系统的对象各不相同，其设计方案和具体技术指标也千变万化，但在系统的设计与实施过程中，还是有许多共同的设计原则与步骤，这些共同的原则和要求在设计前或设计过程中都必须予以考虑。

1. 操作性能好，维护与维修方便

对一个计算机应用系统而言，所谓操作性能好，就是指系统的人机界面要友好，操作简单、方便、便于维护。为此，在设计整个系统的硬件和软件时，都应处处考虑这一点。

例如，在考虑操作先进性的同时要兼顾操作工以往的操作习惯，使操作工易于掌握；考虑配备何种系统和环境，能降低操作人员对某些专业知识的要求；对硬件方面，系统的控制开关不能太多、太复杂，操作顺序要尽量简单，控制台要便于操作人员操作，尽量采用图示与中文操作提示，显示器的颜色要和谐，对重要参数要设置一些保护性措施，增加操作的鲁棒性等，凡是涉及人机工程的问题都应逐一加以考虑。维修方便要从软件与硬件两个方面考虑，目的是易于查找故障、排除故障。

硬件上宜采用标准的功能模板式结构，便于及时查找并更换故障模板。模板上还应安装工作状态指示灯和监测点，便于检修人员检查与维修。在软件上应配备检测与诊断程序，用于查找故障源。必要时还应考虑设计容错程序，在出现故障时能保证系统的安全。

2. 通用性好，便于扩展

过程计算机控制系统的研制与开发需要一定的投资和周期。尽管控制的对象千变万化，但若从控制功能上进行分析与归类，仍然可以找到许多共性。如计算机控制系统的输入输出信号统一为 0 ~ 10mA DC 或 4 ~ 20mA DC；控制算法有 PID、前馈、串级、纯滞后补偿、预测控制、模糊控制、最优控制等。因此，在设计开发过程计算机控制系统时就应尽量考虑这些共性，就必须尽可能地采用标准化设计，采用积木式的模块化结构。

在此基础上，再根据各种不同设备和不同控制对象的控制要求，灵活地构造系统。一般来说，一个计算机应用系统，在工作时能同时控制几台设备。但是，在大多数情况下系统不仅要适应各种不同设备的要求，而且也要考虑在设备更新时整个系统不需要大的改动就能适应新的情况。这就要求系统的通用性要好，而且必要时能灵活地进行扩充。例如，尽可能采用通用的系统总线结构，例如，采用 STD 总线、AT 总线、MULTIBUS 总线等。在需要扩充时，仅需增加一些相应的接口插件板就能实现对所扩充的设备进行控制。

另外，接口部件尽量采用标准通用的大规模集成电路芯片。在考虑软件时，只要速度允许，就尽可能把接口硬件部分的操作功能用软件来替代。这样在被控设备改变时，无须变动或较少地变动硬件，只需要改变软件就行了。系统的各项设计指标留有一定的余量，也是可扩充的首要条件。例如，计算机的工作速度如果在设计时不留有一定的余量，那么要想进行系统扩充是完全不可能的。其他如电源功率、内存容量、输入输出通道、中断等也应留有一定的余量。

3. 可靠性高

对任何计算机应用系统来说，尽管各种各样的要求很多，但可靠性是最重要的一个。因为一个系统能否长时间安全可靠地正常工作，会影响到整个装置、整个车间乃至整个工厂的正常生产。

一旦故障发生，轻者会造成整个控制系统紊乱，生产过程混乱甚至瘫痪，重者会造成人员的伤亡和设备的损坏。所以在计算机控制系统的整个设计过程中，务必把安全可靠放在首位。

首先，考虑选用高性能的工控机担任工程控制任务，以保证系统在恶劣的工业环境下仍能长时间正常运行；其次，在设计控制方案时考虑各种安全保护措施，使系统具有异常报警、事故预测、故障诊断与处理、安全联锁、不间断电源等功能。最后，采用双机系统和多机集散控制。在双机系统中，用两台微机作为系统的核心控制器。

由于两台微机同时发生故障的概率很小，从而大大提高了系统的可靠性。双机系统中两台微机的工作方式有以下两种。一种方式是将一台微机投入系统运行，另一台虽然也同样处于运行状态，但是它是脱离系统的，只是作为系统的一台备份机。当投入系统运行的那一台微机出现故障时，通过专门的程序和切换装置，自动地把备份机切入系统，以保持系统正常运行。被替换下来的微机经修复后，就变成系统的备份机，这样可使系统不因主机故障而影响系统正常工作。

另一种方式是两台微机同时投入系统运行。在正常情况下，这两台微机分别执行不同的任务。如一台微机可以承担系统的主要控制工作，而另一台可以执行诸如数据处理等一般性工作。当其中一台发生故障时，故障机能自动地脱离系统，另一台微机自动地承担起系统的所有任务，以保证系统的正常工作。多机集散控制系统结构是目前提高系统可靠性的一个重要发展趋势。如果把系统的所有任务分散地由多台微机来承担，为了保持整个系统的完整性，还需用一台适当功能的微机作为上一级的管理主机。

4. 实时性好，适应性强

实时性是工业控制系统最主要的特点之一，它要对内部和外部事件都能及时地响应，并在规定的时限内做出相应的处理。系统处理的事件一般有两类：一类是定时事件，例如，定时采样、运算处理、输出控制量到被控制对象等；另一类是随机事件，例如，出现事故后的报警、安全联锁、打印请求等。对于定时事件，由系统内部设置的时钟保证定时处理。

对于随机事件，系统应设置中断，根据故障的轻重缓急，预先分配中断级别，一旦事件发生，根据中断优先级别进行处理，保证最先处理紧急故障。在开发计算机控制系统时，一定要考虑到其应用环境，保证在可能的环境下可靠地工作。

例如，有的地方市电波动很大，有的地方环境温度变化剧烈，有的地方湿度很大，有的地方振动很厉害，而有的工作环境有粉尘、烟雾、腐蚀等。这些在系统设计中都必须加以考虑，并采用必要的措施保证微机应用系统安全可靠地工作。

5. 经济效益好

工业过程计算机控制系统除了满足生产工艺所必需的技术质量要求以外，也应该带来良好的经济效益。这主要体现在两个方面：一方面是系统的性能价格比要尽可能地高，而投入产出比要尽可能地低，回收周期要尽可能地短；另一方面还要从提高产品质量与产量、降低能耗、减少污染、改善劳动条件等经济、社会效益各方面进行综合评估，有可能是一个多目标优化问题。

目前科学技术发展十分迅速,各种新的技术和产品不断出现,这就要求所设计的系统能跟上形势的发展,要有市场竞争意识,在尽量缩短设计研制周期的同时要有一定的预见性。

2.4.2 计算机控制系统设计步骤

计算机控制系统的设计虽然随被控对象、控制方式、系统规模的变化而有所差异,但系统设计与实施的基本内容和主要步骤大致相同,一般分为四个阶段:确定任务阶段、工程设计阶段、离线仿真和调试阶段以及在线调试和投运阶段。下面对这四个阶段作必要说明。

1. 确定任务阶段

随着市场经济的规范化,在企业中的计算机控制系统设计与工程实施过程中往往存在着甲方乙方关系。所谓甲方,指的是任务的委托方,有的是用户本身,有的是上级主管部门,还有可能是中介单位;乙方则是系统工程的承接方。

国际上习惯称甲方为"买方",称乙方为"卖方"。作为处于市场经济的工程技术人员,应该对整个工程项目与控制任务的确定有所了解,确定任务阶段一般按下面的流程进行。在委托乙方承接工程项目前,甲方一般须提出任务委托书,其中一定要提供明确的系统技术性能指标要求,还要包括经费、计划进度、合作方式等内容。

乙方接到任务委托书后逐条进行研究,对含义不清、认识上有分歧、需要补充或删节的地方逐条标出,并拟订需要进一步讨论与修改的问题。在乙方对任务委托书进行了认真的研究之后,双方应就委托书的内容进行协商性的讨论、修改、确认,明确双方的任务和技术工作界面。

为避免因行业和专业不同所带来的局限性,讨论时应有各方面有经验的人员参加。确认或修改后的委托书中不应再有含义不清的词汇与条款,如果条件允许,可多做几个方案进行比较。方案中应突出技术难点及解决办法、经费概算、工期。方案可行性论证的目的是要估计承接该项任务的把握性,并为签订合同后的设计工作打下基础。

论证的主要内容包括技术可行性、经费可行性、进度可行性。另外对控制项目要特别关注可测性和可控性。如果论证结果可行,接着就应该做好签订合同前的准备工作;如果不可行,则应与甲方进一步协商任务委托书的有关内容或对条款进行修改。

若不能修改,则合同不能签订。合同书是甲乙双方达成一致意见的结果,也是以后双方合作的唯一依据和凭证。合同书(或协议书)应包含如下内容:经过双方修改和认可的甲方"任务委托书"的全部内容,双方的任务划分和各自承担的责任,合作方式,付款方式,进度和计划安排,验收方式及条件,成果归属,违约的解决办法。

随着市场经济的发展,计算机控制工程的设计和实施项目也与其他工程项目类似,越来越多地引入了规范的"工程招标"形式,即先由甲方将所需解决的技术问题和项目要求提出,并写好标书公开向社会招标,有兴趣的单位都可以写出招标书在约定的时间内投标,开标时间到后通过专家组评标确定出中标单位,即乙方。

2. 工程设计阶段

工程设计阶段主要包括组建项目研制小组、系统总体方案设计、方案论证与评审、硬件和软件的细化设计、硬件和软件的调试、系统组装。

在签订了合同或协议后,系统的研制进入设计阶段。为了完成系统设计,应首先把项目组成员确定下来。项目组应由掌握计算机硬件、软件和有控制经验的技术人员组成,还要明确分工并具有良好的协调合作关系。

系统总体方案包括硬件总体方案和软件总体方案，这两部分的设计是相互联系的。因此，在设计时要经过多次的协调和反复，最后才能形成合理的统一在一起的总体设计方案。总体方案要形成硬件和软件的方块图，并建立说明文档，包括控制策略和控制算法的确定等。

方案的论证和评审是对系统设计方案的把关和最终裁定。评审后确定的方案是进行具体设计和工程实施的依据，因此应邀请有关专家、主管领导及甲方代表参加。评审后应重新修改总体方案，评审过的方案设计应该作为正式文件存档，原则上不应再做大的改动。

硬件和软件的细化只能在总体方案评审后进行，如果进行的太早会造成资源的浪费和返工。所谓细化设计就是将方块图中的方块划到最底层，然后进行底层块内的结构细化设计。对应硬件设计来说，就是选购模板以及设计制作专用模板；对软件设计来说，就是将一个个功能模块编成一条条程序。

实际上，在硬件、软件的设计中都需要边设计边调试边修改，往往要经过几个反复过程才能完成。硬件细化设计和软件细化设计后，分别进行调试，之后就可以进行系统的组装，组装是离线仿真和调试阶段的前提和必要条件。

3. 离线仿真和调试阶段

总体设计的方法是"黑箱"设计法，所谓"黑箱"设计，就是通过考察系统的输入、输出及其动态过程，而不通过直接考察其内部结构，来定量或定性地认识系统的功能特性、行为方式，以及探索其内部结构和机理的一种控制论认识方法。实际可供选择的控制系统类型有操作指导控制系统、直接数字控制（DDC）系统、监督计算机控制（SCC）系统、分级控制系统、分散型控制系统（DCS）、工业测控网络系统等。

软件总体设计和硬件总体设计一样，也是采用结构化的"黑箱"设计法。常用的工业控制机内部总线有两种，即 PC 总线和 STD 总线。根据需要选择其中一种，一般常选用 PC 总线进行系统的设计，即选用 PC 总线工业控制机。

外部总线就是计算机与计算机之间、计算机与智能仪器或智能外设之间进行通信的总线，它包括并行通信总线（如 IEEE-488）和串行通信总线（如 RS-232C、RS-422 和 RS-485）。需要说明的是，RS-422 和 RS-485 总线在工业控制机的主机中没有现成的接口装置，必须另外选择相应的通信接口板或协议转换模块。

在总线式工业控制机中，机型因采用的 CPU 不同而不同。通常和工控机共地装置的接口可以采用 TTL 电平，而其他装置与工控机之间则采用光电隔离。而将光电隔离及驱动功能安排在工业控制机总线之外的非总线模板上，如继电器板（包括固态继电器板）等。选择 AI/AO 模板时必须注意分辨率、转换速度、量程范围等技术指标。

另外，还有各种有触点和无触点开关，也是执行机构，实现开关动作。在系统中选择气动调节阀、电动调节阀、电磁阀、有触点和无触点开关之中的哪一种，要根据系统的要求来确定。

其中包括控制算法模块（多为 PID）、运算模块（四则运算、开方、最大值/最小值选择、一阶惯性、超前滞后、工程量变换、上下限报警等数十种）、计数/计时模块、逻辑运算模块、输入模块、输出模块、打印模块、CRT 显示模块等。定时器/计数器、中断源、I/O 地址在任务分析时已经分配好了。

因此，资源分配的主要工作是 RAM 资源的分配。模拟输入信号为 0～10mA（DC）或 4～20mA（DC），0～5V（DC）和电阻等。前两种可以直接作为 A/D 转换模板的输入（电流经 I/V

变换变为 $0 \sim 5\text{V}$（DC）电压输入），后两种经放大器放大到 $0 \sim 5\text{V}$（DC）后再作为 A/D 转换模板的输入。开关触点状态通过数字量输入（DI）模板输入。其中包括数字 PID 控制算法、Smith 补偿控制算法、最少拍控制算法、串级控制算法、前馈控制算法、解耦控制算法、模糊控制算法、最优控制算法等。模拟控制量由 D/A 转换模板输出，一般为标准的 $0 \sim 10\text{mA}$（DC）或 $4 \sim 20\text{mA}$（DC）信号，该信号驱动执行机构，如各种调节阀。相对时钟与当地时间无关，一般只要时、分、秒就可以，在某些场合要精确到 0.1 秒甚至毫秒。例如，啤酒发酵微机控制系统，要求从 10℃降温 4 小时到 5℃，保温 30 小时后，再降温 2 小时到 3℃，再保温。

在完成 PID 控制模块开环特性调试的基础上，还必须进行闭环特性调试。所谓闭环调试就是构成单回路 PID 反馈控制系统。必须指出，数字 PID 控制器比模拟 PID 调节器增加了一些特殊功能。例如，积分分离、检测值微分（或微分先行）、死区 PID（或非线性 PID）、给定值和控制量的变化率限制、输入输出补偿、控制量限幅和保持等。先暂时去掉这些特殊功能，首先测试纯 PID 控制闭环响应，这样便于发现问题。

在纯 PID 控制闭环实验通过的基础上，再逐项加入上述特殊功能，并逐项检查是否正确。对于简单的运算模块可以用开发机（或仿真器）提供的调试程序检查其输入与输出关系。而对于具有输入与输出曲线关系复杂的运算模块，如纯滞后补偿模块，只要用运算模块来替换 PID 控制模块，通过分析记录曲线来检查程序是否存在问题。

由于不可能将实际生产过程（被控对象）搬到自己的实验室或研究室中，因此，控制系统只能做离线半物理仿真，被控对象可用实验模型代替。例如，高温和低温剧变运行试验、震动和抗电磁干扰试验、电源电压剧变和掉电试验等。实验中，孔板的上下游接压导管要与差压变送器的正负压输入端极性一致；热电偶的正负端与相应的补偿导线相连接，并与温度变送器的正负输入端极性一致。

4. 在线调试和投运阶段

系统离线仿真和调试后便可进行在线调试和运行。在线调试和运行就是将系统和生产过程连接在一起，进行现场调试和运行。

习题

【2.1】 某系统的连续控制器设计为 $D(s) = \dfrac{U(s)}{E(s)} = \dfrac{1+T_1 s}{1+T_2 s}$，试用双线性变换法、后向差分法、前向差分法分别求取数字控制器 $D(z)$。

【2.2】 已知模拟调节器的传递函数为 $D(s) = \dfrac{1+0.17s}{1+0.085s}$，试写出相应数字控制器的位置型和增量型控制算式，设采样周期 $T = 0.2\text{s}$。

【2.3】 被控对象的传递函数为 $G_c(s) = \dfrac{1}{s+1} e^{-s}$，采样周期 $T = 1\text{s}$，要求：（1）采用 Smith 补偿控制，求取控制器的输出 $u(k)$；（2）采用大林算法设计数字控制器 $D(z)$，并求取 $u(k)$ 的递推形式。

第3章

电 气 控 制

3.1 低压电器

低压电器是一种能根据外界的信号和要求，手动或自动地接通、断开电路，以实现对电路或非电对象的切换、控制、保护、检测、变换和调节的元件或设备。

低压电器种类繁多，分类方法有以下几种。

1）按工作电压等级分为（交流1200V，直流1500V）高压电器、低压电器。

2）按动作原理分为手动电器、自动电器。

3）按用途分为控制电器、配电电器、主令电器、保护电器、执行电器。

3.1.1 接触器

接触器广义上是指工业电中利用线圈流过电流产生磁场，使触头闭合，以达到控制负载的电器。接触器用来频繁接通和分断交流主回路和大容量的控制电路，是自动控制系统中的重要元件之一。接触器实物图如图3-1所示。

图3-1　接触器实物图

1. 工作原理

接触器结构图如图3-2所示，当接触器线圈通电后，线圈电流会产生磁场，产生的磁场使静铁心产生电磁吸力吸引动铁心，并带动交流接触器点动作，常闭触头断开，常开触头闭合，两者是联动的。当线圈断电时，电磁吸力消失，衔铁在释放弹簧的作用下释放，使触头复原，常开触头断开，常闭触头闭合。

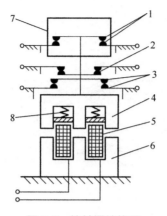

图 3-2　接触器结构图

1—主触头　2—常闭触头　3—常开触头　4—动铁心　5—电磁线圈　6—静铁心　7—灭弧罩　8—弹簧

接触器的电气符号如图 3-3 所示。

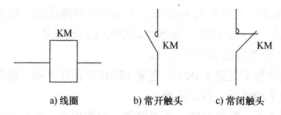

a) 线圈　　　　　b) 常开触头　　　　c) 常闭触头

图 3-3　接触器的电气符号

2. 接触器组成结构

（1）电磁系统

电磁系统的作用是将电磁能转换成机械能，产生电磁吸力带动触头动作。

作用在衔铁上的力有两个：电磁吸力与反力。电磁吸力由电磁机构产生，反力则由释放弹簧和触点弹簧产生。电磁系统的工作情况常用吸力特性和反力特性来表示，如图 3-4 所示。

吸力特性和反力特性的配合：

1）衔铁吸合时：吸力必须始终大于反力，即吸力特性处于反力特性的上方。

2）衔铁释放时：吸力必须始终小于反力，即吸力特性处于反力特性的下方。

（2）触头系统

触头是接触器的执行元件，用来接通或断开被

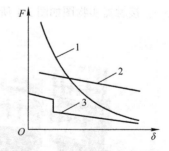

图 3-4　吸力特性与反力特性

1—直流电磁铁吸力特性　2—交流电磁铁吸力特性
3—反力特性

控制电路。触头按其原始状态可分为常开触头和常闭触头。触头系统结构简图如图 3-5 所示。

1）常开触头：原始状态时（即线圈未通电）断开，线圈通电后闭合的触头。

2）常闭触头：原始状态闭合，线圈通电后断开的触头（线圈断电后所有触头复原）。

（3）灭弧装置

常用的灭弧方法有拉长电弧、冷却电弧和将电弧分段。常用的灭弧装置有电动力灭弧、灭

弧栅、磁吹灭弧和灭弧罩。电动力灭弧原理图如图 3-6 所示。

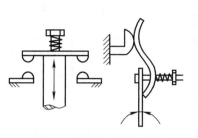

图 3-5　触头系统结构简图

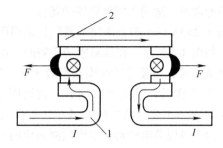

图 3-6　电动力灭弧原理图

1—静触头　2—动触头

对于电弧较弱的接触器，只采用灭弧罩即可达到良好的灭弧效果。交流接触器常用电动力灭弧和灭弧栅灭弧装置，直流接触器常用磁吹灭弧装置。

3. 直流接触器与交流接触器

接触器分为直流接触器与交流接触器两种，区别是线圈供电不同，交流接触器线圈由交流电供电，直流接触器线圈由直流电供电。

（1）交流接触器

交流接触器的电磁铁心由薄硅钢片一片一片地叠加在一起，这是由于交流接触器电磁铁心存在涡流，叠加在一起可增大电阻，减少涡流效应导致的发热与磁滞损耗。交流接触器结构图如图 3-7a 所示。

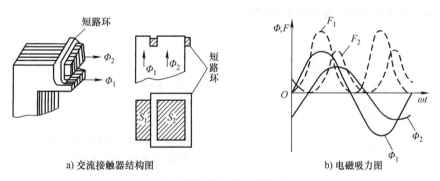

a) 交流接触器结构图　　　　b) 电磁吸力图

图 3-7　交流接触器结构图与电磁吸力图

交流接触器在铁心上有短路环，这是因为当接触器的线圈通电后，线圈中流通的是交变电流。交流电磁铁通入交流电，磁场交变，产生的吸力是脉动的，特别是交流电流过零时，磁场消失，会引起衔铁振动。加入短路环后，线圈中交变电流引发的交变磁场在短路环中激发感应电流，由楞次定律可知，短路环中产生的磁场与原磁场抵抗，并有一定相位差，电磁吸力图中 Φ_1 为线圈交变磁场磁通量，Φ_2 为短路环磁场磁通量，F_1 与 F_2 为线圈与短路环产生的吸力，即一部分磁通产生的瞬时力为零时，另一部分磁通产生的瞬时力不会是零，其合力始终不会有零值出现。简而言之，交变电流过零时，维持动、静铁心之间具有一定的吸力，以清除动、静铁心之间的振动，这样就达到减少振动及噪声的目的。

（2）直流接触器

直流接触器没有涡流效应，结构较为简单，铁心一般用软钢或工业纯铁制成圆形。由于直流接触器的吸引线圈通以直流，所以没有冲击的启动电流，也不会产生铁心猛烈撞击现象，因而它的寿命长，适用于频繁启停的场合。

对于 250A 以上的直流接触器往往采用串联双绕组线圈，如图 3-8 所示。在电路刚接通瞬间，保持线圈被常闭触头短接，可使起动线圈获得较大的电流和吸力。当接触器动作后，常闭触头断开，两线圈串联通电，由于电源电压不变，所以电流减小，但仍可保持衔铁吸合，因而可以节电和延长电磁线圈的使用寿命。

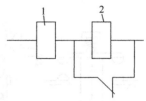

图 3-8　直流接触器双绕组线圈接线图
1—起动线圈　2—保持线圈

直流线圈和交流线圈的区别见表 3-1。

表 3-1　直流线圈和交流线圈的区别

直流线圈	交流线圈
通入直流电流	通入交流电流
只有铜损，没有铁损	既有铜损，又有铁损
线圈做成无骨架，高而薄的瘦高型，铁心和衔铁由软钢或工程纯铁制成	线圈做成有骨架的矮胖型，铁心用硅钢片叠成
无短路环（分磁环）	有短路环

4.接触器的主要技术参数与选用

（1）接触器的型号及代表意义

接触器的型号及代表意义如图 3-9 所示。

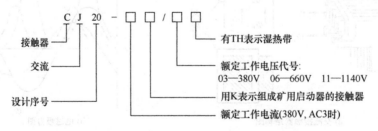

图 3-9　接触器的型号及代表意义

（2）接触器的主要技术指标

1）额定电压（主触头）。

交流接触器：127V、220V、380V、500V。

直流接触器：110V、220V、440V。

2）额定电流（主触头）。

交流接触器：5A、10A、20A、40A、60A、100A、150A、250A、400A、600A

直流接触器：40A、80A、100A、150A、250A、400A、600A

3）电磁线圈额定电压。

交流接触器：36V、110V、220V、380V

直流接触器：24V、48V、220V、440V

（3）接触器的选取和使用原则

根据电路中负载电流的种类选择接触器的类型。接触器的额定电压应大于或等于负载回路的额定电压；线圈的额定电压应与所接控制电路的额定电压等级一致；额定电流应大于或等于被控主回路的额定电流。

3.1.2 继电器

1. 继电器的作用、分类和特点

（1）作用

继电器的作用是控制、放大、联锁、保护和调节，主要用于控制回路。

（2）分类

1）按用途分为控制继电器和保护继电器。

2）按动作原理分为电磁式继电器、感应式继电器、电动式继电器、电子式继电器、机械式继电器。

3）按输入量分为电流继电器、电压继电器、时间继电器、速度继电器、压力继电器。

4）按动作时间分为瞬时继电器、延时继电器。

（3）特点

继电器额定电流不大于5A。

2. 电磁式继电器的结构与工作原理

电磁式继电器的电气图形、文字符号如图 3-10 所示；电磁式继电器的原理图如图 3-11 所示。

图 3-10　电磁式继电器的电气图形、文字符号

3. 电磁式继电器的特性

在图 3-12 中，x_2 被称为继电器吸合值，欲使继电器吸合，输入量必须大于或等于 x_2；x_1 称为继电器释放值，欲使继电器释放，输入量必须等于或小于 x_1；$K = \dfrac{x_1}{x_2}$ 称为继电器的返回系数，它是继电器重要参数之一。

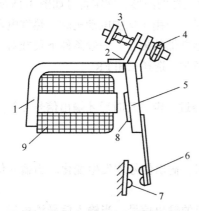

图 3-11　电磁式继电器原理图

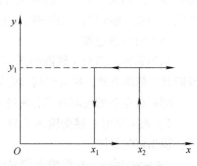

图 3-12　继电器特性曲线

1—铁心　2—旋转棱角　3—释放弹簧　4—调节螺母　5—衔铁

6—动触头　7—静触头　8—非磁性垫片　9—线圈

91

4. 电磁式继电器的分类

（1）电压继电器

电压继电器的特点为线圈并联在电路中，匝数多，导线细。可分为过电压继电器和欠电压继电器。过电压继电器在电压大于吸合值时吸合，欠电压继电器在电压小于吸合值时吸合。

图 3-13　中间继电器

（2）电流继电器

电流继电器的特点是线圈串接于电路中，导线粗、匝数少、阻抗小，可分为过电流继电器与欠电流继电器。过电流继电器在电流大于吸合值时吸合，欠电流继电器在电流小于吸合值时吸合。

（3）中间继电器

中间继电器实质上是一种电压继电器，结构和工作原理与接触器相同。但它的触头数量很多，在电路中主要用于扩展触头数量，其触头的额定电流较大。中间继电器实物图如图 3-13 所示。

中间继电器分为交流、直流两种。交流中间继电器适用于交流 500V 以下的控制线路，线圈电压为交流 12V、36V、127V、220V、380V 五种。继电器有八对触头，额定电流为 5A，最高操作频率为 1200 次 /h。直流中间继电器适用于直流 110V 以下的控制电路，线圈额定电压为直流 12V、24V、48V、110V 四种，线圈消耗功率不大于 3W，继电器具有带公共触头的三常开、三常闭触头，触头额定电流为 3A。

（4）热继电器

热继电器是利用电流流过热元件时产生的热量，使双金属片发生弯曲而推动执行机构动作的一种保护电器。主要用于交流电动机的过载保护、断相及电流不平衡运动的保护及其他电器设备发热状态的控制。热继电器还常和交流接触器配合组成电磁起动器，广泛用于三相异步电动机的长期过载保护。

在图 3-14 中热元件 1 通电发热后，双金属片 2 受热向左弯曲，推动导板 3 向左推动执行机构发生一定的运动。电流越大，执行机构的运动幅度也越大。当电流大到一定程度时，执行机构发生跃变，即触头发生动作从而切断主电路。热继电器的图形、文字符号如图 3-15 所示。

热继电器只能作为过载保护，不能代替短路保护。当用于保护电动机时，热继电器的整定电流等于或稍大于电动机的额定电流，同时注意与熔断器的配合。一般条件下负载对称，三相电流和为 0，选择两相结构 FR，在三相电流严重失衡时，选择三相 FR。

（5）时间继电器

从得到输入信号（线圈的通电或断电）开始，经过一定的延时后才输出信号（触头的闭合或断开）的继电器，称为时间继电器。

时间继电器的延时方式有两种：

1）通电延时：接受输入信号后延迟一定的时间，输出信号才发生变化。当输入信号消失后，输出瞬时复原。

2）断电延时：接受输入信号时，瞬时产生相应的输出信号。当输入信号消失后，延迟一定的时间，输出才复原。

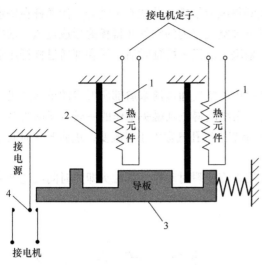

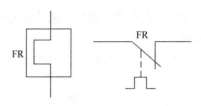

图 3-14 热继电器原理图

图 3-15 热继电器的图形、文字符号

1—热元件 2—双金属片 3—导板 4—触头

空气阻尼式时间继电器是利用空气阻尼作用而达到延时的目的，由电磁机构、延时机构和触头组成。空气阻尼式时间继电器的电磁机构有交流、直流两种。延时方式有通电延时型和断电延时型（改变电磁机构位置，将电磁铁翻转 180° 安装）。当动铁心（衔铁）位于静铁心和延时机构之间位置时为通电延时型；当静铁心位于动铁心和延时机构之间位置时为断电延时型。JS7-A 系列时间继电器原理图如图 3-16 所示。

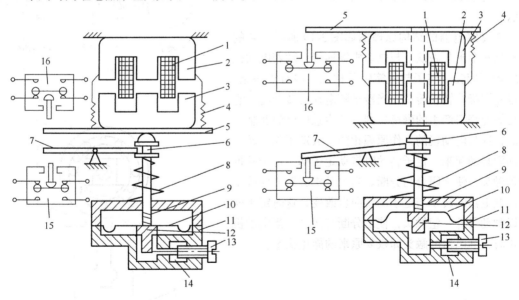

a) 通电延时型

b) 断电延时型

图 3-16 JS7-A 系列时间继电器原理图

1—线圈 2—铁心 3—衔铁 4—反力弹簧 5—推板 6—活塞杆 7—杠杆 8—塔形弹簧 9—弱弹簧
10—橡皮膜 11—空气室壁 12—活塞 13—调节螺钉 14—进气孔 15、16—微动开关

现以通电延时型为例说明其工作原理：当线圈得电后衔铁（动铁心）吸合，活塞杆在塔形弹簧作用下带动活塞及橡皮膜向上移动，橡皮膜下方空气室内的空气变得稀薄形成负压，活塞杆只能缓慢移动，其移动速度由进气孔气隙大小来决定。经一段延时后，活塞杆通过杠杆压动微动开关，使其触头动作，起到通电延时作用。

当线圈断电时，衔铁释放，橡皮膜下方空气室内的空气通过活塞肩部所形成的单向阀迅速地排出，使活塞杆、杠杆、微动开关等迅速复位。由线圈得电到触头动作的一段时间即为时间继电器的延时时间，其大小可以通过调节螺钉 13 调节进气孔气隙大小来改变，进而改变时间继电器的延时时间。

在线圈通电和断电时，微动开关在推板的作用下都能瞬时动作，其触头即为时间继电器的瞬动触头。

时间继电器符号如图 3-17 所示。

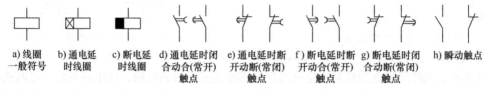

a) 线圈   b) 通电延   c) 断电延   d) 通电延时闭   e) 通电延时断   f) 断电延时断   g) 断电延时闭   h) 瞬动触点
一般符号   时线圈   时线圈   合动合(常开)   开动合(常闭)   开动合(常开)   合动断(常闭)
                        触点   触点   触点   触点

图 3-17   时间继电器符号

（6）速度继电器

速度继电器可根据速度的大小通断电路，其原理与异步电动机类似，它的图形、文字符号如图 3-18 所示。

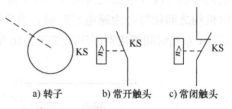

a) 转子   b) 常开触头   c) 常闭触头

图 3-18   速度继电器的图形、文字符号

速度继电器的结构原理图如图 3-19 所示。它的转子是一个永久磁铁，与电动机轴连接，随着电动机轴旋转而旋转。转子与鼠笼转子相似，内有短路条，它也能围绕着转轴转动。当转子随电动机转动时，它的磁场与绕组产生的磁场切割，产生感应电势及感应电流，这与电动机的工作原理相同，故定子随着转子转动而转动起来。定子转动时带动定子柄，定子柄推动触头，使之闭合与分断。当电动机旋转方向改变时，继电器的转子与定子的转向也改变，这时定子就可以触动另外一组触头，使之分断与闭合。当电动机停止时，继电器的触头即恢复原来的静止状态。

3.1.3 熔断器

熔断器的作用为短路保护与严重过载保护，应用时串接于被保护电路的首端。熔断器优点为结构简单，维护方便，价格便宜，体小量轻。熔断器可分为瓷插式 RC、螺旋式 RL、有填料式 RT、无填料密封式 RM、快速熔断器 RS、自恢复熔断器。

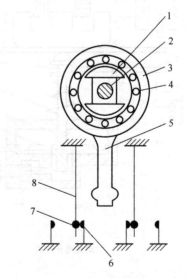

图 3-19   速度继电器结构原理图

1—转子 2—电动机轴 3—定子 4—绕组

5—定子柄 6—静触头 7—动触头 8—簧片

1.熔断器的工作原理

当电路正常工作时，熔体允许通过一定大小的电流而长期不熔断；而当电路发生短路故障时，熔体能在瞬间熔断。熔断器的特性可用通过熔体的电流和熔断时间的关系曲线来描述极限分断能力，如图 3-20 所示。

通常是指在额定电压及一定的功率因数（或时间常数）下切断短路电流的极限能力，常用极限断开电流值（周期分量的有效值）来表示。极限分断能力必须大于线路中可能出现的最大短路电流。

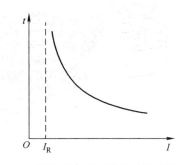

图 3-20　熔体的电流和熔断时间的关系曲线

2.熔断器的选用

熔断器用于不同性质的负载，其熔体额定电流的选用方法也不同。其类型应根据线路的要求、使用场合和安装条件选择。熔断器额定电压与额定电流应分别大于或等于线路的工作电压和电流。

3.1.4　低压开关和低压断路器

1.低压开关

低压开关的作用主要是在电源切除后，将线路与电源明显隔开，以保障检修人员的安全，低压开关分类如下。

1）按刀的级数分：单极、双极和三极。

2）按灭弧装置分：带灭弧装置和不带灭弧装置。

3）按刀的转换方向分：单掷和双掷。

4）按接线方式分：板前接线和板后接线。

5）按操作方式分：手柄操作和远距离联杆操作。

6）按有无熔断器分：带熔断器和不带熔断器。

下面介绍几种常用低压开关。

（1）胶壳刀开关

胶壳刀开关是刀开关的一种，其外壳是塑胶做的，胶壳刀开关没有快速通断和灭弧功能，不宜用于大功率设备直接启闭。胶壳刀开关的结构图与图形符号如图 3-21 所示。在安装时，需手柄向上，避免自动下落误动作合闸，接线时电源线接在上端，负载线接在下端，使拉闸后刀片与电源隔离。

（2）铁壳开关

铁壳开关的结构图如图 3-22 所示。操作机构具有两个特点：

1）采用储能合闸方式，在手柄转轴与底座间装有速断弹簧，以执行合闸或分闸，在速断弹簧的作用下，动触刀与静触刀分离，使电弧迅速拉长而熄灭。

2）具有机械联锁，当铁盖打开时，刀开关被卡住，不能操作合闸。铁盖合上，操作手柄使开关合闸后，铁盖不能打开。

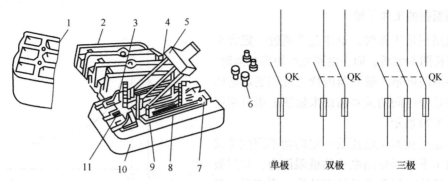

图 3-21　胶壳刀开关的结构图与图形符号

1—上胶盖　2—下胶盖　3—插座　4—触刀　5—瓷柄　6—胶盖紧固螺母

7—出线座　8—熔丝　9—触刀座　10—瓷底板　11—进线座

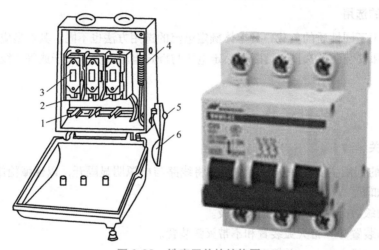

图 3-22　铁壳开关的结构图

1—触刀　2—夹座　3—熔断器　4—速断弹簧　5—转轴　6—手柄

（3）组合开关

组合开关（转换开关）用于充当电源的引入开关，通断小电流电路且可控制 5kW 以下电动机。组合开关的结构图如图 3-23 所示。组合开关的静触头一端固定在胶木盒内，另一端伸出盒外，与电源或负载相连。动触片套在绝缘方杆上，绝缘方轴每次作 90° 正或反方向的转动，带动、静触头通电。组合开关有结构紧凑、安装面积小、操作方便等特点。

2. 低压断路器

低压断路器曾被称为自动空气开关或自动开关。它相当于刀开关、熔断器、热继电器、过电流继电器和欠电压继电器的组合，是一种既有手动开关作用又能自动进行欠电压、失电压、过载和短路保护、动作值可调、分断能力高的电器。

低压断路器与接触器不同：接触器允许频繁地接通和分断电路，但不能分断短路电流；而低压断路器不仅可分断额定电流和一般故障电流，还能分断短路电流，但单位时间内允许的操作次数较低。

低压断路器分为框架式（万能式）和塑壳式（装置式），结构上由触头系统、灭弧装置、脱钩机构、传动机构组成。塑壳式低压断路器原理图如图 3-24 所示。

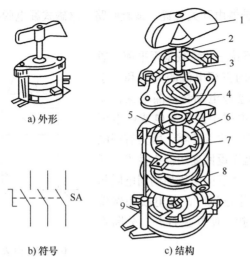

图 3-23 组合开关的结构图

1—手柄 2—转轴 3—弹簧 4—凸轮 5—绝缘杆 6—绝缘垫板 7—动触片 8—静触片 9—接线柱

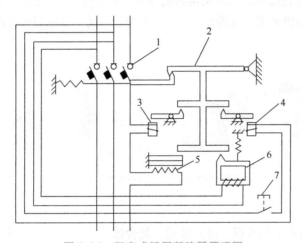

图 3-24 塑壳式低压断路器原理图

1—主触头 2—自由脱扣器 3—过电流脱扣器 4—分励脱扣器 5—热脱扣器 6—失压脱扣器 7—按钮

过电流脱扣器用于线路短路或严重过载保护;分励脱扣器用于远距离跳闸,对电路不起保护作用;热脱扣器用于线路过载保护;失压脱扣器用于电动机的失压保护。

低压断路器的选型要求如下。

1)断路器的额定电压和额定电流应大于或等于线路、设备的正常工作电压和工作电流。

2)断路器的极限通断能力大于或等于电路最大短路电流。

3)欠电压脱扣器的额定电压等于线路额定电压。

4)过电流脱扣器的额定电流大于或等于线路的最大负载电流。

3. 漏电保护器

漏电保护器是最常用的一种漏电保护电器。当低压电网发生人身触电或设备漏电时,漏电保护器能迅速地自动切断电源,从而避免造成事故。

电磁式电流型漏电保护器由开关装置、试验回路、电磁式漏电脱扣器和零序电流互感器组成。其结构如图 3-25 所示。

当电网正常运行时，不论三相负载是否平衡，通过零序电流互感器主电路的三相电流的向量和等于零，因此其二次绕组中无感应电动势，漏电保护器也工作于闭合状态。一旦电网中发生漏电或触电事故，上述三相电流的相量和不再等于零，因为有漏电或触电电流通过人体和大地而返回变压器中性点。于是，互感器二次绕组中便产生感应电压加到漏电脱扣器上。当达到额定漏电动作电流时，漏电脱扣器就工作，推动开关装置的锁扣，使开关打开，分断主电路。

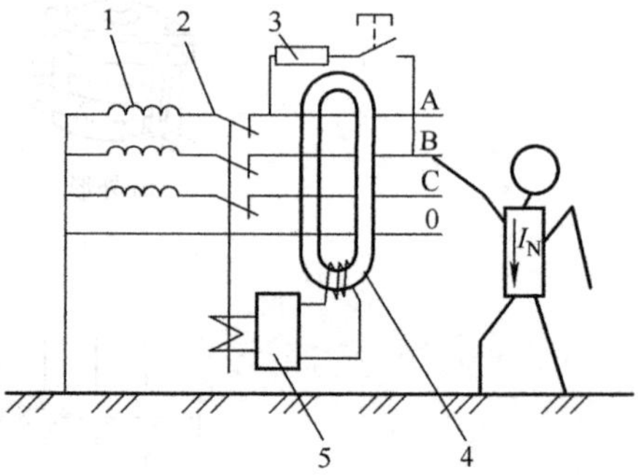

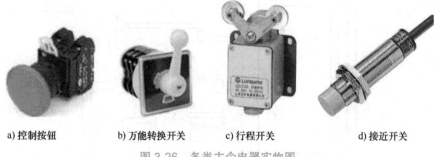

图 3-25　电磁式电流型漏电保护器结构图

1—电源变压器　2—主开关　3—试验回路
4—零序电流互感器　5—电磁式漏电脱扣器

4. 主令电器

主令电器的作用是发出控制指令或信号，控制接触器、继电器或其他电器线圈，使电路接通或分断，从而控制生产机械。按照结构分为以下几类：控制按钮、万能转换开关、行程开关、接近开关。各类主令电器实物图如图 3-26 所示。

a) 控制按钮　　　b) 万能转换开关　　　c) 行程开关　　　d) 接近开关

图 3-26　各类主令电器实物图

1）控制按钮主要有起动按钮、停止按钮、复合按钮三类。起动按钮带有常开触头，手指按下按钮帽，常开触头闭合；手指松开，常开触头复位。起动按钮的按钮帽采用绿色。

停止按钮带有常闭触头，手指按下按钮帽，常闭触头断开；手指松开，常闭触头复位。停止按钮的按钮帽采用红色。

复合按钮带有常开触头和常闭触头，手指按下按钮帽，先断开常闭触头再闭合常开触头；手指松开，常开触头和常闭触头先后复位。

按钮结构图和按钮的符号如图 3-27 和图 3-28 所示。

2）行程开关是一种常用的小电流主令电器。利用生产机械运动部件的碰撞使其触头动作来实现接通或分断控制电路，达到一定的控制目的。通常，这类开关被用来限制机械运动的位置或行程，使运动机械按一定的位置或行程自动停止、

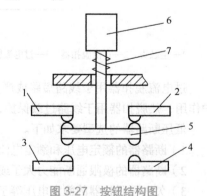

图 3-27　按钮结构图

1、2—常闭静触头　3、4—常开静触头
5—桥式触头　6—按钮帽　7—复位弹簧

反向运动、变速运动或自动往返运动等。直动式行程开关结构图如图 3-29 所示；行程开关图形和文字符号如图 3-30 所示。

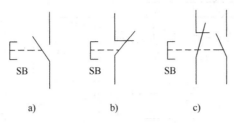

图 3-28 按钮的符号

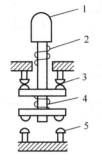

图 3-29 直动式行程开关结构图

1—顶杆 2—弹簧 3—常闭触头

4—触头弹簧 5—常开触头

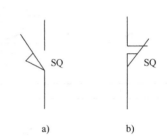

图 3-30 行程开关图形和文字符号

3.2 电气控制电路的基本原则和基本环节

本节主要内容包含电气原理图基本知识、电气控制电路分析基础以及常用电气控制电路设计方法。完成本节学习后应能掌握阅读电气原理图的方法，培养读图能力并通过读图分析各种典型控制环节的工作原理，为电气控制电路的设计、安装、调试、维护打下良好的基础。

3.2.1 电气控制电路的绘制

电气控制电路是由按钮、开关、接触器、继电器等有触头的低压控制电器所组成的控制电路。作用是实现对电力拖动系统的启动、正反转、制动、调速和保护，满足生产工艺要求，实现生产过程自动化。

控制电路分为主回路、控制回路和辅助回路。主回路是电气控制电路中大电流通过的部分，包括从电源到电机之间相连的电器元件，一般由组合开关、主熔断器、接触器主触点、热继电器的热元件和电动机等组成；控制回路是接触器和继电器线圈等小电流电路；辅助回路是其他小电流电路，如信号、保护、测量等，但属于辅助回路。

电气控制电路有三种表示方法（见图 3-31），分别为电气原理图、电器元件布置图与电气安装接线图。

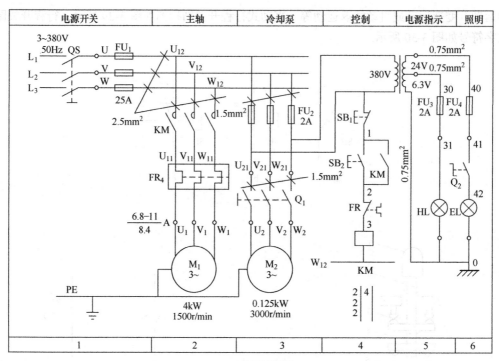

a) 电气原理图

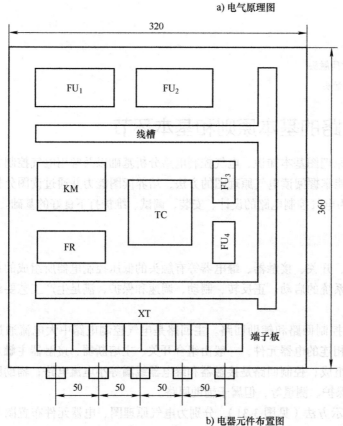

b) 电器元件布置图

图 3-31 电气控制线路图

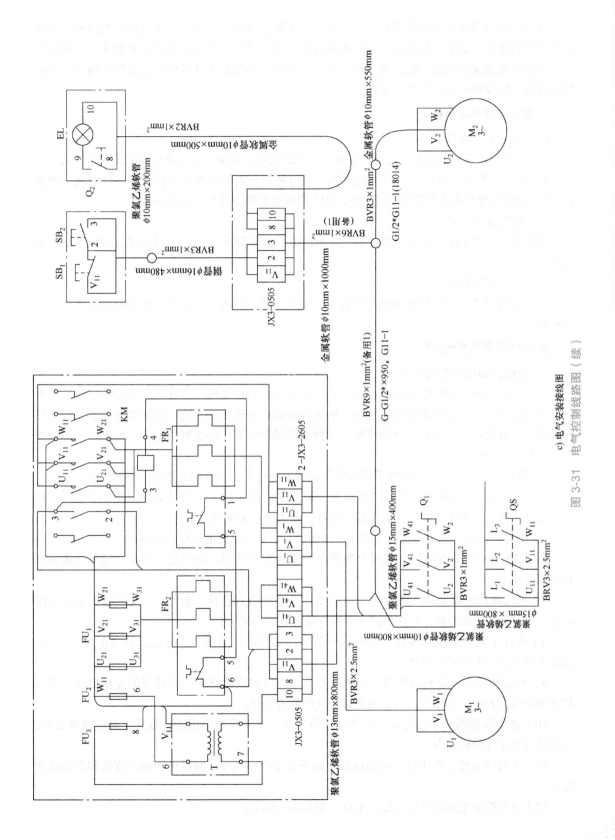

c) 电气安装接线图

图 3-31 电气控制线路图（续）

电气控制电路图是工程技术的通用语言，为了便于交流与沟通，在电气控制电路中，各种电器元件的图形、文字符号必须符合国家的标准。图形符号通常用于图样或其他文件，用以表示一个设备或概念的图形、标记或字符，文字符号用于电气技术领域中技术文件的编制，表示电气设备、装置和元件的名称、功能、状态和特征。

1. 文字符号的几个种类

（1）基本文字符号

1）单字母符号：表示电气设备、装置和元件的大类，例如，K 为继电器类元件这一大类。

2）双字母符号：由一个表示大类的单字母与另一个表示器件某些特性的字母组成，例如 KT 即表示继电器类器件中的时间继电器，KM 表示继电器类器件中的接触器。

（2）辅助文字符号

用来进一步表示电气设备、装置和元件的功能、状态和特征。例如，RD 表示红色，L 表示限制等。

（3）补充文字符号

当规定的基本文字符号和辅助文字符号不够使用时，可按国家标准中文字符号组成规律予以补充。

2. 电气原理图的绘制原则

1）主电路和控制电路分开画。

2）电气控制电路根据电路通过的电流大小可分为主电路和控制电路。主电路包括从电源到电动机的电路，是强电流通过的部分，用粗线条画在原理图的左边。控制电路是通过弱电流的电路，一般由按钮、电器元件的线圈、接触器的辅助触头、继电器的触头等组成，用细线条画在原理图的右边。

3）所有图形、文字符号必须采用国家规定的统一标准，并采用电器元件展开图的画法。

4）同一电器元件的各部件可以不画在一起，但需用同一文字符号标出。若有多个同一种类的电器元件，可在文字符号后加上数字序号，如 KM_1、KM_2 等。

5）所有的按钮、触头均按照没有外力作用以及没有通电时的原始状态画出。

6）控制电路的分支电路，原则上按照动作先后顺序排列，两线交叉连接时的电气连接点需用黑点标出。

7）主电路的电源电路一般绘制成水平线，受电的动力装置（电动机）及其保护电器支路用垂直线绘制在图的左侧，控制电路用垂直线绘制在图面的右侧。

8）由若干元件组成具有特定功能的环节，用虚线框括起来，并标注出环节的主要作用，如速度调节器、电流继电器等。

9）电路和元件完全相同并重复出现的环节，可以只绘出其中一个环节的完整电路，其余的可用虚线框表示，并标明该环节的文字号或环节的名称。

10）电气原理图的全部电机、电器元件的型号、文字符号、用途、数量、额定技术数据，均应填写在元件明细表内。

11）为阅图方便，图中自左向右或自上而下表示操作顺序，并尽可能减少线条和避免线条交叉。

12）电气控制电路图中的支路、节点一般都加上标号。

13）主电路标号由文字符号和数字组成。文字符号用以标明主电路中的元件或线路的主要特征；数字标号用以区别电路的不同线段。三相交流电源引入线采用 L_1、L_2、L_3 标号，电源开关之后的三相交流电源主电路分别标 U、V、W。例如，U_1 表示电动机的第一相的第一个接点代号，U_2 为第一相的第二个接点代号，依此类推。

14）控制电路由三位或三位以下的数字组成，交流控制电路的标号一般以主要压降元件（如线圈）为分界，左侧用奇数标号，右侧用偶数标号。直流控制电路中正极按奇数标号，负极按偶数标号。

15）当继电器、接触器在图上采用分开表示法（线圈与触头分开）绘制时，需要采用图或表格表明各部分在图上的位置。

16）较长的连接线采用中断画法，或者连接线的另一端需要画到另一张图上时，除了要在中断处标记中断标记外，还需标注另一端在图上的位置。

17）在供使用、维修的技术文件（如说明书）中，有时需要对某一元件或器件作注释和说明，为了找到图中相应的元器件的图形符号，也需要注明这些符号在图上的位置。

18）在更改电路设计时，也需要标明被更改部分在图上的位置。

下面介绍两种常见的位置表示法：电路编号法（见图 3-32）与横坐标图示法（见图 3-33）。

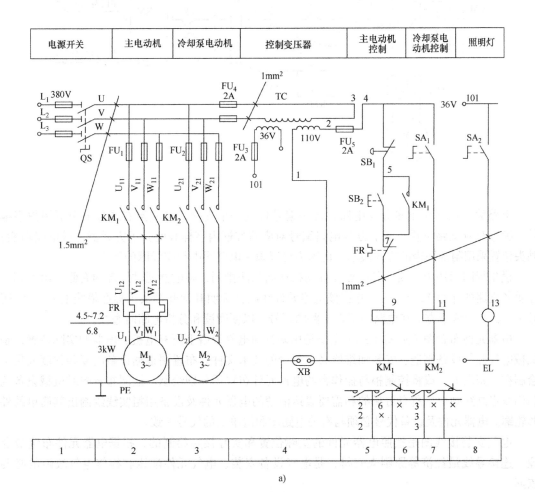

a)

图 3-32 电路编号法

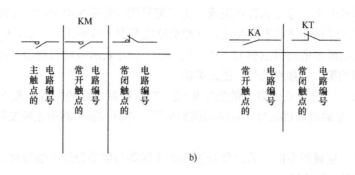

b)

图 3-32　电路编号法（续）

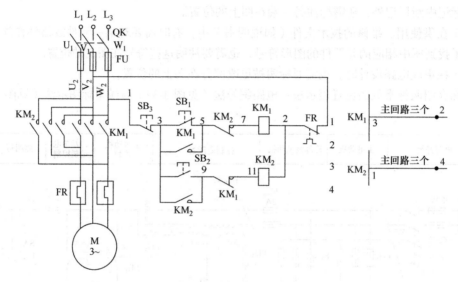

图 3-33　横坐标图示法

　　电路编号法适用于多分支电路，每一编号代表一个支路，自左至右或自上至下用数字编号，编号对应支路位置；图上方与电路编号对应的方框内字样表明其下方元器件或电路功能；触头位置采用附加图表的方式表示，此图表可以画在电路图中相应线圈的下方。

　　横坐标图示法中，线路各电器元件均按横向画法排列，各电器元件线圈的右侧，由上到下标明各支路的序号 1，2，…，并在该电器元件线圈旁标明其常开触头（标在横线上方）、常闭触头（标在横线下方）在电路中所在支路的标号，以便阅读和分析电路时查找。

　　电器元件布置图（见图 3-34）主要是用来标明电气设备上所有电机、电器的实际位置，是机械电气控制设备制造、安装和维修必不可少的技术文件。布置图根据设备的复杂程度或集中绘制在一张图上，或将控制柜与操作台的电器元件布置图分别绘制。绘制布置图时机械设备轮廓用双点画线画出，所有可见的和需要表达清楚的电器元件及设备用粗实线绘制出其简单的外形轮廓。电器元件及设备代号必须与有关电路图和清单上的代号一致。

　　电气安装接线图是按照电器元件的实际位置和实际接触绘制的，根据电器元件布置最合理、连接导线最经济等原则来安排，是电气设备安装、电气元件配线和检修电气故障的必要依据。

3. 电气安装接线图绘制原则

1）各电器元件用规定的图形、文字符号绘制。

2）同一电器元件各部件必须画在一起。

3）各电器元件的位置，应与实际安装位置一致。

4）不在同一控制柜或配电屏上的电器元件的电气连接必须通过端子板进行。

5）各电器元件的文字符号及端子板的编号应与原理图一致，按原理图的接线进行连接。

6）走向相同的多根导线可用单线表示。

7）画连接线时，应标明导线的规格、型号、根数和穿线管的尺寸。

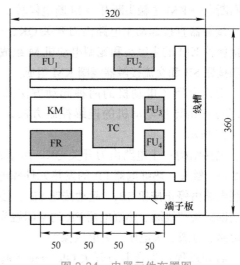

图 3-34　电器元件布置图

3.2.2　三相异步电动机的起动控制

三相异步电动机的起动控制电路是应用最广，也是最基本的控制电路之一。不同型号、不同功率和不同负载的电动机，往往有不同的起动方法，因而控制电路也不同。线路设计主要考虑两个方面，起动电流和起动转矩，一般起动方法有两种：直接起动和减压起动，接下来将详细阐述两种起动方法。

1. 直接起动

供电变压器容量足够大时，小容量笼型电动机可直接起动，优点为电气设备少，电路简单；缺点为起动电流大，引起供电系统电压波动，干扰其他用电设备的正常工作。

直接起动控制常用方法有两种：刀开关直接起动控制（见图 3-35）与采用接触器直接起动控制（见图 3-36）。

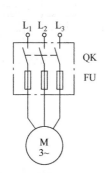

图 3-35　刀开关直接起动控制电路结构图

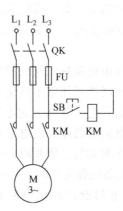

图 3-36　接触器直接起动控制电路结构图

刀开关直接起动控制工作过程如下：合上刀开关 QK，电动机 M 接通电源全电压直接起动。打开刀开关 QK，电动机 M 断电停转。

采用接触器的直接起动控制工作过程如下：起动时先合上刀开关 QK →按下起动按钮 SB →接触器 KM 线圈通电→ KM 主触头闭合→电动机 M 通电直接起动。停机时松开 SB → KM

线圈断电→KM 主触头断开→M 断电停转。

接触器直接起动主电路由刀开关 QK、熔断器 FU、交流接触器 KM 的主触头和笼型电动机 M 组成；控制电路由起动按钮 SB 和交流接触器线圈 KM 组成。

上面介绍了电动机的两种起动方法及原理，接下来介绍对三相异步电动机的连续控制方法，电路结构图如图 3-37 所示。

电路结构：主电路由刀开关 QK、熔断器 FU、接触器 KM 的主触头、热继电器 FR 的发热元件和电动机 M 组成，控制电路由停止按钮 SB_2、起动按钮 SB_1、接触器 KM 的常开辅助触头和线圈、热继电器 FR 的常闭触头组成。可以实现短路、过载、欠电压、失电压保护。

启动过程：先合上刀开关 QK →按下起动按钮 SB_1 →接触器 KM 线圈通电→KM 主触头闭合→松开 SB_1 →电动机通电起动→KM 辅助触头闭合（自锁、实现长动）。

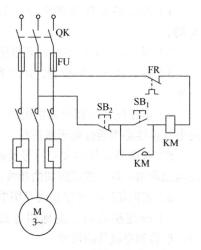

图 3-37　连续控制电路结构图

停机过程：按下停止按钮 SB_2 →KM 线圈断电→KM 主触头和辅助常开触头断开→M 断电停转。

2. 三相笼型电动机的减压起动

减压起动的实质是在起动时减小加在定子绕组上的电压，以减小起动电流，起动后再将电压恢复到额定值，电动机进入正常工作状态。减压起动的方法有以下四种：定子绕组串电阻（电抗）起动、丫-△降压起动、自耦变压器降压起动、延边三角形降压起动。减压起动虽然可以减小起动电流，但也降低了起动转矩（电动机的起动转矩与电压的二次方成正比），因此仅适用于空载或轻载起动。

定子绕组串电阻减压起动控制的工作原理为在起动时在三相定子绕组中串入电阻，从而减低了定子绕组上的电压，待起动后，再将电阻 R 切除，使电动机在额定电压下投入正常运行。依靠时间继电器延时动作来控制各电器元件的先后顺序动作。定子绕组串电阻起动控制电路如图 3-38所示。

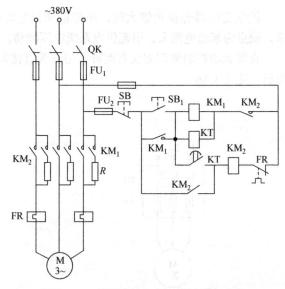

图 3-38　定子绕组串电阻起动控制电路

丫-△降压起动控制的工作原理为在起动时将电动机定子绕组联结成星形，加在电动机每相绕组上的电压为额定电压的 $1/\sqrt{3}$，从而减小了起动电流。待起动后按预先整定的时间把电动机换成三角形联结，使电动机在额定电压下运行。适用于正常运行时定子绕组接成三角形的笼型异步电动机。丫 - △减压起动控制电路如图 3-39 所示。

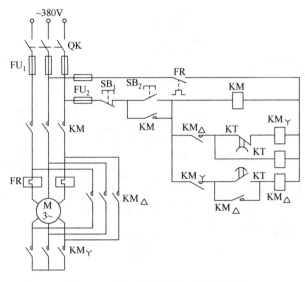

图 3-39 丫 - △减压起动控制电路

自耦变压器减压起动的工作原理为在起动时电动机定子串入自耦变压器，定子绕组得到的电压为自耦变压器的二次电压，起动完毕，自耦变压器被切除，额定电压加于定子绕组，电动机以全电压投入运行。定子串自耦变压器起动控制电路如图 3-40 所示。

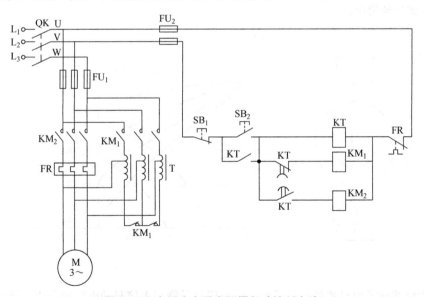

图 3-40 定子串自耦变压器起动控制电路

延边三角形减压起动同时具有星形联结起动电流小，三角形联结起动转矩大的优点。延边三角形降压起动和丫 - △减压起动的原理类似，即在起动时将电动机定子绕组的一部分接成星形，另一部分接成三角形，从图形上看好像将一个三角形的三条边延长，因此称为延边三角形，当电动机起动结束后再将定子绕组接成三角形进行正常运行。延边三角形 - 三角形绕组联结与减压起动控制电路如图 3-41 所示。

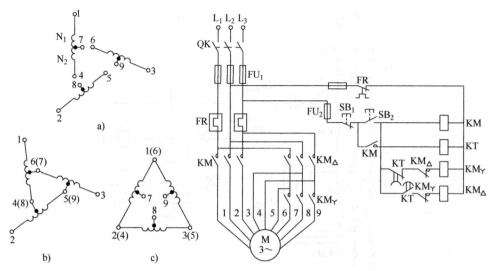

图 3-41　延边三角形 - 三角形绕组联结与减压起动控制电路

3. 三相绕线转子电动机的起动控制

在大、中容量电动机的重载起动时，增大起动转矩和限制起动电流两者之间存在矛盾。图 3-42 所示为转子回路外串电阻的人为机械特性曲线，由图可知外串电阻越小，起动扭矩就越大，但运行扭矩就越小。

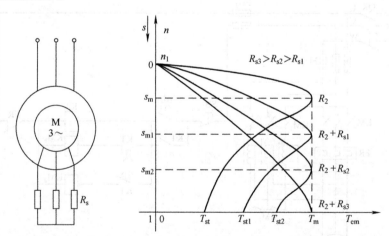

图 3-42　转子回路外串电阻的人为机械特性曲线

为增大绕线转子电动机的起动转矩，可采用转子绕组串接起动电阻的方法。转子绕组串电阻起动控制线路如图 3-43 所示。

起动过程：合上开关 QK→按下动起动按钮 SB_2→接触器 KM 通电，电动机 M 串入全部电阻起动→中间继电器 KA 通电，为接触器 $KM_1 \sim KM_3$ 通电作准备→随着转速的升高，起动电流逐步减小，先 KA_1 释放→KA_1 常闭触头闭合→KM_1 通电，转子电路中 KM_1 常开触头闭合→短接第一级电阻→然后 KA_2 释放→KA_2 常闭触头闭合→KM_2 通电、转子电路中 KM_2 常开触头闭合→短接第二级电阻→KA_3 最后释放→KA_3 常闭触头闭合→KM_3 通电，转子电路中 KM_3 常开闭合→短接最后一段电阻，电动机起动过程结束。

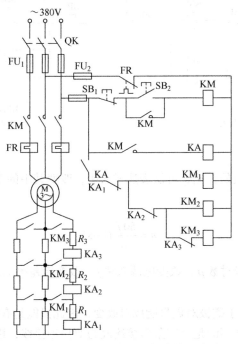

图 3-43　转子绕组串电阻起动控制线路

3.2.3　三相异步电动机的转动方向及转速控制

由三相异步电动机的工作原理可推理出改变三相异步电动机的转动方向的方法为改变三相电动机三相电源的相序。

KM_1：正向接触器；KM_2：反向接触器；SB_1：停止按钮；SB_2：正向起动按钮；SB_3：反向起动按钮。

电动机正、反转控制电路如图 3-44 所示。该电路只能实现"正→停→反"或者"反→停→正"控制，且无互锁保护。SB_2 和 SB_3 不能同时闭合，否则将发生短路。为解决以上问题，将右侧电路设计为互锁电路，互锁电路分为两类，电气互锁与机械互锁。电气互锁与机械互锁控制电路见图 3-45。

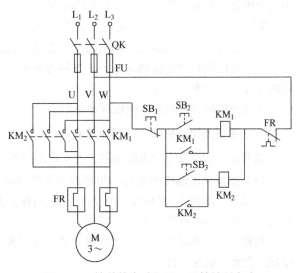

图 3-44　简单的电动机正、反转控制电路

电气互锁的实现方法为将两个继电器的常闭触点分别连接到另一个继电器的线圈控制回路。因此，一个继电器通电，不可能在另一个继电器线圈上形成闭环。通过机械连接来完成互锁称为机械互锁，通过机械杠杆的作用使得正常操作下不可能将两个开关同时合上。

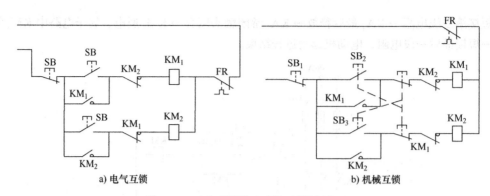

a) 电气互锁 b) 机械互锁

图 3-45　电气互锁与机械互锁控制电路

为控制三相异步电动机的转速，可从表达式入手，改变其中的变量来实现转速控制。转速表达式为

$$n = \frac{60f}{p}(1-s)$$

调速方法包括改变磁极对数 p，改变电源频率 f，改变转差率 s。以下对三种调速方法分别进行介绍。

1）改变磁极对数：由于磁极对数只能成对改变，因此只能是有级调整，一般可做到二速、三速或四速调速。机床上常用的是由三角形接线改为双星形接线，以对电动机进行从四级变为二级的二速调速。

2）改变电源频率：这种方法的前提是采用交流电源。一般采用可控硅变频调速系统，先将交流电变换为电压可调的直流电，然后再变换为频率可调的交流电。这种方式没有被广泛应用的原因是设备太过复杂，价格非常的昂贵。

3）改变转差率：这种方法只能适用于绕线式转子异步电机。因为通常在转子回路中串联电阻，通过改变转子回路的电阻来改变转差率，以进行调速。一般只有绕线式转子才能够通过集电环和电刷在机外连接调速电阻。这种方式很少用来调整机床电机的转速，因为它的功率消耗的比较大，效率却不高。

下面介绍两种三相异步电机调速控制方案。

1. 三相笼型电动机的变级调速控制

笼型转子本身没有固定的极数，改变定子极数时，转子极数也同时改变。

当三相笼型电动机绕组为三角形或星形联结时（低速），各相绕组互为 240° 电角度，当双星形联结时（高速），各相绕组互为 120° 电角度。双速电动机三相绕组联结图如图 3-46 所示；双速电动机调速控制电路如图 3-47 所示。

低速运行工作过程：SC 置于低速位置→接触器 KM_3 通电→KM_3 主触头闭合→电动机 M 联结成三角形，低速运行。

高速运行工作过程：SC 置于高速位置→时间继电器 KT 通电→接触器 KM_3 通电→电动机 M 先联结成三角形以低速起动→KT 延时打开常闭触头→KM_3 断电→KT 延时闭合常开触头→接触器 KM_2 通电→接触器 KM_1 通电→电动机联结成双星形投入高速运行。电动机实现先低速后高速的控制，目的是限制起动电流。

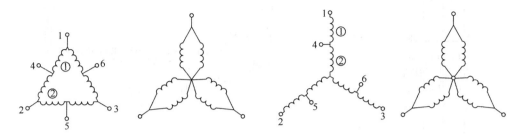

图 3-46 双速电动机三相绕组联结图

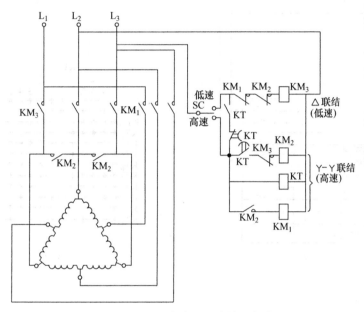

图 3-47 双速电动机调速控制电路

2. 绕线转子电动机转子串电阻调速控制

采用凸轮控制器控制电动机正反转和调速电路如图 3-48 所示。

工作过程：凸轮控制器手柄置"0"，KT_{10}、KT_{11}、KT_{12} 三对触头接通→合上刀开关 QK→按下启动按钮 SB_2→KM 接触器通电→KM 主触头闭合→把凸轮控制器手柄置正向"1"位→触头 KT_{12}、KT_6、KT_8 闭合→电动机 M 接通电源，转子串入全部电阻（$R_1 + R_2 + R_3 + R_4$）正向低速启动→KT 手柄位置打向正向"2"位→KT_{12}、KT_6、KT_8、KT_5 四对触头闭合→电阻 R_1 被切除，电动机转速上升。当凸轮控制器手柄从正向"2"位依次转向"3""4""5"位时，触头 $KT_4 \sim KT_1$ 先后闭合，电阻 R_2、R_3、R_4 被依次切除，电动机转速逐步升高，直至以额定转速运转。

当凸轮控制器手柄由"0"位扳向反向"1"位时，触头 KT_{10}、KT_9、KT_7 闭合，电动机 M 电源相序改变而反向起动。手柄位置从"1"位依次扳向"5"位时，电动机转子所串电阻被依次切除，电动机转速逐步升高。过程与正转相同。

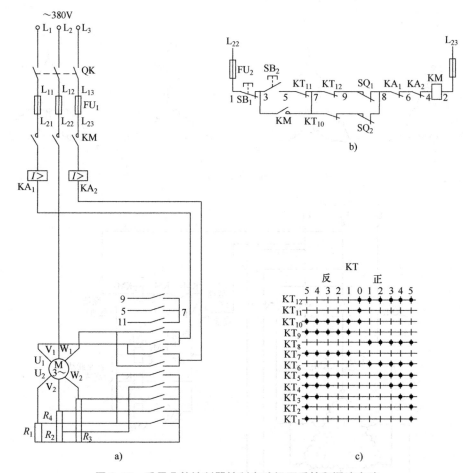

图 3-48   采用凸轮控制器控制电动机正反转和调速电路

3.2.4   三相异步电动机的制动控制

由于转动惯性，电动机自由停转过程用时较长，为实现快速、准确地停车，缩短时间，提高生产效率，需采取制动措施。制动方法分为机械制动和电气制动。

机械制动元件图如图 3-49 所示。机械制动是利用机械装置使电动机迅速停转，常用电磁抱闸制动，可分为断电制动和通电制动。制动时，将制动电磁铁的线圈切断或接通电源，通过机械抱闸制动电动机。

电气制动的实现方法繁多，主要有四种方法：反接制动、能耗制动、发电制动、电容制动。

1. 反接制动

反接制动的原理为改变电动机电源相序，使定子绕组产生的旋转磁场与转子旋转方向相反，从而产生制动力矩的一种制动方法。具体操作中，当电动机转速为 0 时，若不及时断开电源，电动机将反向旋转。由于反接制动电流较大，制动时需要在定子回路中串入电阻以限制制动电流。

图 3-50 中 KS 为速度继电器，速度继电器与电动机同轴相连，在 120 ~ 3000r/min 范围内速度继电器触头动作，当转速低于 100r/min 时，其触头复位，断开电源，避免电动机反转。

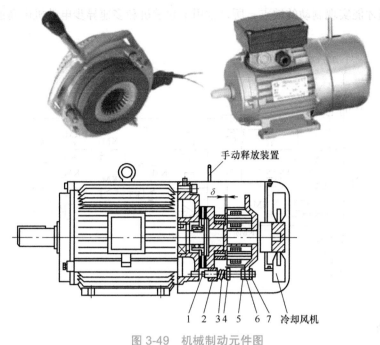

图 3-49　机械制动元件图

1—螺杆　2—衔铁板　3—制动弹簧　4、7—保险螺母　5—螺母　6—磁轭

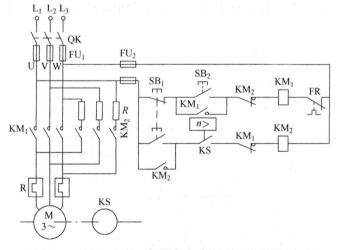

图 3-50　单向运行的三相异步电动机反接制动控制电路

2. 能耗制动

三相异步电动机的能耗制动原理为切断定子绕组的交流电源后，在定子绕组任意两相通入直流电流，形成一固定磁场，与旋转着的转子中的感应电流相互作用产生制动力矩。制动结束必须及时切除直流电源，以免线圈烧毁。能耗制动控制电路如图 3-51 所示。

3. 发电制动

发电制动是一种比较经济的制动方法，制动时不需要改变电路即可从电动运行状态自动的转入发电制动状态，把机械能转化为电能，节能效果明显。但存在应用范围过窄、仅当电机转速大于同步转速才能实现制动的缺点，所以常用于起重机和多速异步电动机由高速转为低速的情况。

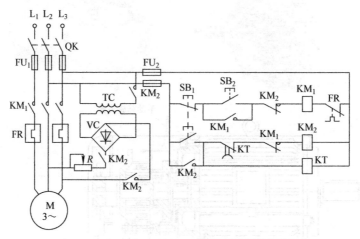

图 3-51　能耗制动控制电路

4. 电容制动

电容制动是在切断三相异步电动机的交流电源后，在定子绕组上接入电容器，转子内剩磁切割定子绕组产生感应电流，向电容器充电，充电电流在定子绕组中形成磁场，这磁场与转子感应电流相互作用，产生与转向相反的制动力矩，使电动机迅速停转。电容制动控制电路如图 3-52 所示。

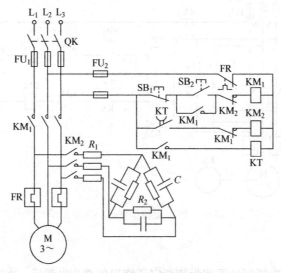

图 3-52　电容制动控制电路

3.2.5　其他典型控制环节

1. 多台电动机先后顺序工作的控制

采用时间继电器实现顺序起动的控制电路见图 3-53，将时间继电器线圈并入第一个手动开起的电动机电路中，到达指定时间后对应继电器动作，完成顺序起动。

2. 多地点控制

采用起动按钮并联，停止按钮串联的接线原则，实现多个地点对同一台电动机的起停控制。三地电动机控制电路如图 3-54 所示。

3. 自动循环控制

以一工作台为例，示意图如图 3-55 所示。电动机控制机械手在工作台上往复运动，通过限位开关来实现电动机的正反转自动切换。自动循环控制电路如图 3-56 所示。

SQ_3、SQ_4 分别为反、正向终端保护限位开关，防止限位开关 SQ_1 和 SQ_2 失灵时造成工作台从床身上冲出的事故。

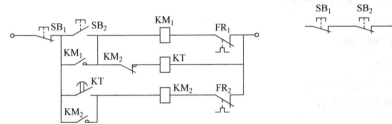

图 3-53 采用时间继电器实现顺序起动的控制电路

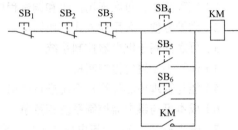

图 3-54 三地电动机控制电路

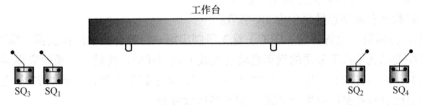

图 3-55 工作台示意图

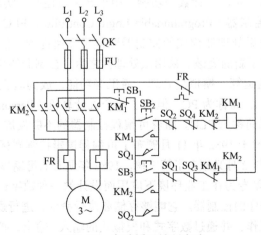

图 3-56 自动循环控制电路

3.3　可编程控制器

3.3.1　可编程控制器的产生与发展

研究自动控制装置的目的是最大限度地满足人们对机械设备的要求。曾一度在控制领域占主导地位的继电器控制系统，存在着控制能力弱、可靠性低的缺点，而且设备的固定接线控制装置不利于产品的更新换代。20 世纪 60 年代末期，在技术改造浪潮的冲击下，为使汽车结构及外形不断改进，品种不断增加，需要经常变更生产工艺。人们希望在控制成本的前提下，尽可能地缩短产品的更新换代周期，以满足生产的需求，使企业在激烈的市场竞争中取胜。为此，美国通用汽车公司（GM）1968 年提出了汽车装配生产线改造项目控制器的十项指标，即新一代控制器应具备的十项指标：

1）编程简单，可在现场修改和调试程序。

2）维护方便，采用插入式模块结构。

3）可靠性高于继电器控制系统。

4）体积小于继电器控制柜。

5）能与管理中心计算机系统进行通信。

6）成本可与继电器控制系统相竞争。

7）输入量是 115V 交流电压（美国电网电压是 110V）。

8）输出量为 115V 交流电压，输出电流在 2A 以上，能直接驱动电磁阀。

9）系统扩展时，原系统只需做很小改动。

10）用户程序存储器容量至少为 4K 字节。

1969 年，美国数字设备公司（DEC）首先研制出第一台符合要求的控制器，即可编程逻辑控制器，并在美国通用汽车公司的汽车自动装配线上试用成功。此后，这项研究得到迅速发展，从美国、日本、欧洲普及到全世界。我国从 1974 年开始了研制工作，并于 1977 年应用于工业。目前，世界上已有数百家厂商生产 PLC，型号多达数百种。

早期的可编程控制器是为了取代继电器控制电路，采用存储器程序指令完成顺序控制而设计的。它仅有逻辑运算、定时、计数等功能，用于开关量控制，实际上只能进行逻辑运算，所以被称为可编程逻辑控制器（Programmable Logic Controller，PLC）。进入 20 世纪 80 年代后，以 16 位和少数 32 位微处理器构成的控制器取得了飞速进展，使得可编程逻辑控制器在概念、设计、性能上都有了新的突破。采用微处理器之后，控制器的功能不再局限于当初的逻辑运算，而是增加了数值运算、模拟量处理、通讯等功能，成为真正意义上的可编程控制器（Programmable Controller），简称为 PC。但为了与个人计算机（Personal Computer，PC）相区别，常将可编程控制器仍简称为 PLC。随着可编程控制器的不断发展，其定义也在不断变化。国际电工委员会（IEC）曾于 1982 年 11 月颁布了可编程逻辑控制器标准草案第一稿，1985 年 1 月发表了第二稿，1987 年 2 月又颁布了第三稿。1987 年颁布的可编程逻辑控制器的定义如下：

"可编程逻辑控制器是专为在工业环境下应用而设计的一种数字运算操作的电子装置，是带有存储器、可以编制程序的控制器。它能够存储和执行命令，进行逻辑运算、顺序控制、定时、计数和算术运算等操作，并通过数字式和模拟式的输入 / 输出，控制各种类型的机械或生产过程。可编程控制器及其有关的外围设备，都应按易于工业控制系统形成一个整体、易于扩展其功能的原则设计。"

事实上，由于可编程控制技术的迅猛发展，许多新产品的功能已超出上述定义。

3.3.2　可编程控制器的特点和分类

1. 可编程控制器的特点

（1）可靠性高

可靠性指的是可编程控制器的平均无故障工作时间，可靠性既反映了用户的要求，又是可编程控制器生产厂家着力追求的技术指标。目前，各生产厂家的 PLC 平均无故障安全运行时都远大于国际电工委员会（IEC）规定的 10 万小时的标准。

可编程控制器在设计、制作和元器件的选取上，采用了精选、高度集成化和冗量大等一系列措施，延长了元器件的使用工作寿命，提高了系统的可靠性，在抗干扰性上，取了软、硬件多重抗干扰措施，使其能安全地在恶劣的工业环境中工作，几大公司制造工艺的先进性，也进一步提高了可编程控制器的可靠性。

（2）控制功能强

可编程控制器不但具有对开关量和模拟量的控制能力，还具有数值运算、PID 调节、数字信号处理、中断处理的功能。PLC 除具有扩展灵活的特点外，还具有功能的可组合性，如运动控模块可以对伺服电机和步进电机的速度与位置进行控制，从而实现对数控床和工业机器人的控制。

（3）组成灵活

可编程控制器品种很多，小型 PLC 为整体结构，并可外接扩展机箱构成 PLC 控制系统。中大型 PLC 用分体模块式结构，设有各种专用功能模块（开关量、模拟量输入输出模块，位控模块，伺服、步进驱动模块等）供选用和组合，可由各种模块组成大小和要求不同的控制系统。PLC 外部控制电路虽然仍为硬接线系统，但当受控对象的控制要求改变时，还是可以在线使用编程器修改用户程序来满足新的控制要求，这就极大限度地缩短了工艺更新所需要的时间。

（4）操作方便

PLC 提供了多种面向用户的语言，如常用的梯形图（Ladder Diagram，LAD）、指令语句表（Statement List，STL）、控制系统流程图（Control System Flowchart，CSF）等。PLC 的最大优点之一就是采用了易学易懂的梯形图语言。该语言以计算机软件技术构成人们惯用的继电器模型，直观易懂，极易被现场电气工程技术人员掌握，为可编程控制器的推广应用创造了有利条件。

现在的 PLC 编程器大都采用个人计算机或手持式编程器这两种形式。手持式编程器有键盘、显示功能，通过电缆线与 PLC 相连，具有体积小、重量轻、便于携带、易于现场调试等优点。用户也可以用个人计算机对 PLC 进行编程及系统仿真调试，监控系统的运行情况。目前，国内各厂家都编辑出版了适用于个人计算机使用的编程软件，编程软件的汉化界面非常有利于PLC 的学习和推广应用。同时，直观的梯形图显示，使程序输入及动态监视更方便、更直观。PC 程序的键盘输入和打印、存储设备，更是极大地丰富了 PLC 编程器的硬件资源。

2. 可编程控制器的分类

目前，可编程控制器产品的种类很多，型号和规格也不统一，通常只能按照其用途、功能、结构、点数等进行大致分类。

（1）按点数和功能分类

可编程控制器对外部设备的控制，外部信号的输入及 PLC 运算结果的输出都要通过 PLC 输入 / 输出端子来进行接线，输入 / 输出端子的数目之和被称作 PLC 的输入 / 输出点数，简称 I/O 点数。

为满足控制系统处理不同信息量的要求，PLC 具有不同的 I/O 点数、用户程序存储量和功能。根据 I/O 点数的多少可将 PLC 分成大型、中型和小型机（含微型）（或称作高、中、低档机）。

小型（微型）PLC 的 I/O 点数小于 256，以开关量控制为主，具有体积小、价格低的优点，适用于小型设备的控制。

中型 PLC 的 I/O 点数在 256~1024 之间，功能比较丰富，兼有开关量和模拟量的控制功能，适用于较复杂系统的逻辑控制和闭环过程控制。

大型 PLC 的 I/O 点数在 1024 以上，用于大规模过程控制、集散式控制和工厂自动化网络。

各厂家的可编程控制器产品自我定义的大型、中型、小型机各有不同。例如，有的厂家建议小型 PLC 点数为 512 以下，中型 PLC 点数为 512~2048，大型 PLC 点数为 2048 以上。

（2）按结构形式分类

根据结构形式的不同，可编程控制器可分为整体式结构和模块式结构两大类。

小型 PLC 一般采用整体式结构（即将所有电路集于一个箱内）为基本单元，该基本单元可以通过并行接口电路连接 I/O 扩展单元。

中型以上 PLC 多采用模块式结构，不同功能的模块可以组成不同用途的 PLC，适于不同要求的控制系统。

（3）按用途分类

根据可编程控制器的用途，PLC 可分为通用型和专用型两大类。

通用型 PLC 作为标准装置，可供各类工业控制系统选用。

专用型 PLC 是专门为某类控制系统设计的，由于其具有专用性，因此其结构设计更为合理，控制性能更完善。

随着可编程控制器的应用与普及，专为家庭自动化设计的超小型 PLC 也正在形成家用微型系列。

3. PLC 的应用与发展

自从可编程控制器在汽车装配生产线的首次成功应用以来，PLC 在多品种、小批量、高质量的生产设备中得到了广泛的推广应用。PLC 控制已成为工业控制的重要手段之一，与 CAD/CAM、机器人技术一起成为实现现代自动化生产的三大支柱性技术。

我国使用较多的 PLC 产品有德国西门子（SIEMENS）的 S7 系列，日本立石公司（OMRON）的 C 系列，三菱公司的 FX 系列，美国 GE 公司的 GE 系列等。各大公司生产的可编程控制器都已形成由小型到大型的系列产品，而且随着技术的不断进步，产品的更新换代很快，周期一般不到 5 年。

通过技术引进与合资生产，我国的 PLC 产品也有了一定的发展，生产厂家已达 30 多家，为可编程控制器国产化奠定了基础。

从可编程控制器的发展来看，有小型化和大型化两个趋势。

小型 PLC 有两个发展方向，即小（微）型化和专业化。随着数字电路集成度的提高、元器件体积的减小及质量的提高，可编程控制器的结构更加紧凑，设计制造水平也在不断进步。微型化的 PLC 不仅体积小，而且功能也大有提高。过去一些大中型 PLC 才有的功能，例如模拟量的处理、通信、PID 调节运算等，均可以被移植到小型机上。同时，PLC 价格的不断下降，将使它真正成为继电器控制系统的替代产品。

大型化指的是大中型 PLC 向着大容量、智能化和网络化方向发展，使之能与计算机组成集成控制系统，对大规模、复杂系统进行综合性的自动控制。

3.3.3 S7-200 系列 PLC 内部元器件

S7-200 可编程控制系统由主机（基本单元）、I/O 扩展单元、功能单元（模块）和外部备等组成。S7-200PLC 主机的结构形式为整体式结构。下面以 S7-200 系 CPU22X 小型可编程控制器为例，介绍 S7-200 系列 PLC 的构成。

1. CPU226 型 PLC 的结构分析

小型 PLC 系统由主机、I/O 扩展单元、文本/图形显示器、编程器等组成，CPU226主机的结构外形如图 3-57 所示。

CPU226 主箱体的外部设有 RS485，通信接口，用以连接编程器（手持式或 PC）、文本/图形显示器、PLC 网络等外部设备，设有工作方式开关、模拟电位器、I/O 扩展接口、工作状态指示和用户程序存储卡、I/O接线端子排及发光指示等。

（1）基本 I/O

CPU22X 型 PLC 具有两种不同的电源供

图 3-57　CPU226 主机的结构外形

电电压，输出电路分为继电器输出和晶体管 DC 输出两大类，CPU22X 系列 PLC 可提供四个不同型号的 10 种基本单元 CPU 供用户选用，其类型及参数见表 3-2。

表 3-2　CPU22X 系列 PLC 的类型以及参数

	类型	电源电压	输入电压	输出电压	输出电流
CPU221	DC 输入 DC 输出	24V DC	24V DC	24V DC	0.75A 晶体管
	DC 输入 继电器输出	85~264V AC	24V DC	24V DC 24~230V AC	2A 继电器
CPU222 CPU224 CPU226 CPU226XM	DC 输入 DC 输出	24V DC	24V DC	24V DC	0.75A 晶体管
	DC 输入 继电器输出	85~264V AC	24V DC	24V DC 24~230V AC	2A 继电器

CPU221 集成了 6 输入/4 输出共 10 个数字量 I/O 点，无 I/O 扩展能力，有 6K 字节的程序和数据存储空间。

CPU222 集成了 8 输入/6 输出共 14 个数字量 I/O 点，可连接两个扩展模块，最大可扩展至 78 路数字量 I/O 或 10 路模拟 I/O 点，有 6K 字节的程序和数据存储空间。

CPU224 集成了 14 输入/10 输出共 24 个数字量 I/O 点，可连接 7 个扩展模块，最大可扩展至 168 路数字量 I/O 或 35 路模拟 I/O 点，有 13K 字节的程序和数据存储空间。

CPU226 集成了 24 输入/16 输出共 40 个数字量 I/O 点，可连接 7 个扩展模块，最大可扩展至 248 路数字量 I/O 或 35 路模拟 I/O 点，有 13K 字节的程序和数据存储空间。

CPU226XM 除程序和数据存储空间为 26K 字节外，其他的与 CPU226 相同。

CPU22X 系列 PLC 的特点是 CPU22X 主机的输入点为 24V DC 双向光耦输入电路，输出有继电器和 DC（MOS 型）两种类型（CPU21X 系列 PLC 的输入点为 24V DC 单向光耦输入电路，输出有继电器、DC、AC 三种类型）；具有 30kHz 高速计数器，20kHz 高速脉冲输出，RS485 通信 / 编程口，PPI、MPI 通信协议和自由口通信能力。CPU222 及以上 CPU 还具有 PID 控制和扩展的功能，内部资源及指令系统更加丰富，功能更强大。

CPU226 主机共有 0.0~12.7 共 24 个输入点和 Q0.0~Q1.5 共 16 个输出点。CPU226 的输入电路采用了双向光电耦合器，24V DC 的极性可任意选择，系统设置 1M 为 I0.0~I1.4 输入端子的公共端，2M 为 I1.5~I2.7 字节输入端子的公共端。在晶体管输出电路中采用了 MOSFET 功率驱动器件，并将数字量输出分为两组，每组有一个独立公共端，共有 1L、2L 两个公共端，可接入不同的负载电源。CPU226 的外部电路原理如图 3-58 所示。

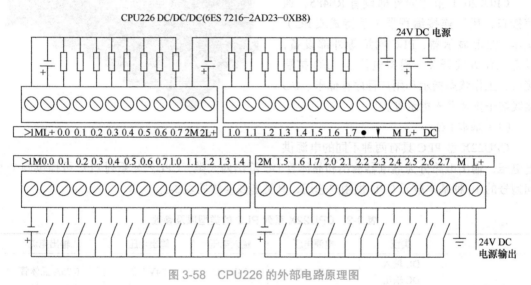

图 3-58　CPU226 的外部电路原理图

S7-200 系列 PLC 的 I/O 接线端子排分为固定式和可拆卸式两种结构。可拆卸段子排能在不改变外部电路硬件界限的前提下方便地拆装，为 PLC 的维护提供了便利。

（2）主机 I/O 及扩展

CPU22X 系列 PLC 主机的 I/O 点数及可扩展的模块数目见表 3-3。

表 3-3　CPU22X 系列 PLC 主机的 I/O 点数及可扩展的模块数

型号	主机输入点数	主机输出点数	可扩展模块数
CPU221	6	4	无
CPU222	8	6	2
CPU224	14	10	7
CPU226	24	16	7

（3）高速反应性

CPU226 PLC 有六个高速计数脉冲输入端（I0.0~I0.5），最快的响应速度为 30kHz，用于捕捉比 CPU 扫描周期更快的脉冲信号。

　　CPU226 PLC 有两个高速脉冲输出端（Q0.0、Q0.1），输出的脉冲频率可达 20kHz。用于 PTO（高速脉冲束）和 PWM（宽度可变脉冲输出）高速脉冲输出。

　　中断信号允许以极快的速度对过程信号的上升沿做出响应。

　　（4）存储系统

　　S7-200 CPU 的存储系统由 RAN 和 EEPROM 这两种存储器构成，用以存储用户程序、CPU 组态（配置）及程序数据等，如图 3-59 所示。

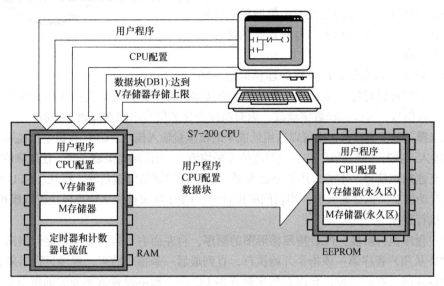

图 3-59　S7-200CPU 的存储区域

　　当执行程序下载操作时，用户程序、CPU 组态（配置）、程序数据等由编程器送入 RAM 存储器区，并自动复制到 EEPROM 区，永久保存。

　　系统掉电时，会自动将 RAM 中 M 存储器的内容保存到 EEPROM 存储器。

　　上电恢复时，用户程序及 CPIJ 组态（配置）将自动从 EEPROM 的永久保存区装载到 RAM 中。如果 V 和 M 存储区内容丢失，则 EEPROM 永久保存区的数据会复制到 RAM 中去。

　　执行 PLC 的上载操作时，RAM 区的用户程序、CPU 组态（配置）将上载到 PC 中，RAM 和 EEPROM 中的数据块合并后也会上载到 PC 中。

　　（5）模拟电位器

　　模拟电位器用来改变特殊寄存器（SM32、SM33）中的数值，以改变程序运行时的参数，如定时、计数器的预置值，过程量的控制参数等。

　　（6）存储卡

　　该卡位可以选择安装扩展卡。扩展卡有 EEPROM 存储卡、电池和时钟卡等模块。EEPROM 存储模块用于用户程序的复制。电池模块用于长时间保存数据。使用 CPU224 内部的存储电容来存储数据，数据的存储时间为 190 小时，而使用电池模块存储数据，数据存储时间可达 200 天。

2. CPU226 型 PLC 的工作原理

　　S7-200 CPU 连续执行用户任务的循环序列称为扫描。可编程控制器的一个机器扫描周期是指用户程序运行一次所经过的时间，它分为读输入（输入采样）、执行程序、处理通信请求、执行 CPU 自诊断及写输出（输出刷新）等五个阶段。PLC 运行状态按输入采样、程序执行、输出刷新等步骤，周而复始地循环扫描工作，如图 3-60 所示。

（1）读输入

对数字量输入信息的处理：每次扫描周期开始，先读数字输入点的当前值，然后将该值写到输入映像寄存器区域。在之后的用户程序执行过程中，CPU 将访问输入映像寄存器区域，而并非读取输入端口状态，因此输入信号的变化不会影响输入映像寄存器的状态。通常要求输入信号有足够的脉冲宽度，才能被响应。

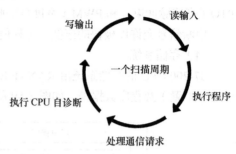

图 3-60　S7-200 CPU 的扫描周期

对模拟量输入信息的处理：在处理模拟量的输入信息时，用户可以对每个模拟通道选择数字滤波器，即对模拟通道设置数字滤波功能。对变化缓慢的输入信号，可以选择数字滤波，而对高速变化的信号不能选择数字滤波。

如果选择了数字滤波器，则可以选用低成本的模拟量输入模块。CPU 在每个扫描周期将自动刷新模拟输入，执行滤波功能，并存储滤波值（平均值）。当访问模拟输入时，读取该滤波值。

对于高速模拟信号，不能采用数字滤波器，只能选用智能模拟量输入模块。CPU 在扫描过程中不能自动刷新模拟量输入值，当访问模拟量时，CPU 每次直接从物理模块读取模拟量。

（2）执行程序

在用户程序执行阶段，PLC 按照梯形图的顺序，自左而右、自上而下地逐行扫描。在这一阶段，CPU 从用户程序第一条指令开始执行，直到最后一条指令结束，程序运行结果放入输出映像寄存器区域。在此阶段，允许对数字量立即 I/O 指令和不设置数字滤波的模拟量 I/O 指令进行处理。在扫描周期的各部分，均可对中断事件进行响应。

（3）处理通信请求

在扫描周期的信息处理阶段，CPU 处理从通信端口接收到的信息。

（4）执行 CPU 自诊断

在此阶段，CPU 检查其硬件、用户程序存储器和所有的 I/O 模块状态。

（5）写输出

每个扫描周期的结尾，CPU 把存在输出映像寄存器中的数据输出给数字量输出端点（写入输出锁存器中），更新输出状态。当 CPU 操作模式从 RUN 切换到 STOP 时，数字量输出可设置为输出表中定义的值或保持当前值；模拟量输出保持最后写的值；缺省设置时，默认是关闭数字量输出（参见系统块设置）。

按照扫描周期的主要工作任务，也可以把扫描周期简化为读输入、执行用户程序和写输出三个阶段。

3.3.4　S7-200 系列 PLC 的编程语言

S7-200 系列 PLC 支持 SIMATIC 和 IEC1131-3 两种基本类型的指令集，编程时可任意选择。SIMATIC 指令集是西门子公司 PLC 专用的指令集，具有专用性强、执行速度快等优点，可提供 LAD、STL、FBD 等多种编程语言。

IEC1131-3 指令集是按国际电工委员会 PLC 编程标准提供的指令系统。该编程语言适用于不同厂家的 PLC 产品，有 LAD 和 FBD 两种编辑器。

学习和掌握 IEC1131-3 指令的主要目的是学习如何创建不同品牌 PLC 的程序，其指令执行时间可能较长，有一些指令和语言规则与 SIMATIC 有所区别。

S7-200 可以接受由 SIMATIC 和 IEC1131-3 两种指令系统编制的程序，但 SIMATIC 和 IEC1131-3 指令系统并不兼容。本书以 SIMATIC 指令系统为例进行重点描述。

1. 梯形图编辑器

利用梯形图编辑器可以建立与电气原理图类似的程序。梯形图是 PLC 编程的高级语言，很容易被 PLC 编程人员和维护人员接受和掌握，所有 PLC 厂商均支持梯形图语言编程。

梯形图按逻辑关系可分成梯级或网络段，又简称段，程序执行时按段扫描。清晰的段结构有利于程序的阅读理解和运行调试。通过软件的编译功能，可以直接指出错误指令所在段的段标号，有利于程序的修正。

图 3-61 所示为一个梯形图应用实例。LAD 图形指令有三个基本形式：触点、线圈和指令盒。触点表示输入条件，例如，由开关、按钮控制的输入映像寄存器状态和内部寄存器状态等。线圈表示输出结果。利用 PLC 输出点可直接驱动灯、继电器、接触器线圈、内部输出条件等负载。指令盒代表一些功能较复杂的附加指令，例如，定时器、计数器或数学运算指令的附加指令。

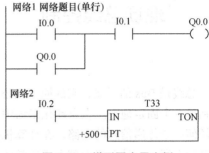

图 3-61 梯形图应用实例

2. 语句表编辑器

语句表编辑器使用指令助记符创建控制程序，类似于计算机的编程语言，适合熟悉 PLC 并且有逻辑编程经验的程序员编程。语句表编程器提供了不用梯形图或功能块图编程器编程的途径。STL 是手持式编程器唯一能够使用的编程语言，是一种面向机器的，具有指令简单、执行速度快等优点。STEP7-Micro/WIN32 编程软件具有梯形图程序和语句表指令的相互转换功能，为 STL 程序的编制提供了便利。例如，由图 3-61 所示程序转换的语句表程序如下。

```
NETWORK1              // 网络题目（单行）
LD          I0.0
O           Q0.0
AN          I0.1
=           Q0.0
NETWORK2
LD          I0.2
TON         T33，+500
```

3. 功能块图编辑器

STEP7-Micro/WIN32 功能块图是利用逻辑门图形组成的功能块图指令系统。功能块图指令由输入、输出段及逻辑关系函数组成。用 STEP7-Micro/WIN32V3+1 编程软件 LAD、STL 与 FBD 编辑器的自动转换功能，可得到与图 3-61 相应的功能块图，如图 3-62 所示。

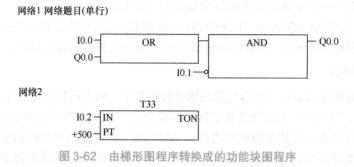

图 3-62　由梯形图程序转换成的功能块图程序

3.4　现场总线控制

3.4.1　概述

总线是 Bus 的译文，它的原意是公共路径或公共汽车，即将乘客或货物从一个固定地点运送到另一个固定地点。在自动化术语中，总线被定义为从多个源中的任何一个源向多个目的地的任何一个传递信息的通路。在计算机技术中，总线表示数据传送的公用通道，乘客或货物是信息和数据，在计算机内部发送或接收信息的地点称为模块（Block），在计算机外部发送或接收信息的地点称为站（Station）或节点（Node）。在网络技术中，总线是一种网络的拓扑结构，它表示网络中各节点之间的一种物理或逻辑连接关系。

总线可按不同分类方法进行分类。按一次传送数据量的多少可将总线分为串行总线和并行总线。串行总线每次传送一位数据，如 RS-485。串行总线所需的电缆少、传输距离远，但信号传输速度慢、接口复杂。并行总线可一次传送多位数据，通常可传送 8 位、16 位、32 位等数据，如 STD 总线、Modbus 总线等。并行总线的信号线相互独立、信号传输快，但传输线多、传输距离近。

按总线对应于计算机的位置不同可分为内部总线和外部总线。计算机内部总线又称系总线。内部总线用于计算机内部各种功能模块之间的连接，并进行信息交换，如 PC 总线、PCI 总线、EISA 总线、VME 总线等。不同类型的计算机，其内部总线不同，但从功能看，内部总线可分为地址总线、数据总线、控制总线和电源总线等四类。内部总线传输的距离近，因此，内部总线通常采用并行总线。计算机外部总线又称通信总线，外部总线用于计算机与计算机或其他外部设备之间的通信，实现信息共享和交换，如 GPIB 总线、CAMAC 总线、现场总线等。外部总线传输距离较远，通常采用串行总线。

按制定总线规范的时间前后可分为传统总线和现代总线。传统总线有 STD 总线、PC 总线、S-100 总线等；现代总线有 EISA 总线、位总线、M 总线、VXI 总线、现场总线等。

总线的主要功能是通过这些公用的信号线将计算机内部各种模块之间或计算机与各种外部设备之间连接成一个整体，便于进行相互之间的信息交换。

现场总线是应用于现场智能设备之间的一种通信总线，它广泛应用于制造工业自动控制和过程工业自动控制领域。按现场应用的不同要求和规模，现场总线可分为执行器传感器现场总线、设备现场总线和全服务现场总线。按照国际电工委员会 IEC/SC65C 的定义，安装在制造或过程区域的现场装置与控制室内的自动控制装置之间的数字式、串行和多点通信的数据总线称为现场总线。

执行器传感器现场总线（Actuator Sensor Bus）是用于现场设备的底层现场总线，它适用于简单的开关装置和输入输出位的这类通信，数据宽度仅限于"位"。其结构简单、成本低、数据信息短，需快速和有预知的响应时间，具有简化现场接线，不支持本安回路，不支持总线供电，传输距离在 500m 以下等特点。典型的执行器传感器现场总线有 Seriplex 总线、AS-i 总线。连接到执行器传感器现场总线的设备主要是接近开关、液位开关、开关式控制阀、电磁阀、电动机和其他两位式操作的设备。

设备现场总线（Device Bus）是中间层的现场总线，它适用于以字节为单位的设备和装置的通信，例如，用于分析器、编码器、流程参数传感器、电机起动器、接触器、电磁阀等的信息传输。其特点是成本适中，数据信息包括离散量和模拟量，要求有快速通信和预知的响应时间。它支持总线供电，不支持本安回路，可采用双绞线作为通信媒体。典型的设备现场总线有 Interbus-S 总线、DeviceNet 总线、PROFIbus-DP 总线、ControlNet 总线、SDS 总线和 CAN 总线等。在许多场合，这类总线被首先考虑用于电机控制中心的控制系统，操作人员可直接从设备现场总线获得诸如电机温度、转速、电压降和其他运行数据。由于它可直接与其他控制和操作设备通信，例如，与现场的操作盘、过载继电器、开关、按钮操作站和模拟传感器等进行通信而得到广泛应用。在离散控制领域，它可用于将多个可编程逻辑控制器和有关设备连接在一起。

全服务现场总线（Fieldbus）又称为数据流现场总线，它是最高层的现场总线。该总线以报文通信为主，包括一些复杂的对过程控制装置的操作和控制等功能。其特点是开放性、互操作性及分散控制等。它的通信数据信息长，最大传输距离根据采用通信媒体的不同而变化。传输时间较长，传输数据类型较多，例如，可传送离散、模拟、参数、程序和用户信息等。虽然已经有多种现场总线得到 ISO 国际标准化组织 ISO 的批准，但实际上应用于过程控制领域的现场总线仅几种。这类总线有基金会现场总线（FF）、PROFIbus-PA 总线、WorldFIP 现场总线、HART 总线和 LON 总线等。其中，HART 总线是过渡性的现场总线。表 3-4 是三类典型现场总线的性能比较。

表 3-4　典型现场总线的性能比较

项目	执行器传感器现场总线	设备现场总线	全服务现场总线
报文长度	<1 字节	多达 256 字节	多达 256 字节
传输距离	短	短	长
数据传输速率	快	中到快	中到快
信号类型	离散	离散和模拟	离散和模拟
设备费用	低	低到中	低到中
组件费用	非常低	低	中
本质安全性能	没有	没有	有
功能性	弱	中	强
设备能源	多种	无	多种
优化	无	无	有
诊断	无	最小	广泛

根据应用场合的不同，经常使用的现场总线类型也不同。主要用于过程控制的现场总线有 HART、基金会现场总线、PROFIbusPA、ControlNet、DeviceNet 和 AS-i 等；主要用于汽车工业的现场总线有 CAN、DeviceNet 和 AS-i 等；主要用于楼宇自动化的现场总线有 LON、BACnet 等；主要用于工业自动化的现场总线有 DeviceNet、Modbus、ControlNet、PROFIbus-DP、CAN 和 Ethernet 等。真正满足过程控制的现场总线很少，如基金会现场总线。本书所述现场总线指全服务现场总线。

3.4.2 现场总线控制系统的设计和组态

1. 设计符号

目前，还没有用于现场总线控制系统设计的国际标准或国家标准，由于 PID 图并不需要说明控制系统的接线技术，区分所用仪表类型和表示控制功能的位置，因此，ISA 认为现有标准已能满足现场总线控制系统设计的需要。现场总线控制系统设计的图形符号与共用控制、共用显示的仪表计算机控制系统的设计图形符号相类似，可根据有关设计标准绘制。例如，根据国外有关现场总线工程的设计图纸，可采用表 3-5 所示的现场总线控制系统设计的图形符号。

表 3-5 可用于现场总线控制系统设计的图形符号

类别	安装在现场 正常情况下操作员不能监控	安装在主操作台 正常情况下操作员可以监控	安装在辅助设备 正常情况下操作员可以监控
仪表	○	⊖	⊖
分散控制 共用显示 共用控制	◉	⊟	⊟
可编程逻辑控制器	◇	◳	◳
计算机	⬡	⬡	⬡

为了强调安装在现场的仪表是现场总线表，可以在表的图形符号外标注现场总线的类型，例如，FF 表示用基金会现场总线的设备，Profibus-DP 表示采用 Profibus-DP 现场总线的设备，Modbus 表示采用 Modbus 现场总线的设备等，但通常仪表的类型并不在 PID 图上标注，而在仪器仪表一览表中标注。

图形符号的相切表示两个或两个以上的仪表功能或现场总线仪表中的功能模块在同一仪表或现场总线设备中实现，因此，现场总线设备的多个功能模块可用相切的图形符号表示，如图 3-63 所示。

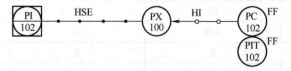

图 3-63 不同通信传输速率的表示

为了说明现场总线设备之间信号传输时的数字通信信号，可采用通信链的图形符号（见图 3-63）。图中所示的设计符号还表示现场总线控制系统中的不同通信传输速率。

通信链图形符号中的实心圆表示一种通信传输速率，例如，高速以太网 HSEO 通信链中空心圆表示另一种通信传输速率，如 HI。为了在 PID 上表示数据传输的方向，可采用箭头标注，如图 3-63 所示。两个圆相切表示这两个功能模块是在同一个现场总线设备内实现的。例如，图 3-63 中表示的压力变送器 PIT-102 除了具有现场变送和显示功能外，还具有 PC-102 的控制器功能。PX-100 表示网桥，图中，它用于链接高速以太网段 HSE 与低速网段 HI。PI-102 表示该压力值显示在现场总线控制系统的显示屏。字母符号可根据表 3-6 所示的字母符号进行组合。

表 3-6　字母符号

字母	首位字母		后继字母		
	被测变量或引发变量	修饰词	读出功能	输出功能	修饰词
A	分析		报警		
B	烧嘴、火焰		供选用	供选用	供选用
C	电导率			控制	
D	密度	差		设备	
E	电压（电动势）		检测元件		
F	流量	比率（比值）			
G	毒性气体或可燃气体		视镜、观察		
H	手动				高限、高值
I	电流		指示		
J	功率	扫描			
K	时间、时间程序	变化速率		操作器	
L	物位		灯		低限、低值
M	水分或湿度	瞬动			中值、中间
N	供选用		供选用	供选用	供选用
O	供选用		节流孔		
P	压力、真空		连接或测试点		
Q	数量	积算、累计			
R	核辐射		记录、DCS 趋势记录		
S	速度、频率	安全		开关、联锁	
T	温度			传送（变送）	
U	多变量		多功能	多功能	多功能
V	振动、机械监视、可变			阀、风门、百叶窗	
W	重量、力		套管		
X	未分类	X 轴	未分类	未分类	未分类
Y	事件、状态	Y 轴		继电器、计算器、转换器	
Z	位置、尺寸	Z 轴		驱动器、执行元件	

交流变频调速技术得到广泛应用，变速设备可表示为 VSD（Variable Speed Device），例如，VSD 可表示变频器和交流电机组合的设备。分析仪表应注明被分析的样本类型，如 CO、pH 等。高、中、低限应标注在图形符号右面的相应部位，例如，H 标注在上部，表示高限；L 标注在

下部，表示低限等。

字母的先后顺序应与仪表功能对应。例如，TS 表示温度检测开关，而 ST 表示转速检测变送器。

字母的其他组合可参见有关资料。继电器、计算器和转换器的输出功能字母 Y 需要在图形符号外注明该设备具有的继电、计算或转换功能。例如，I/P 表示电流信号转换为气压信号；A/D 表示模拟信号转换为数字信号等。

通常根据现场设备进行仪表位号的标注，设备所带功能模块作为后续功能。例如，某压力变送器 PT-103 的压力检测功能用 PT-103-AI1，它的计算功能用 PT-103-AR 等。

为了说明功能模块的作用，在功能模块的连接图、控制组态图等图纸中，将功能模块的功能列在设备位号后，组成功能模块形式的位号。例如，PT-103-AI1 表示压力变送器中通道 1 的 AI 功能模块，PV-101-PID 表示控制阀中的 PID 功能模块，PV-101-AO 表示控制阀中的 AO 功能模块等。

表 3-7 所示为现场总线设备和现场总线控制系统设计符号的示例。

表 3-7　现场总线设备和现场总线控制系统设计符号的示例

现场总线仪表的图形符号	表示 PID 控制功能模块位置	现场总线用通信链，共用显示
PT 101 PIC 101 PV 101 FF	PT 102 PIC 102 PV 102 FF	PT 103 PIC 103 PV 103 FF

2. 现场总线设备的功能连接图

根据现场总线设备所具有的功能，可组成相应的控制系统或控制回路。控制系统应注明所采用的现场总线仪表或设备的位号、功能模块的名称、位号和连接关系等。

图 3-64a 是简单控制系统功能模块连接的示例，图 3-64b 是串级控制系统功能模块连接的示例。图中的每个虚线椭圆表示一台现场总线设备。例如，FV-103 表示带 PID 功能模块和 AO 功能模块的智能电气阀门定位器和控制阀。LT-104 表示带 PID 功能模块和 AI 功能模块的液位变送器。FT-103 表示带 AI 功能模块的流量变送器。

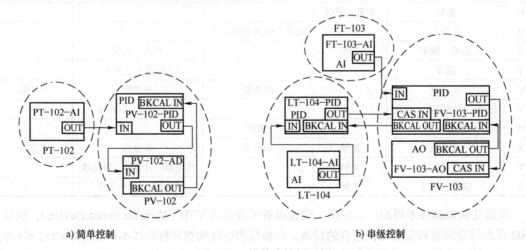

a) 简单控制　　　　b) 串级控制

图 3-64　模块连接图示例

为了减少周期调度通信的通信量，降低在现场总线上的通信负荷，提高现场总线控制系统的可控性，在选择现场总线设备时需考虑 PID 功能模块设置的位置。例如，采用一台带 AI 功能模块的变送器和一台带 PID 功能模块和 AO 功能模块的智能阀门定位器的控制阀组成简单控制系统，它的现场总线通信量最小，即副控制器的 PID 功能模块和智能阀门定位器设置在控制阀，主控制器 PID 功能块设置在主被控变量变送器现场总线设备内的设计策略，可使得现场总线上的通信量较小。

3. 现场总线设备接线图

现场总线控制系统中，现场总线设备的接线与一般电动仪表的接线类似，但由于现场总线设备具有通信功能，因此，对接地和屏蔽接线等有强制性规定，应根据现场总线的安装和接线规定绘制有关接线图。

现场总线设备有总线供电和单独供电等两种设备类型，总线供电现场总线设备的电源由总线供电，因此要考虑从现场总线上摄取电能，即在现场总线上不仅要传输各种数据信号，还要提供电源。单独供电的现场总线设备由单独的电源对其供电，即在现场总线上仅传输有关数据信号。在现场总线控制系统中，为降低电缆费用，可采用总线供电类型的现场总线设备。因此，接线图中应包含直流电源（包括电源调整器）的接线。

本安型现场总线设备可应用于本安场所，受本安设备电流电源等约束，挂接的现场总线设备数量会减少；需要专门的本安隔离栅和终端器；连接电缆的电感和电容也有限制等。本安现场总线设备的接线应按照本安设备和本安现场总线设备的有关接线规定进行。设计和绘制接线图时应注意下列事项。

1）现场总线设备有极性连接和无极性连接两种，对无极性设备可直接接线，不必考虑信号线极性。对有极性的设备必须根据设备信号的极性（色标）正确接线。

2）通信系统接线与一般模拟仪表系统接线的区别之一：由于通信系统中要防止通信信号在端点处反射造成信号失真，并实现线路阻抗匹配，因此，通信系统的接线需要设置终端器。例如，基金会现场总线要求连接由 100Ω 和 $1\mu F$ 电容串联连接组成的终端器。一个现场总线网段应连接并只需要连接两个终端器，它们分别安装在每个现场总线网段的末端。一些现场总线辅助设备内部设有终端器，例如，一些电源调整器、本安隔离栅、现场总线接口卡等现场总线辅助设备设置有选择开关，可以由用户切换选择开关，以便选择是否连接终端器，从而减少接线。

3）通信系统接线与一般模拟仪表系统接线的区别之二：一般模拟仪表系统的接线电缆可根据实际的电流或传送距离等条件选用各种线径的电缆，可以带屏蔽或不带屏蔽，也可采用双绞线等。通信系统中对通信信号的失真等有具体要求，例如，要削弱噪声的影响，提高系统的信噪比，即使一致性测试规范化。因此，现场总线的电缆有一定的类型规定，对导线的线径、特征阻抗等都有严格要求。例如，为降低成本，提高信噪比，满足一致性测试，基金会现场总线控制系统设计时应选用现场总线基金会推荐的四种电缆类型。对于新建工程，应选用 A 型屏蔽双绞线电缆。使用原有的电缆也可进行现场总线信号的传输，但会出现特征阻抗不匹配、信号失真增大等问题。

4）通信系统接线与一般模拟仪表系统接线的区别之三：一般模拟仪表系统采用标准电流（或电压）信号，因此，一些仪表之间采用串联连接，例如，显示仪表和控制器的输入信号是串联连接的。通信系统的拓扑结构有点对点型、总线型、树型、菊花链等。菊花链连接（类似于串联连接，但仪表仍为并联连接）时，一旦中间某一设备损坏，会使通信系统失效。因此，为了提高通信系统的可靠性，设计时不推荐使用菊花链拓扑结构。通常采用总线型或树型网络拓扑结构，因此，现场总线仪表是并联连接到现场总线的。

5）与模拟仪表连接个数受到供电电源容量和仪表负荷电流影响相类似。受通信距离、通信速率、现场总线设备电流等条件的约束，在一个现场总线网段上挂接的现场总线设备个数和在一个分支上挂接的现场总线设备个数等都有一定的限制，在设计时应根据现场总线基金会的有关规定设置。例如，某项目所用基金会现场总线设备的总数为 16 台，则如果选用 A 类电缆，总负荷电流为 320mA 时，总传输距离为 500m。如果每个分支上挂接两个现场总线设备，则每个分支电缆的长度只能最长为 30m 等。

6）为分支的需要，应选用标准的接线盒。通常可采用 4 端口到 10 端口的接线盒。例如，选用 Interlinkbt 公司的 RSCV490 型接线盒、Relcom 公司的 FCS-MB8-SG 等。

7）在设计时，为了扩展现场总线网段的作用距离，可以采用中继器，例如，采用 Smar 公司的 RP302 中继器等。中继器作为现场总线设备，需计入总设备数，一个系统中最多可连接四个中继器。中继器有总线供电和单独供电两类。

8）对本安应用场合，还可将中继器与安全栅结合，采用本安中继器，减少设备和安装费用，并达到本安和中继的双重目的。

9）网桥用于连接不同传输速率的两个网段。一些现场总线控制系统的应用项目中，有高速和低速两种现场总线的传输速率，如 HSE 和 HI，为此需设置网桥，它们作为现场总线设备需计入总设备数。有时，现场总线与其他网络需要通信连接，也可设置网桥。网桥也有总线供电和单独供电两类。

10）设备接地设计应遵循一个现场总线控制系统中只能有一个现场总线设备接地点的原则进行设计。例如，基金会现场总线控制系统中，现场总线设备的接地先集中连接到链路主设备 LM 的接地端，然后再在一点接地。不允许现场总线设备多点接地，这样会造成接地回路，引入地电流，对通信系统造成噪声干扰。

11）屏蔽接地设计原则：对于基金会现场总线控制系统，除了 C 型电缆本身没有采用屏蔽线外，其他类型的电缆都有屏蔽线；各现场总线设备的屏蔽线连接不应有断点；不应与设备的壳体和设备的线路有连接；屏蔽覆盖率应大于 90%；各分支上现场总线设备的屏蔽接地线应集中连接到主干电缆的屏蔽线上，按一点接地的原则接地；屏蔽线不允许作为信号线或电源线使用。

12）为便于在现场总线上挂接手握式编程器或组态器，或者有些设备要定期挂接到现场总线上，可在设计时设置连接可拆卸式的连接器（Connector）。

13）由于大部分现场总线设备由现场总线供电，因此，对供电电源有专门的特性规定。例如，基金会现场总线供电电源的特征阻抗应在 $30\sim250\,\Omega$ 之间。根据工程需要，设计时可考虑采用冗余的供电电源。

图 3-65 所示为一个温度和流量串级控制系统的现场总线设备接线图。

4. 现场总线控制系统的设计准则

现场总线控制系统的设计应考虑仪表和通信等要求，有现成的软件工具可以采用。例如，PDMS（Piping Design and Management System）三维工厂设计工具等。现场总线控制系统的制造商也会提供有关的设计工具。应遵照现场总线技术的有关规范，例如，采用基金会现场总线的控制系统设计时应遵循 IEC、ISA、FF 等有关标准和规范。下列现场总线控制系统的设计准则可供参考。

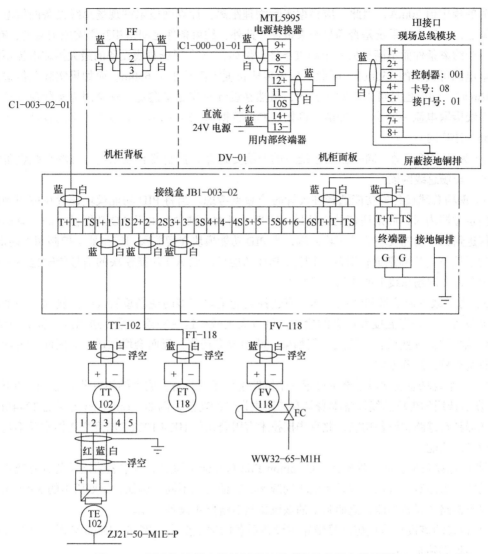

图 3-65　温度和流量串级控制系统的现场总线设备接线图

1）所设计现场总线网段中挂接的现场总线设备总数、分支电缆上挂接的现场总线设备数、主干电缆和分支电缆的长度及电缆类型、电源供电容量、电压压降等应在现场总线规定的约束范围内。考虑到这些约束条件，现场总线控制系统供应商通常提供建议采用的数据。例如，某厂商的规定为一个现场总线网段上最多挂接 12 台现场总线设备（注：不足现场总线技术规定值的一半），在末端现场总线设备处的电压应为 9VDC 等。

2）在网段上总线供电设备的数量由下列因素制约：FF 电源的输出电压每个设备的摄取电流（含因短路增加的电流）在网络／网段上现场设备的布局（即电压的压降分布）FF 供电电源的位置每段电缆的电阻即电缆类型每个设备的最小操作电压等。

3）现场总线技术规定的约束条件并非严格的约束条件。例如，现场总线技术规定 13 台现场总线设备的最大传输距离为 874m，该约束条件是满足最远端设备的供电电压而提出的。但实际应用时，并非 13 台现场总线设备都在最远端挂接，而且，实际设备的摄取电流值也可能小于计算时的规定值 20mA，因此，应根据实际物理距离，计算网段末端现场总线设备的供电电压是否满足，来确定该系统是否满足约束条件。此外，约束条件之间是相互影响或关联的，有时，满足一个约束条件而不满足另一个约束条件。例如，16 台现场总线设备的最大摄取电流不能大于供电电源可提供的 350mA，因此，最大传输长度需满足小于 650m。而如果实际总传输长度为 652m 时，同样也是可以正常运行的，虽然在设计时应尽量避免。这是因为实际现场总线设备的总线摄取电流一般小于 20mA，例如，典型数据为 15~18mA，而线路压降的设计计算时是按 20mA 计算的。

4）为减少通信量，同一控制系统中的检测变送器、控制器和控制阀等现场总线设备宜设计在同一现场总线网段。

5）现场总线设备的功能选择在设计时应重点考虑。当将 PID 功能模块设置在控制阀的智能阀门定位器内时，周期通信的通信量（VCR）可大大减少。由于 AO 功能模块的反算输出信号需传送到 PID 功能模块的反算输入端，当 PID 功能模块在智能阀门定位器（控制阀）内部时，它们的通信不占用周期通信时间。同样，PID 功能模块到 AO 功能模块的信号传输也不占通信量，因此，在现场总线上的通信量可减少。

6）为了减少通信量和降低成本，应选择功能模块较多的现场总线设备。例如，一个流量变送器设备，如果有温度和压力的检测，可以大大减少这些补偿信号传送到该设备的通信量，同时可减少购买这些设备的费用。但如果一味追求多功能，反而会增加成本。因此，设计选型时应权衡利弊，综合考虑。

7）一个现场总线网段上至少设置一个链路主设备的后备，成为链路主设备的条件如下。

① 所选用的现场总线设备本身具有链路主设备的功能，例如，Emerson 公司的 3244MV 温度变送器具有链路主设备功能，北京华控技术有限公司的 HK-F102TT 温度变送器本身不具有链路主设备的功能。

② 所选设备的公共文件格式（Common File Format）写成的版本表明该设备具有链路主设备的功能。需注意：现场总线设备的不同版本具有的功能不同，例如，早期版本的 3051 压力变送器没有链路主设备功能，近期版本的该设备具有链路主设备功能。

③ 设置的该设备地址应满足链路主设备后备的地址要求。例如，Delta V 现场总线控制系统中该地址必须是 20。

通常，链路主设备选用现场总线接口设备，例如，Delta V 现场总线控制系统中选用 HI 卡作为链路主设备，地址为或 17（冗余），链路主设备的后备地址是 20。

8）现场总线网段挂接的设备，它们的周期通信是通过虚拟通信关系 VCR 实现的，为保持它们的映像和功能及正常的通信，虚拟通信关系的数量有一定的限制。例如，现场总线控制系统中一个现场总线网段最多允许总量为 25 个发布方 / 预约接收方 VCR。

9）为防止因总线网段损坏造成网络瘫痪，建议不采用菊花链拓扑结构来连接现场总线设备，通常选用树型和总线型拓扑结构。

10）分支电缆的长度应尽量短，一般应控制在 3~5m 范围内，最长不宜超过 10m。

11）应选用规定的标准接线盒，用于分支电缆的连接。

12）现场总线的供电电源应选择符合规定容量、阻抗等特性的标准产品。电源的谐波电压峰值应选择小于 0V。现场总线标准规定了三种可选用的电源。

此外，也有符合 FISCO 的电源等，可在设计时选用。

根据供电的不同和是否有本安要求，现场总线设备可分为 8 类，见表 3-8。

表 3-8 现场总线设备的类型

信号	本安型		非本安型	
	总线供电	外部供电	总线供电	外部供电
标准信号	111 型	112 型	113 型	114 型
低功耗信号	121 型	122 型	123 型	124 型

13）电源调整器用于将现场总线信号与供电电源隔离。与供电单元一样，通常进行冗余配置。为提高可靠性，工作和备用供电电源和调整器应在物理上分开，不共享普通底板或交流电源。实际应用时，供电单元和电源调整器是上位机控制系统制造商的集成组件。

14）每个现场总线网段需要连接两个终端器，并且只需要连接两个终端器。通常它们连接到主网段的两个末端。例如，一个连接在电源调整器内部，另一个连接在远端现场接线盒的一个端口。当有多个分支电缆从末端现场接线盒接入，如果有一个分支电缆长度较长（大于 10m）时，终端器应连接到该最长分支电缆所连接现场总线设备端，而不是连接在接线盒的一个端口，保证终端器连接在通信电缆的两个末端。一些现场总线辅助产品提供有选择开关，可以通过切换，将产品内部的终端器接入。为避免在拆除远端现场总线设备时将终端器同时拆除，可采用三端口接线盒，尽量避免将终端器安装在远端设备上。

15）冗余系统的考虑。对通信系统、供电系统、链路主设备等应设计为冗余配置。对输入输出信号所用的现场总线变送器等应根据它们在具体工程项目中的重要性，选用是否冗余配置。控制器功能模块可用上位机控制器作为冗余设备，但会增加通信量；控制阀、变速设备等执行器可采用自动和手动操作，即降级操作的方式，因此也可不采用冗余配置；特殊情况下设置的备用控制阀应挂接到不同的网段，以提高其可靠性。电源的不间断供电时间应大于 30min。

16）为提高可靠性，重要控制回路宜设置在一个网段，其他现场总线设备不应挂接到该网段。对冗余设备，不应位于同一装置，即冗余的控制器不应位于同一底板；冗余的 HI 卡和冗余的电源供电不应位于同一底板等。

17）按重要性对控制系统分类，通常将控制阀分为一级、二级和三级。一级控制阀是当该系统发生故障时会造成整个装置停车或重大经济损失的执行器；二级控制阀是当该系统发生故障时，需要操作人员及时采取措施，防止设备或装置停车的执行器；三级控制阀是当该执行器故障时不会造成生产装置停车的执行器。在挂接一级控制阀的现场总线网段上不允许挂接与该控制系统无关的其他现场总线设备；在一个现场总线网段上如果已经挂接了一个二级控制阀的设备，则不允许再挂接其他二级控制阀的设备；在一个挂接三级控制阀设备的现场总线网段上，允许再挂接一个二级控制阀设备或一个三级控制系统的关键控制阀；一个网段上最多可挂接四个三级控制阀。

18）加热类现场总线设备和除热类现场总线设备不宜设置在同一现场总线网段。例如，精馏塔再沸器加热量控制回路与塔顶回流罐液位控制系统不宜设置在同一网段。

19）为防止接线错误，在可能的情况下，宜选择无极性的现场总线设备。应选用经过互操作性测试（ITK），并经现场总线基金会认证的产品作为现场总线设备，可从网上下载经现场总线基金会认证的产品。经现场总线基金会认证的产品具有图 3-66 所示的标志。

20）为防止过电流或过电压等事故发生，在必需的设备处可设置过电流或过电压保护器。过电流和过电压保护器用于保护现场总线设备，但不应对现场总线信号造成有影响的信号衰减。

21）为防止雷电等冲击，在雷击高发区或大电感负荷的启动和停止区域处安装的现场设备需设置电涌保护器。例如，在储油库安装或在精馏塔顶安装的现场设备应设计安装电涌保护器。电涌保护装置是由低容量的硅雪崩二极管或火花隙（SparkGap）组成，可用于正常的保护或普通的保护，它被连接到电气的安全接地铜排。电涌保护设备不应对现场总线信号造成有影响的信号衰减。

图 3-66　经现场总线基金会认证的产品标志

22）考虑到控制系统应具有一定的可扩展性，因此，每个网段挂接的现场总线设备数会大大低于现场总线技术允许的接入数量。例如，基金会现场总线允许接入的现场总线设备为 32 台，实际应用时，制造商规定可接入的仅用于监视的设备为 12 台，考虑扩展性，设计时通常只挂接 9 台，当传输距离较远或控制功能较复杂时，需减少到只挂接 3~6 台现场总线设备。但从安装电缆等费用看，费用的降低仍是显著的。

23）网段上挂接的设备数与该网段的宏循环时间有关。根据设备执行时间，对仅用于检测的网段，最多可挂接 12 台现场设备；对 1s 宏循环时间的回路，限制网段挂接带 4 个控制阀的 12 台设备；对 0.5s 宏循环时间的回路，限制网段挂接带 2 个控制阀的 6 台设备；对 0.5s 宏循环时间的回路，限制网段挂接带 1 个阀门的 3 台设备。如果过程对快速响应的要求不高，应选用宏循环时间为 1~5s。

3.4.3　现场总线控制系统的应用

某厂对硝酸车间仪表系统进行改造，其中改造硝酸车间采用 Emerson 公司的 Delta V 系统取代原有常规仪表。新建硝铵车间，除部分过程参数送 Delta V 系统外，其他部分采用现场总线仪表，并用 HI 卡与 Delta V 系统连接。

控制系统配置如图 3-67 所示。硝酸车间配置 2 台操作站，1 台辅助操作站，采用 1 套冗余的 M3 控制器和 1 个系统机柜，实现硝酸车间的 DCS 控制。硝铵车间配置 2 台操作站，1 台辅助操作站，采用 2 套冗余的 M3 控制器和 2 个系统机柜，带 8 个 HI 卡。它们共用 1 台工程师站和有关的电源等装置。硝铵车间采用的现场总线仪表见表 3-9。

硝铵装置要求防爆环境，整套现场总线系统的现场总线设备采用隔爆型仪表，没有采用总线本安栅。2 套冗余的 M3 挂接 8 个 HI 卡，可连接 16 条现场总线网段。每个网段的主干采用 A 类双绞线屏蔽电缆，每个网段采用两个接线盒，接线盒采用 6 端口的标准产品，每个接线盒挂接的现场总线仪表数量不超过 5 台。接线盒引出的分支线长度控制在 100m 以内，总的线路长度满足现场总线的有关要求，线路压降也满足基金会现场总线的有关规范，设备两端的电压在 9V DC 以上。终端器除采用 HI 内置的外，各主干的另一端配置标准的终端器。采用大容量冗余的电源供电，并配置相应的电源调整器。

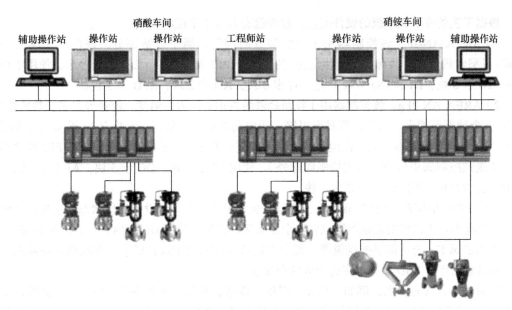

图 3-67 硝酸和硝酸车间控制系统配置图

表 3-9 硝铵车间现场总线仪表汇总表

仪表名称	3051 压变	3244 温变	8705 电磁流量	4081pH 计	质量流量计	DVC5000F 定位器
数量 / 个	48	15	7	2	2	32

硝铵车间共有 34 个控制回路（以单回路调节系统为主）。其中比值串级控制系统 1 套，单比值控制 2 套，手操器 1 套；开关量（DI、DO）160 点，FF 输入 55 点，FF 输出 27 点，AI（4~20mA）32 点，AO（4~20mA）12 点，点数分布见表 3-10。根据法国 KT 公司的工艺技术要求，控制系统具备紧急停车系统（ESD），即当管式反应器的温度超过 185℃或流量调节无效等工艺危险条件成立时，紧急停车系统动作，起安全及保护装置的作用。对硝酸与氨气的比值控制系统，采用双闭环比值控制的相乘控制方案，该控制系统中，氨气是主动量，硝酸是从动量，因此，硝酸控制阀的智能阀门定位器除了有 AO 和 PID 功能模块外，还带有 RA 比率功能模块。硝酸与氨气的比值控制中，流量的检测除了采用质量流量计外，还在该现场总线仪表中完成了密度的补偿运算。

表 3-10 控制点数分布

岗位	AI	AO	FF 输入	FF 输出	DI	DO	PID	比值控制	手操器
中和	9		18	10	12	12	11		
浓缩	5	1	8	6	8	9	6	1	
造粒	2	1	5	5	6	6	5		1
干燥	4		7	4	10	10	4		
筛分					4	4			
冷却	2		3	1	4	4			
涂层	1	2	4		4	4		1	

根据工艺的要求和系统的硬件配置，软件组态共分3个控制区域：

1）AREA-AN-IF。该控制器用于硝酸装置的控制，属于改造部分，该部分现场仪表为DDZ-Ⅲ型常规仪表。共有57个数据监视点，18个PID调节回路，2个联锁停车。使用串行卡2块，HI卡8块，DI和DO卡各1块，AI卡3块，AO卡2块，RTD卡3块。

2）AREA-AN-2Fg。该控制器用于控制硝铵装置中的压力、温度、流量等工艺参数的监控。共有56个数据监控点，每个点都具有报警，历史曲线记录、累积（流量点）、设备状态诊断的功能。33个PID控制点，其中比值串级1套，比值调节2套，手操器1套。所有PID模块均下装到总线式控制阀中运行（常规控制阀除外）。使用DI卡8块，DO卡5块，AI卡13块，AO卡10块，RTD卡少于8块，TC卡1块。

3）AREA-AN-JF。该控制器用于控制硝铵装置中所有开关量设备工作状态的监控，如电动机、双位阀等。工艺中的联锁控制也在这个控制区内实现。使用DI卡18块，DO卡14块。

根据法国KT公司提供的逻辑图，每个电动机和电磁阀都设置联锁停和联锁切除功能，管式反应器紧急停车ESD系统也在这个区域中实现。

除对生产过程各参数，例如，压力、温度、流量、液位、成分等进行检测、控制外，整个系统还具有报警（包括过程数据报警、仪表故障报警、系统硬件故障报警等）、监控显示（包括工艺流程画面、控制分组画面、联锁系统画面、仪表逻辑图画面、报警画面等）、实时和历史趋势显示（历史趋势点达300点）、历史事件记录等功能。

硝铵装置投运后运行正常，取得了较好经济效益和社会效益，体现在下列方面。

1）设计和安装费用下降：现场总线允许多台现场设备挂接到一根现场总线，大大减少了电缆、桥架、输入输出卡及接线端子等的用量，降低了设计安装成本和工作量，内部的连接设计与接头的校对工作也大大减少。需要增加现场设备时，系统的扩展灵活。

2）操作和维护方便：现场总线控制系统采用个人计算机、WindowsNT操作平台、OPC技术、FF通信标准和智能现场仪表，使该系统的操作界面友好，组态方便，扩展容易，采用AMS设备管理系统更使系统信息量大大增加，远程和智能诊断系统有利于对故障的分析和预报，有利于对设备的维护和远程校验。

3）经济效益明显：与传统DCS比较，该系统节省电缆、桥架及安装费用约35%，减少输入输出卡件、接线端子及室内布线约88%；回路测试和系统调试时间减少约70%；维护工作量减少约50%；组态工作量和时间也相应减少。

习题

【3.1】 三相笼型异步电动机有哪几种电气制动方式？各有什么特点和适合场合？

【3.2】 三相笼型异步电动机的调速方法有哪几种？

【3.3】 PLC有什么特点？

【3.4】 PLC与继电器控制系统相比有哪些异同？

【3.5】 S7-200系列PLC中有哪些软元件？

【3.6】 用简单设计法设计一个对锅炉鼓风机和引风机控制的梯形图程序。控制要求：开机前首先起动引风机，10s后自动起动鼓风机；停止时，立即关断鼓风机，经20s后自动关断引风机。

第4章

运 动 控 制

运动控制系统的任务是通过控制电动机的电压、电流、频率等输入量来改变工作机械的转区速度位移等机械量，使各种工作机械按人们期望的要求运行，以满足生产工艺及其他应用的需要，工业生产和科学的发展对运动控制系统提出新的更为复杂的要求，同时，也为研制和生产各类新型控制系统提供了可能。

4.1　运动控制系统概述

运动控制系统是以机械运动的驱动设备——电动机为控制对象，以控制器为核心，以电力电子功率变换装置为执行机构，在自动控制理论的指导下组成的电气传动自动控制系统，其结构如图4-1所示。

1. 相关技术

现代运动控制系统技术以各种电动机为控制对象，以计算机和其他电子装置为控制手段，以电力电子装置为弱电控制强电的纽带，以自动控制理论和信息处理理论为理论基础，以计算机数字仿真和计算机辅助技术（CAD）为研究和开发的工具。由此可见，现代运动控制系统已成为电机学、电力电子技术、计算机控制技术、控制理论、信号检测与处理、微电子技术等多门学科相互交叉的综合性学科，如图4-2所示。

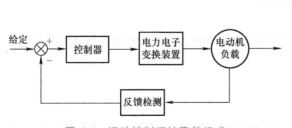

图4-1　运动控制系统及其组成

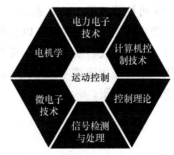

图4-2　运动控制及其相关学科

2. 系统作用

电动机控制电动机的转矩、转速和转角，将电能转换机械能，使被控机械运动实现精确的位置控制、速度控制、加速度控制、转矩或力的控制，以及这些被控机械量的综合控制，以实现运动机械的运动要求。

3. 系统分类

1）按被控物理量分为调速系统、位置伺服系统。

2）按驱动电机分为直流传动系统、交流传动系统。

3）按控制器分为模拟控制系统、数字控制系统。

4）按系统结构分为开环、闭环、单环、双环、多环控制系统。

4. 系统特点

运动控制系统具有以下特点：被控量过渡过程短、传动功率范围宽、调速范围宽、稳态精度高、效率高、过载能力动态性能好、多台协调控制、应用范围宽。

5. 系统性能

1）稳态跟踪对应精确性。

2）动态响应对应准确性与快速性。

3）对系统参数变化和不确定干扰对应鲁棒性。

6. 发展趋势和应用领域

运动控制未来会向交流化、高频化、智能化、网络化发展，并且在更多领域得到应用，如数控加工、机器人、国防、城市电力机车、矿井、家用电器（空调）等。

4.2 电机组成和控制原理

4.2.1 直流电动机组成的系统及其控制原理

直流电动机应用调压调速可以获得良好的调速性能。调节电枢供电电压首先要解决的是可控直流电源，随着电力电子技术的发展，近代直流调速系统常使用以电力电子器件组成的静止式可控直流电源作为电动机的供电电源装置。

（1）旋转变流机组（G-M 系统）

用交流电动机和直流发电机组成机组，以获得可调的直流电压。

（2）可控整流器（V-M 系统）

用静止式的可控整流器，以获得可调的直流电压。

（3）直流斩波器或脉宽调制变换器

用恒定直流电源或不控整流电源供电，利用电力电子开关器件斩波或进行脉宽调制，以产生可变的平均电压。

4.2.2 晶闸管整流器 – 直流电动机系统

晶闸管可控整流器供电的直流调速系统（V-M 系统）如图 4-3 所示。调节控制电压 U_c 可以移动触发装置 GT 输出脉冲的相位，即可方便地改变可控整流器 VT 输出瞬时电压 u_d 的波形以及输出平均电压 U_d 的数值。输出电压波形如图 4-4 所示。

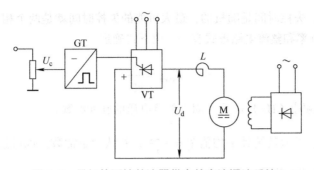

图 4-3 晶闸管可控整流器供电的直流调速系统

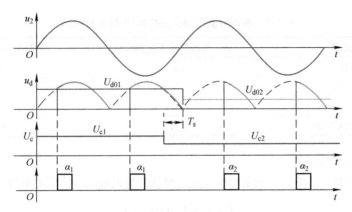

图 4-4 输出电压波形

1. 相位控制

$$U_{d0} = \frac{m}{\pi} U_m \sin \frac{m}{\pi} \cos \alpha \qquad (4\text{-}1)$$

2. 电流的脉动

在 V-M 系统中，脉动电流会产生脉动的转矩，对生产机械不利，同时也会增加电机的发热。为了避免或减轻这种影响，可采用以下措施抑制电流脉动。

1）设置平波电抗器。

2）增加整流电路相数。

3）采用多重化技术。

3. 晶闸管触发整流装置的放大系数

$$K_s = \frac{\Delta U_d}{\Delta U_c} \qquad (4\text{-}2)$$

4. 传递函数

（1）纯滞后环节

$$W(s) \approx \frac{K_s}{1 + T_s s} \qquad (4\text{-}3)$$

式中，T_s 为晶闸管失控时间。

最大失控时间：失控时间是随机的，最大可能的失控时间就是两个相邻自然换相点之间的时间，与交流电源频率和整流电路形式有关，由下式确定

$$T_{s\max} = \frac{1}{mf} \tag{4-4}$$

式中，f 为交流电流频率（Hz）；m 为一周内整流电压的脉冲波数。

在一般情况下，可取其统计平均值 $T_s = \dfrac{T_{s\max}}{2}$，并认为是常数。也可按最严重的情况考虑，取 $T_s = T_{s\max}$。各种整流电路的失控时间见表 4-1。

表 4-1　各种整流电路的失控时间（$f = 50$Hz）

整流电路形式	最大失控时间 $T_{s\max}$/ms	平均失控时间 T_s/ms
单相半波	20	10
单相桥式（半波）	10	5
三相半波	6.67	3.33
三相桥式、六相半波	3.33	1.67

（2）V-M 系统传递函数

用单位阶跃函数表示滞后，则晶闸管触发与整流装置的输入 - 输出关系为

$$U_{d0} = K_s U_c \cdot 1(t - T_s) \tag{4-5}$$

按拉氏变换的位移定理，晶闸管装置的传递函数为

$$W_s(s) = \frac{U_{d0}(s)}{U_c(s)} = K_s e^{-T_s s} \tag{4-6}$$

为了简化，先将该指数函数按泰勒级数展开

$$W_s(s) = K_s e^{-T_s s} = \frac{K_s}{e^{T_s s}} = \frac{K_s}{1 + T_s s + \frac{1}{2!} T_s^2 s^2 + \frac{1}{3!} T_s^3 s^3 + \cdots} \tag{4-7}$$

考虑 T_s 很小，可忽略高次项，则传递函数便近似成一阶惯性环节

$$W_s(s) \approx \frac{K_s}{1 + T_s s} \tag{4-8}$$

晶闸管触发与整流装置动态结构如图 4-5 所示。

5. 晶闸管整流器 - 直流电动机系统优缺点

（1）优点

1）晶闸管整流装置经济性和可靠性大幅提高。

2）弱电与强电的桥梁：晶闸管可控整流器的功率放大倍数在 104 以上，其门极电流可以直接用晶体管来控制，不再像直流发

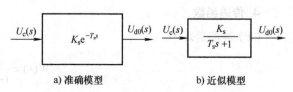

图 4-5　晶闸管触发与整流装置动态结构

电机那样需要较大功率的放大器。

3）快速性：变流机组是秒级，而晶闸管整流器是毫秒级，这将大大提高系统的动态性能。

（2）缺点

1）不可逆运行。

2）晶闸管对过电压、过电流和过高的 $\dfrac{\mathrm{d}V}{\mathrm{d}t}$ 与 $\dfrac{\mathrm{d}i}{\mathrm{d}t}$ 都十分敏感，若超过允许值会在很短的时间内损坏器件。

3）电力公害：由谐波与无功功率引起电网电压波形畸变，殃及附近的用电设备。

4.2.3 PWM 变换器 - 电动机系统

1. 电动机的平均电压

$$U_\mathrm{d} = \frac{t_\mathrm{on}}{T} U_\mathrm{s} = \rho U_\mathrm{s} \tag{4-9}$$

式中，T 为晶闸管的开关周期；t_on 为开通时间；ρ 为占空比，$\rho = \dfrac{t_\mathrm{on}}{T} = t_\mathrm{on} f$；$f$ 为开关频率。

当通过切换电枢回路来控制电机的起动、制动和调速时，在电阻中消耗的电能很大。为了节能并实行无触点控制，现在多用电力电子开关器件，如快速晶闸管、GTO、IGBT 等。当采用简单的单管控制时，称作直流斩波器，后来逐渐发展成采用各种脉冲宽度调制开关的电路，统称为脉宽调制变换器（Pulse Width Modulation，PWM）。直流斩波器 - 电动机系统的原理图和电压波形如图 4-6 所示。

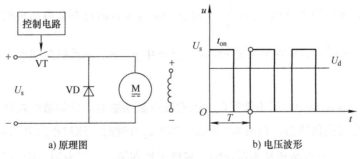

a) 原理图 b) 电压波形

图 4-6 直流斩波器 - 电动机系统的原理图和电压波形

1）T 不变，变 t_on——脉冲宽度调制（PWM）。

2）t_on 不变，变 T——脉冲频率调制（PFM）。

3）t_on 和 T 都可调，改变占空比——混合型。

2. PWM 系统的优点

1）主电路线路简单，需用的功率器件少。

2）开关频率高，电流容易连续，谐波少，电动机损耗及发热都较小。

3）低速性能好，稳速精度高，调速范围宽，可达 1∶10000 左右。

4）若与快速响应的电动机配合，则系统频带宽，动态响应快，动态抗扰能力强。

5）功率开关器件工作在开关状态，导通损耗小，当开关频率适当时，开关损耗也不大，因而装置效率较高。

6）直流电源采用不控整流时，电网功率因数比相控整流器高。

V-M 系统在 20 世纪 60~70 年代得到广泛应用，目前主要用于大容量系统。直流 PWM 调速系统作为一种新技术，发展迅速，应用日益广泛，特别在中、小容量的系统中，已取代 V-M 系统成为主要的直流调速方式。

4.2.4 不可逆 PWM 变换器 – 电动机系统

用 PWM 调制的方法，把恒定的直流电源电压调制成频率一定宽度可变的脉冲电压系列，从而可以改变平均输出电压的大小，以调节电动机转速。不可逆 PWM 变换器 - 直流电动机系统如图 4-7 所示。

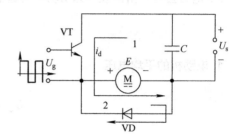

图 4-7　不可逆 PWM 变换器 - 直流电动机系统

一个开关周期内，当 $0 \leqslant t < t_{on}$ 时，U_g 为正，VT 导通，电源电压通过 VT 加到电动机电枢两端；当 $t_{on} \leqslant t < T$ 时，U_g 为负，VT 关断，电枢失去电源，经 VD 续流。

电动机两端得到的平均电压为

$$U_d = \frac{t_{on}}{T} U_s = \rho U_s \qquad (4\text{-}10)$$

式中，ρ 为 PWM 波形的占空比，$\rho = \dfrac{t_{on}}{T}$，改变 $\rho(0 \leqslant \rho < 1)$ 即可调节电动机的转速，若令 γ 为 PWM 电压系数，$\gamma = \dfrac{U_d}{U_s}$，则在不可逆 PWM 变换器中 $\gamma = \rho$。电动机两端平均电压和电流波形如图 4-8 所示。

在简单的不可逆电路中电流不能反向，因而没有制动能力，只能做单象限运行。需要制动时，必须为反向电流提供通路，如图 4-9 所示。当 VT_1 导通时，流过正向电流 $+i_d$，VT_2 导通时，流过 $-i_d$。应注意，这个电路还是不可逆的，只能工作在第一、二象限，因为平均电压 U_d 并没有改变极性。

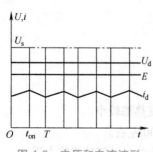

图 4-8　电压和电流波形

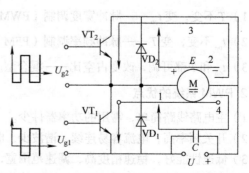

图 4-9　有制动电流通路的不可逆 PWM 变换器

（1）电动状态

当 $0 \leqslant t \leqslant t_{\text{on}}$ 时，U_{g1} 为正，VT_1 导通，U_{g2} 为负，VT_2 关断。此时电源电压 U_s 加到电枢两端，电流 i_d 沿图中的回路 1 流通。当 $t_{\text{on}} \leqslant t \leqslant T$ 时，U_{g1} 和 U_{g2} 都改变极性，VT_1 关断，但 VT_2 却不能立即导通，i_d 沿回路 2 经二极管 VD_2 续流，在 VD_2 两端产生的压降给 VT_2 施加反压，使它失去导通的可能。电动状态的电压、电流波形如图 4-10 所示。

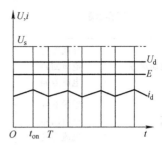

图 4-10　电动状态的电压、电流波形

（2）制动状态

在制动状态中，i_d 为负值，VT_2 就会发挥作用。这种情况发生在电动运行过程中需要降速的时候。这时，先减小控制电压，使 U_{g1} 的正脉冲变窄，负脉冲变宽，从而使平均电枢电压 U_g 降低。但是，由于惯性，转速和反电动势 E 还来不及变化，因而造成 $E > U_d$ 的局面，很快使电流 i_d 反向，VD_2 截止，VT_2 开始导通。

制动状态的一个周期分为两个工作阶段：

1）在 $0 \leqslant t \leqslant t_{\text{on}}$ 期间，VT_2 关断，$-i_d$ 沿回路 4 经 VD_1 续流，向电源回馈制动，与此同时，VD_1 两端压降钳住 VT_1 使它不能导通。

2）在 $t_{\text{on}} \leqslant t \leqslant T$ 期间，U_{g2} 变正，于是 VT_2 导通，反向电流 i_d 沿回路 3 流通，产生能耗制动作用。

因此，在制动状态中，VT_2 和 VD_1 轮流导通，而 VT_1 始终是关断的，此时的电压和电流波形如图 4-11 所示。

（3）轻载电动状态

平均电流较小，以致在关断后经续流时，还没有到达周期 T，电流已经衰减到零，此时两端电压也降为零，便提前导通了，使电流方向变动，产生局部时间的制动作用。轻载电动状态的电流波形如图 4-12 所示。

轻载电动状态，一个周期分成四个阶段：

第 1 阶段，VD_1 续流，电流 $-i_d$ 沿回路 4 流通。

第 2 阶段，VT_1 导通，电流 i_d 沿回路 1 流通。

第 3 阶段，VD_2 续流，电流 i_d 沿回路 2 流通。

第 4 阶段，VT_2 导通，电流 $-i_d$ 沿回路 3 流通。

二象限不可逆 PWM 变换器的不同工作状态见表 4-2。

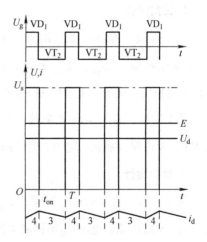

图 4-11　制动状态的电压、电流波形

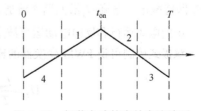

图 4-12　轻载电动状态的电流波形

表 4-2 二象限不可逆 PWM 变换器的不同工作状态

工作状态		0~t_{on}		t_{on}~T	
		0~t_4	t_4~t_{on}	t_{on}~t_2	t_2~T
电动状态	导通器件	VT$_1$		VD$_2$	
	电流回路	1		2	
	电流方向	+		+	
制动状态	导通器件	VD$_1$		VT$_2$	
	电流回路	4		3	
	电流方向	−		−	
轻载电动状态	导通器件	VD$_1$	VT$_1$	VD$_2$	VT$_2$
	电流回路	4	1	2	3
	电流方向	−	+	+	−

4.2.5 可逆 PWM 变换器－电动机系统

可逆 PWM 变换器主电路有多种形式，最常用的是桥式（亦称 H 形）电路。桥式可逆 PWM 变换器原理图如图 4-13 所示。控制方式有双极式、单极式、受限单极式等多种。

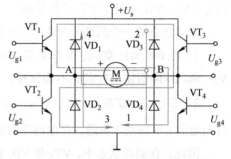

图 4-13 桥式可逆 PWM 变换器原理图

1. 正向运行

第 1 阶段，在 $0 \leqslant t \leqslant t_{on}$ 期间，U_{g1}、U_{g4} 为正，VT$_1$、VT$_4$ 导通，U_{g2}、U_{g3} 为负，VT$_2$、VT$_3$ 截止，电流 i_d 沿回路 1 流通，电动机 M 两端电压 $U_{AB} = +U_s$；

第 2 阶段，在 $t_{on} \leqslant t \leqslant T$ 期间，U_{g1}、U_{g4} 为负，VT$_1$、VT$_4$ 截止，VD$_2$、VD$_3$ 续流，并钳位使 VT$_2$、VT$_3$ 保持截止，电流 i_d 沿回路 2 流通，电动机 M 两端电压 $U_{AB} = -U_s$。

2. 反向运行

第 1 阶段，在 $0 \leqslant t \leqslant t_{on}$ 期间，U_{g2}、U_{g3} 为负，VT$_2$、VT$_3$ 截止，VD$_1$、VD$_4$ 续流，并钳位使 VT$_1$、VT$_4$ 截止，电流 $-i_d$ 沿回路 4 流通，电动机 M 两端电压 $U_{AB} = +U_s$；

第 2 阶段，在 $t_{on} \leqslant t \leqslant T$ 期间，U_{g2}、U_{g3} 为正，VT$_2$、VT$_3$ 导通，U_{g1}、U_{g4} 为负，使 VT$_1$、VT$_4$ 保持截止，电流 $-i_d$ 沿回路 3 流通，电动机 M 两端电压 $U_{AB} = -U_s$。

正向电动运行和反向电动运行波形如图 4-14 所示。

双极式控制可逆 PWM 变换器的输出平均电压为

$$U_d = \frac{t_{on}}{T}U_s - \frac{T - t_{on}}{T}U_s = \left(\frac{2t_{on}}{T} - 1\right)U_s \qquad (4\text{-}11)$$

如果占空比和电压系数的定义与不可逆变换器中相同，则在双极式控制的可逆变换器中 $\gamma = 2\rho - 1$。注意：这里 ρ 的计算公式与不可逆变换器中的公式不同。

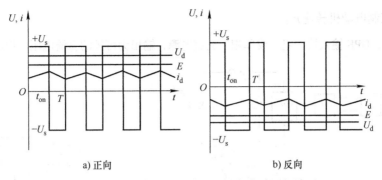

a) 正向   b) 反向

图 4-14　正向电动运行波形和反向电动运行波形

3. 调速范围

调速时，ρ 的可调范围为 $0\sim1$，$-1<\gamma<+1$。

1）当 $\rho>0.5$ 时，γ 为正，电动机正转。

2）当 $\rho<0.5$ 时，γ 为负，电动机反转。

3）当 $\rho=0.5$ 时，$\gamma=0$，电动机停止。

当电动机停止时电枢电压并不等于零，而是正负脉宽相等的交变脉冲电压，因而电流也是交变的。这个交变电流的平均值为零，不产生平均转矩，徒然增大电动机的损耗，这是双极式控制的缺点。但它也有好处，在电动机停止时仍有高频微振电流，从而消除了正、反向时的静摩擦死区，起着所谓"动力润滑"的作用。

4. 双极式控制的桥式可逆 PWM 变换器优点

电流一定连续。

1）可使电动机在四象限运行。

2）电动机停止时有微振电流，能消除静摩擦死区。

3）低速平稳性好，系统调速范围可达 1：20000 左右。

4）低速时，每个开关器件的驱动脉冲仍较宽，有利于保证器件的可靠导通。

工作过程中，四个开关器件可能都处于开关状态，开关损耗大，且在切换时可能发生上、下桥臂直通事故，为了防止直通，在上、下桥臂驱动脉冲之间应设置逻辑延时。

4.2.6　有静差的转速闭环直流调速

根据自动控制原理，反馈控制的闭环系统是按被调量的偏差进行控制的系统，只要被调量出现偏差，它就会自动产生纠正偏差的作用。

调速系统的转速降落正是由负载引起的转速偏差，显然，引入转速闭环将使调速系统能够大大减少转速降落。

1. 比例控制转速闭环直流调速系统

采用转速负反馈的闭环调速系统如图 4-15 所示。在反馈控制的闭环直流调速系统中，与电动机同轴安装一台测速发电机 TG，从而引出与被调量转速成正比的负反馈电压 U_n，与给定电压 U_n^* 相比较后，得到转速偏差电压 ΔU_n，经过放大器 A，产生电力电子变换器 UPE 的控制电

压 U_c，用以控制电动机转速 n。

图 4-16 中，UPE 输入接三组（或单相）交流电源，输出为可控的直流电压，控制电压为 U_c。

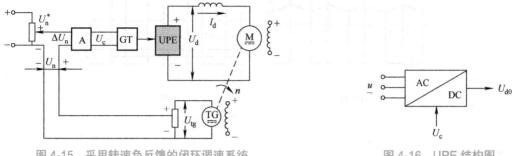

图 4-15　采用转速负反馈的闭环调速系统　　　　　　图 4-16　UPE 结构图

下面分析闭环调速系统的稳态特性，以确定它如何能够减少转速降落。为了突出主要矛盾，先做如下的假定。

1）忽略各种非线性因素，假定系统中各环节的输入输出关系都是线性的，或者只取其线性工作段。

2）忽略控制电源和电位器的内阻。

转速负反馈直流调速系统中各环节的稳态关系如下：

1）电压比较环节

$$\Delta U_n = U_n^* - U_n \tag{4-12}$$

2）放大器

$$U_c = K_p \Delta U_n \tag{4-13}$$

3）电力电子变换器

$$U_{d0} = K_s U_c \tag{4-14}$$

4）调速系统开环机械特性

$$n = \frac{U_{d0} - I_d R}{C_e} \tag{4-15}$$

5）测速反馈环节

$$U_n = \alpha n \tag{4-16}$$

以上各关系式中，K_p 为放大器的电压放大系数；K_s 为电力电子变换器的电压放大系数；α 为转速反馈系数；U_{d0} 为 UPE 的理想空载输出电压；R 为电枢回路总电阻。

从上述五个关系式中消去中间变量，整理后，即得转速负反馈闭环直流调速系统的静特性方程式

$$n = \frac{K_p K_s U_n^* - I_d R}{C_e (1 + \frac{K_p K_s \alpha}{C_e})} = \frac{K_p K_s U_n^*}{C_e (1 + K)} - \frac{I_d R}{C_e (1 + K)} \tag{4-17}$$

式中，闭环系统的开环放大系数 K 为

$$K = \frac{K_p K_s \alpha}{C_e} \quad (4\text{-}18)$$

它相当于在测速反馈电位器输出端把反馈回路断开后，从放大器输入起直到测速反馈输出为止总的电压放大系数，是各环节单独的放大系数的乘积。电动机环节放大系数为

$$C_e = \frac{E}{n} \quad (4\text{-}19)$$

图 4-17 中各方块内的符号代表该环节的放大系数。运用结构图运算法同样可以推出静特性方程式，方法如下：将给定量和扰动量看成两个独立的输入量，先按它们分别作用下的系统求出各自的输出与输入关系式。

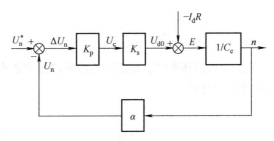

图 4-17　转速负反馈闭环直流调速系统稳态结构图

1）只考虑给定作用时的闭环系统，如图 4-18 所示。

2）只考虑扰动作用时的闭环系统，如图 4-19 所示。

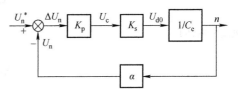

图 4-18　只考虑给定作用时的闭环系统

$$n = \frac{K_p K_s U_n^*}{C_e(1+K)} \quad (4\text{-}20)$$

$$n = -\frac{I_d R}{C_e(1+K)} \quad (4\text{-}21)$$

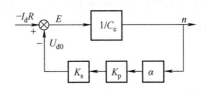

图 4-19　只考虑扰动作用时的闭环系统

由于已经认为系统是线性的，可以把二者叠加起来，即得系统的静特性方程式

$$n = \frac{K_p K_s U_n^*}{C_e(1+K)} - \frac{I_d R}{C_e(1+K)} \quad (4\text{-}22)$$

2. 开环系统机械特性和闭环系统静特性的关系

比较一下开环系统的机械特性和闭环系统的静特性，就能清楚地看出反馈闭环控制的优越性。如果断开反馈回路，则上述系统的开环机械特性为

$$n = \frac{U_{d0} - I_d R}{C_e} = \frac{K_p K_s U_n^*}{C_e} - \frac{I_d R}{C_e} = n_{0op} - \Delta n_{op} \quad (4\text{-}23)$$

而闭环时的静特性可写成

$$n = \frac{K_p K_s U_n^*}{C_e(1+K)} - \frac{I_d R}{C_e(1+K)} = n_{0cl} - \Delta n_{cl} \qquad (4\text{-}24)$$

比较得出以下结论。

1）闭环系统静特性可以比开环系统机械特性硬得多。

在同样的负载扰动下，两者的转速降落分别为

$$\Delta n_{op} = \frac{I_d R}{C_e}$$

$$\Delta n_{cl} = \frac{I_d R}{C_e(1+K)} \qquad (4\text{-}25)$$

它们的关系是

$$\Delta n_{cl} = \frac{\Delta n_{op}}{1+K} \qquad (4\text{-}26)$$

2）如果比较同一的开环系统和闭环系统，则闭环系统的静差率要小得多。

闭环系统和开环系统的静差率分别为

$$s_{cl} = \frac{\Delta n_{cl}}{n_{0cl}}$$

$$s_{op} = \frac{\Delta n_{op}}{n_{0op}} \qquad (4\text{-}27)$$

当 $n_{0op} = n_{0cl}$ 时

$$s_{cl} = \frac{s_{op}}{1+K} \qquad (4\text{-}28)$$

3）当要求的静差率一定时，闭环系统可以大大提高调速范围。

如果电动机的最高转速都是 n_{max}，而对最低速静差率的要求相同，那么：

开环时

$$D_{op} = \frac{n_N s}{\Delta n_{op}(1+s)} \qquad (4\text{-}29)$$

闭环时

$$D_{cl} = \frac{n_N s}{\Delta n_{cl}(1+s)} \qquad (4\text{-}30)$$

得出

$$D_{cl} = (1+K)D_{op} \qquad (4\text{-}31)$$

4）要取得上述三项优势，闭环系统必须设置放大器。

上述三项优势若要有效，都取决于一点，即 K 要足够大，因此必须设置放大器。

3. 闭环直流调速系统的反馈控制规律

（1）只有比例控制的反馈控制系统，其被调量有静差

从静特性分析中可以看出，由于采用了比例放大器，闭环系统的开环放大系数 K 值越大，系统的稳态性能越好。然而，K_p = 常数，稳态速差就只能减小，却不可能消除。因为闭环系统的稳态速降为

$$\Delta n_{cl} = \frac{I_d R}{C_e(1+K)} \tag{4-32}$$

只有 $K = \infty$，才能使 $\Delta n_{cl} = 0$，而这是不可能的。因此，这样的调速系统称为有静差调速系统。实际上，这种系统正是依靠被调量的偏差进行控制的。

（2）抵抗扰动，服从给定

反馈控制系统具有良好的抗扰性能，它能有效地抑制一切被负反馈环所包围的前向通道上的扰动作用，但对给定作用的变化则唯命是从。

除给定信号外，作用在控制系统各环节上的一切会引起输出量变化的因素都称为"扰动作用"。

调速系统的扰动源包括：

1）负载变化的扰动（使 I_d 变化）。

2）交流电源电压波动的扰动（使 K_s 变化）。

3）电动机励磁的变化的扰动（造成 C_e 变化）。

4）放大器输出电压漂移的扰动（使 K_p 变化）。

5）温升引起主电路电阻增大的扰动（使 R 变化）。

6）检测误差的扰动（使 α 变化）。

在图 4-20 中，各种扰动作用都在稳态结构框图上表示出来了，所有这些因素最终都要影响到转速。

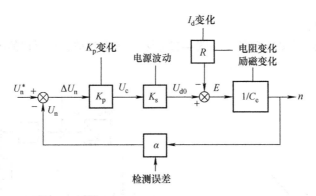

图 4-20　闭环调速系统的给定作用和扰动作用

反馈控制系统的规律是：一方面能够有效地抑制一切被包含在负反馈环内前向通道上的扰动作用；另一方面，则紧紧地跟随着给定作用，对给定信号的任何变化都是唯命是从的。

（3）系统的精度依赖于给定和反馈检测精度

1）给定精度：由于给定决定系统输出，输出精度自然取决于给定精度。如果产生给定电压的电源发生波动，反馈控制系统无法鉴别是对给定电压的正常调节还是不应有的电压波动。因此，高精度的调速系统必须有更高精度的给定稳压电源。

2）检测精度：反馈检测装置的误差也是反馈控制系统无法克服的，因此检测精度决定了系统输出精度。

（4）电流截止负反馈

直流电动机全电压起动时，如果没有限流措施，会产生很大的冲击电流，这不仅对电动机换向不利，对过载能力低的电力电子器件来说，更是不能允许的。

采用转速负反馈的闭环调速系统突然加上给定电压时，由于惯性，转速不可能立即建立起来，反馈电压仍为零，相当于偏差电压，差不多是其稳态工作值的 $1+K$ 倍。

这时，由于放大器和变换器的惯性都很小，电枢电压一下子就达到它的最高值，对电动机来说，相当于全压起动，当然是不允许的。

有些生产机械的电动机可能会遇到堵转的情况。例如，由于故障机械轴被卡住，或者挖土机运行时碰到坚硬的石块等。由于闭环系统的静特性很硬，若无限流环节，电流将远远超过允许值。如果只依靠过流继电器或熔断器保护，一过载就跳闸，也会给正常工作带来不便。

为了解决反馈闭环调速系统的起动和堵转时电流过大的问题，系统中必须有自动限制电枢电流的环节。根据反馈控制原理，要维持哪一个物理量基本不变，就应该引入那个物理量的负反馈。那么，引入电流负反馈，应该能够保持电流基本不变，使它不超过允许值。

1）电流检测与反馈。

考虑到限流作用只需在起动和堵转时起作用，正常运行时应让电流自由地随着负载增减。电流检测与反馈电路如图 4-21 所示。

如果采用某种方法，当电流大到一定程度时才接入电流负反馈以限制电流，而电流正常时仅有转速负反馈起作用控制转速。这种方法称为电流截止负反馈，简称截流反馈。

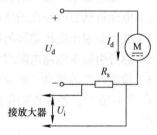

图 4-21　电流检测与反馈电路

2）系统稳态结构。

电流截止负反馈环节的 I/O 特性如图 4-22 所示。带电流截止负反馈的闭环直流调速稳态结构图如图 4-23 所示。

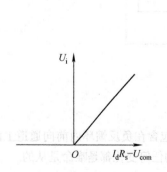

图 4-22　电流截止负反馈环节的 I/O 特性

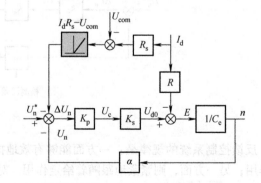

图 4-23　带电流截止负反馈的闭环直流调速稳态结构图

3）静特性方程与特性曲线。

由图 4-23 可写出该系统两段静特性的方程式。

当 $I_d \le I_{dcr}$ 时，电流负反馈被截止，静特性（见图 4-24）和只有转速负反馈调速系统的静特性式相同，现重写于下

$$n = \frac{K_p K_s U_n^*}{C_e(1+K)} - \frac{I_d R}{C_e(1+K)} \qquad (4\text{-}33)$$

当 $I_d > I_{dcr}$ 时，引入了电流负反馈，静特性变成

$$n = \frac{K_p K_s (U_n^* + U_{com})}{C_e(1+K)} - \frac{I_d(R + K_p K_s R_s)}{C_e(1+K)} \qquad (4\text{-}34)$$

静特性的两个特点：

① 电流负反馈的作用相当于在主电路中串入了一个大电阻 $K_p K_s R_s$，因而稳态速降极大，特性急剧下垂。

② 比较电压 U_{com} 与给定电压 U_n^* 的作用一致，好像把理想空载转速提高到

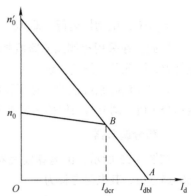

图 4-24　带电流截止负反馈闭环调速系统的静特性

$$n_0' = \frac{K_p K_s (U_n^* + U_{com})}{C_e(1+K)} \qquad (4\text{-}35)$$

这样的两段式静特性常称作下垂特性或挖土机特性。当挖土机遇到坚硬的石块而过载时，电动机停下，电流也不过是堵转电流，在式（4-35）中，令 $n = 0$，得

$$I_{dbl} = \frac{K_p K_s (U_n^* + U_{com})}{R + K_p K_s R_s} \qquad (4\text{-}36)$$

一般 $K_p K_s R_s \gg R$，因此

$$I_{dbl} \approx \frac{U_n^* + U_{com}}{R} \qquad (4\text{-}37)$$

4）电流截至负反馈环节参数设计。

I_{dbl} 应小于电动机允许的最大电流，一般取 $(1.5 \sim 2)I_N$。

从调速系统的稳态性能上看，希望稳态运行范围足够大，截止电流应大于电动机的额定电流，一般取 $I_{dcr} \ge (1.1 \sim 1.2)I_N$。

4.2.7　无静差的转速闭环直流调速

采用比例（P）放大器控制的直流调速系统，可使系统稳定，并有一定的稳定裕度，同时还能满足一定的稳态精度指标。但是，带比例放大器的反馈控制闭环调速系统是有静差的调速系统。

本节将讨论采用积分（I）调节器或比例积分（PI）调节器代替比例放大器，构成无静差调速系统。

如前，采用 P 放大器控制的有静差的调速系统，K_p 越大，系统精度越高；但 K_p 过大，将降低系统稳定性，使系统动态不稳定。

进一步分析静差产生的原因，由于采用比例调节器，转速调节器的输出为

$$U_c = K_p \Delta U_n \qquad (4\text{-}38)$$

$U_c \neq 0$，电动机运行，即 $\Delta U_n \neq 0$；$U_c = 0$，电动机停止。

因此，在采用比例调节器控制的自动系统中，输入偏差是维系系统运行的基础，必然要产生静差，因此是有静差系统。

如果要消除系统误差，必须寻找其他控制方法，例如，采用积分（Integration）调节器或比例积分（PI）调节器来代替比例放大器。

1. 积分调节器

如图 4-25 所示，由运算放大器可构成一个积分电路。根据电路分析，其电路方程为

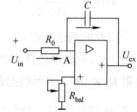

$$\frac{dU_{ex}}{dt} = \frac{1}{R_0 C} U_{in} \qquad (4\text{-}39)$$

图 4-25 积分调节器原理图

方程两边取积分得

$$U_{ex} = \frac{1}{C} \int i dt = \frac{1}{R_0 C} \int U_{in} dt = \frac{1}{\tau} \int U_{in} dt \qquad (4\text{-}40)$$

式中，$\tau = R_0 C$ 为积分时间常数。

当初始值为零时，在阶跃输入作用下，对式（4-40）进行积分运算，得积分调节器的输出

$$U_{ex} = \frac{U_{in}}{\tau} t \qquad (4\text{-}41)$$

2. 积分调节器的特性

积分调节器阶跃输入时的输出特性和伯德图如图 4-26 所示。

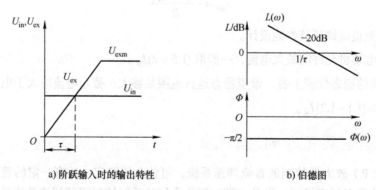

a) 阶跃输入时的输出特性 b) 伯德图

图 4-26 积分调节器

3. 积分调节器的传递函数

$$W_i(s) = \frac{U_{ex}(s)}{U_{in}(s)} = \frac{1}{\tau s} \qquad (4\text{-}42)$$

4. 转速的积分控制规律

如果采用积分调节器，则控制电压 U_c 是转速偏差电压 ΔU_n 的积分，有

$$U_c = \frac{1}{\tau} \int_0^t \Delta U_n dt \qquad (4-43)$$

如果是 ΔU_n 阶跃函数，则 U_c 按线性规律增长，每一时刻 U_c 的大小和 ΔU_n 与横轴所包围的面积成正比，如图 4-27a 所示。

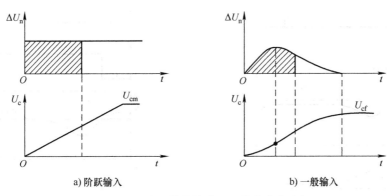

a) 阶跃输入   b) 一般输入

图 4-27　积分调节器的输入和输出动态过程

图 4-27b 绘出的 ΔU_n 是负载变化时的偏差电压波形，按照 ΔU_n 与横轴所包围面积的正比关系，可得相应的 U_c 曲线，图中 ΔU_n 的最大值对应于 U_c 的拐点。

若初值不是零，还应加上初始电压 U_{c0}，则积分式变成

$$U_c = \frac{1}{\tau} \int_0^t \Delta U_n dt + U_{c0} \qquad (4-44)$$

由图 4-27b 可见，在动态过程中，当 ΔU_n 变化时，只要其极性不变，即只要仍是 $U_n^* > \Delta U_n$，积分调节器的输出 U_c 便一直增长；只有达到 $U_n^* = U_n$，$\Delta U_n = 0$ 时，U_c 才停止上升；不到 ΔU_n 变负，U_c 不会下降。在这里，特别值得强调的是，当 $\Delta U_n = 0$ 时，U_c 并不是零，而是一个终值 U_{cf}；如果 ΔU_n 不再变化，此终值便保持恒定不变，这是积分控制的特点。

采用积分调节器，当转速在稳态时达到与给定转速一致，系统仍有控制信号，保持系统稳定运行，实现无静差调速。

5. 比例与积分控制的比较

（1）有静差调速系统

当负载转矩由 T_{L1} 突增到 T_{L2} 时，有静差调速系统的转速 n、偏差电压 ΔU_n 和控制电压 U_c 的变化过程如图 4-28 所示。

（2）无静差调速系统

当负载突增时，积分控制的无静差调速系统动态过程曲线如图 4-29 所示。在稳态运行时，转速偏差电压 ΔU_n 必为零。如果 ΔU_n 不为零，则 U_c 继续变化，就不是稳态了。在突加负载引起

动态速降时产生 ΔU_{n}，达到新的稳态时，ΔU_{n} 又恢复为零，但 U_{c} 已从 U_{c1} 上升到 U_{c2}，使电枢电压由 U_{d1} 上升到 U_{d2}，以克服负载电流增加的压降。

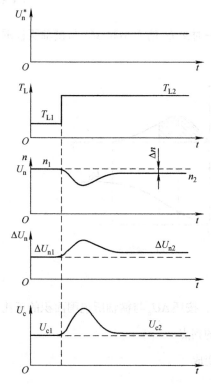

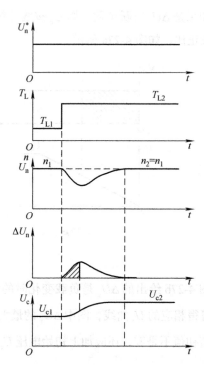

图 4-28　有静差调速系统突加负载过程　　　图 4-29　无静差调速系统突加负载时的动态过程

在这里，U_{c} 的改变并非仅仅依靠 ΔU_{n} 本身，而是依靠 U_{n} 在一段时间内的积累。

虽然现在 $\Delta U_{\mathrm{n}} = 0$，只要历史上有过 ΔU_{n}，其积分就有一定数值，足以产生稳态运行所需要的控制电压 U_{c}。积分控制规律和比例控制规律的根本区别就在于此。

将以上的分析归纳起来，可得以下论断：比例调节器的输出只取决于输入偏差量的现状；而积分调节器的输出则包含了输入偏差量的全部历史。

6. 比例积分控制规律

上文从无静差的角度突出地表明了积分控制优于比例控制的地方，但是另一方面，在控制的快速性上，积分控制却又不如比例控制。

如图 4-30 所示，在同样的阶跃输入作用之下，比例调节器的输出可以立即响应，而积分调节器的输出却只能逐渐地变化。

那么，如果既要稳态精度高，又要动态响应快，该怎么办呢？只要把比例和积分两种控制结合起来就行了，这便是比例积分控制。

（1）PI 调节器

在模拟电子控制技术中，可用运算放大器来实现 PI 调节器，其电路如图 4-31 所示。

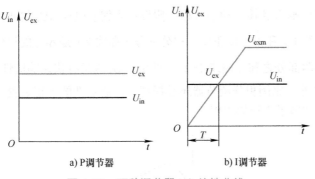

图 4-30 两种调节器 I/O 特性曲线

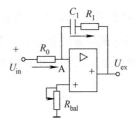

图 4-31 运算放大器电路

（2）PI 输入输出关系

按照运算放大器的输入输出关系，可得

$$U_{ex} = \frac{R_1}{R_0}U_{in} + \frac{1}{R_0C}\int U_{in}dt = K_{pi}U_{in} + \frac{1}{\tau}\int U_{in}dt \qquad (4-45)$$

式中，K_{pi} 为 PI 调节器比例部分的放大系数，$K_{pi} = \frac{R_1}{R_0}$；τ 为 PI 调节器的积分时间常数，$\tau = R_0C_1$。

由此可见，PI 调节器的输出电压由比例和积分两部分相加而成。

（3）PI 调节器的传递函数

当初始条件为零时，取式（4-45）两侧的拉氏变换，移项后，得 PI 调节器的传递函数

$$W_{pi}(s) = \frac{U_{ex}(s)}{U_{in}(s)} = K_{pi} + \frac{1}{\tau s} = \frac{K_{pi}\tau s + 1}{\tau s} \qquad (4-46)$$

令 $\tau_1 = K_{pi}\tau$，则传递函数也可以写成如下形式

$$W_{pi}(s) = \frac{\tau_1 s + 1}{\tau s} = K_{pi}\frac{\tau_1 s + 1}{\tau_1 s} \qquad (4-47)$$

式（4-47）表明，PI 调节器也可以用一个积分环节和一个比例微分环节来表示，τ_1 是微分项中的超前时间常数，它和积分时间常数 τ 的物理意义是不同的。

（4）PI 调节器输出时间特性

1）阶跃输入情况。

在零初始状态和阶跃输入下，PI 调节器输出电压的时间特性如图 4-32a 所示，从这个特性可以看出比例积分作用的物理意义。

突加输入信号时，由于电容 C_1 两端的电压不能突变，相当于两端瞬间短路，在运算放大器反馈回路中只剩下电阻 R_1，电路等效于一个放大系数为 K_{pi} 的比例调节器，在输出端立即呈现电压 $K_{pi}U_{in}$，实现快速控制，发挥了比例控制的长处。此后，随着电容 C_1 被充电，输出电压 U_{ex} 开始积分，其数值不断增长，直到稳态。稳态时，C_1 两端电压等于 U_{ex}，R_1 已不起作用，又和积分调节器一样了，这时又能发挥积分控制的优点，实现了稳态无静差。

2）一般输入情况。

155

图 4-32b 所示为比例积分调节器的输入和输出动态过程。假设输入偏差电压 ΔU_n 的波形如图所示，则输出波形中比例部分（曲线 1）和 ΔU_n 成正比，积分部分（曲线 2）是 ΔU_n 的积分曲线，而 PI 调节器的输出电压 U_c 是这两部分之和（曲线 1+2）。可见，U_c 既具有快速响应性能，又足以消除调速系统的静差。除此以外，比例积分调节器还是提高系统稳定性的校正装置，因此，它在调速系统和其他控制系统中获得了广泛的应用。

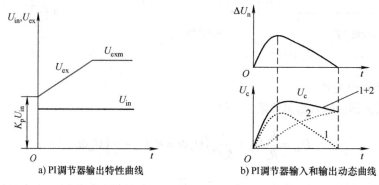

a) PI调节器输出特性曲线　　　　　b) PI调节器输入和输出动态曲线

图 4-32　PI 调节器输出时间特性

由此可见，比例积分控制综合了比例控制和积分控制两种规律的优点，又克服了各自的缺点，扬长避短，互相补充。比例部分能迅速响应控制作用，积分部分则最终消除稳态偏差。

4.2.8　转速、电流双闭环直流调速系统的组成

为了实现转速和电流两种负反馈分别起作用，可在系统中设置两个调节器（一般都采用 PI 调节器），分别调节转速和电流，即分别引入转速负反馈和电流负反馈。二者之间实行嵌套（或称串级）连接。

把转速调节器的输出当作电流调节器的输入，再用电流调节器的输出去控制电力电子变换器 UPE。从闭环结构上看，电流环在里面，称作内环；转速环在外边，称作外环。这就形成了转速、电流双闭环调速系统。

1. 系统的组成

在图 4-33 中，ASR 为转速调节器；ACR 为电流调节器；TG 为测速发电机；TA 为电流互感器；UPE 为电力电子变换器。

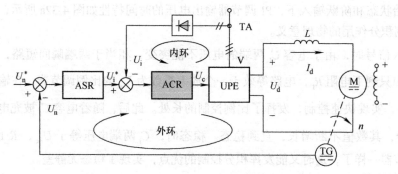

图 4-33　转速、电流双闭环直流调速系统结构

2. 系统原理图

双闭环直流调速系统电路原理图如图 4-34 所示。

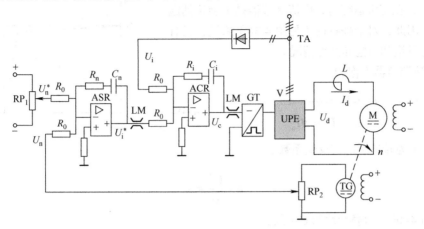

图 4-34　双闭环直流调速系统电路原理图

两个调节器的输出都是带限幅作用的：

1）转速调节器 ASR 的输出限幅电压 U_{im}^* 决定了电流给定电压的最大值。

2）电流调节器 ACR 的输出限幅电压 U_{cm} 限制了电力电子变换器的最大输出电压 U_{dm}。

3. 稳态结构图和静特性

为了分析双闭环调速系统的静特性，必须先绘出它的稳态结构图。它可以很方便地根据图 4-34 的原理图画出来，只要注意用带限幅的输出特性表示 PI 调节器就可以了。分析静特性的关键是掌握 PI 调节器的稳态特征。

（1）系统稳态结构图

双闭环直流调速系统的稳态结构图如图 4-35 所示。

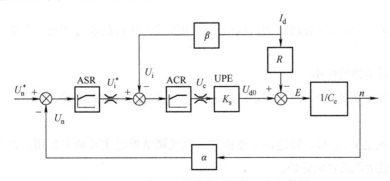

图 4-35　双闭环直流调速系统的稳态结构图

（2）限幅作用

1）饱和——输出达到限幅值。当调节器饱和时，输出为恒值，输入量的变化不再影响输出，除非有反向的输入信号使调节器退出饱和。换句话说，饱和的调节器暂时隔断了输入和输出间的联系。

2）不饱和——输出未达到限幅值。当调节器不饱和时，PI 作用使输入偏差电压在稳态时总是零。

（3）系统静特性

实际上，在正常运行时，电流调节器是不会达到饱和状态的。因此，对于静特性（见图4-36）来说，只有转速调节器不饱和与饱和两种情况。

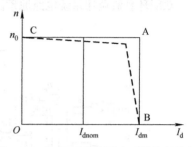

图 4-36　双闭环直流调速系统的静特性

1）转速调节器不饱和

$$U_n^* = U_n = \alpha n = \alpha n_0 \qquad （4\text{-}48）$$
$$U_i^* = U_i = \beta I_d$$

式中，α 和 β 为转速和电流反馈系数。

$$n = \frac{U_n^*}{\alpha} = n_0 \qquad （4\text{-}49）$$

从而得到图 4-36 所示静特性的 CA 段。

与此同时，由于 ASR 不饱和，$U_i^* < U_{im}^*$，从上述第二个关系式可知：$I_d < I_{dm}$。

这就是说，CA 段静特性从理想空载状态的 $I_d = 0$ 一直延续到 $I_d = I_{dm}$，而 I_{dm} 一般都是大于额定电流 I_{dN} 的。这就是静特性的运行段，它是水平的特性。

2）转速调节器饱和。ASR 输出达到限幅值 U_{im}^*，转速外环呈开环状态，转速的变化对系统不再产生影响。双闭环系统变成一个电流无静差的单电流闭环调节系统。稳态时

$$I_d = \frac{U_{im}^*}{\beta} = I_{dm} \qquad （4\text{-}50）$$

即图 4-36 中的 AB 段，它是垂直的特性。

垂直特性即下垂特性只适合于 $n < n_0$ 的情况，因为如果 $n > n_0$，则 $U_n > U_n^*$，ASR 将退出饱和状态。

最大电流 I_{dm} 是由设计者选定的，取决于电动机的容许过载能力和拖动系统允许的最大加速度。

（4）两个调节器的作用

双闭环调速系统的静特性在负载电流小于 I_{dm} 时表现为转速无静差，这时，转速负反馈起主要调节作用。

当负载电流达到 I_{dm} 后，转速调节器饱和，电流调节器起主要调节作用，系统表现为电流无静差，得到过电流的自动保护。

4. 双闭环直流调速系统的动态数学模型

（1）系统动态结构

双闭环直流调速系统的动态结构图如图 4-37 所示。

（2）数学模型

图 4-37 中 $W_{ASR}(s)$ 和 $W_{ACR}(s)$ 分别表示转速调节器和电流调节器的传递函数。如果采用 PI 调节器，则有

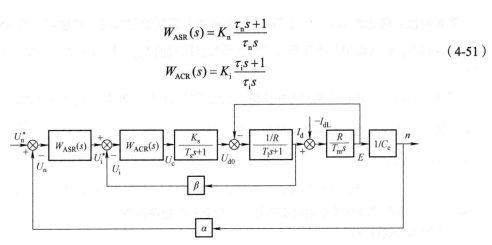

$$W_{ASR}(s) = K_n \frac{\tau_n s + 1}{\tau_n s}$$

$$W_{ACR}(s) = K_i \frac{\tau_i s + 1}{\tau_i s}$$

（4-51）

图 4-37　双闭环直流调速系统的动态结构图

5. 起动过程分析

（1）起动过程

由于在起动过程中转速调节器 ASR 经历了不饱和、饱和、退饱和三种情况，整个动态过程就分成图 4-38 中标明的 I、II、III 三个阶段。

第 I 阶段：电流上升的阶段（$O \sim t_1$）。突加给定电压 U_n^* 后，I_d 上升，当 I_d 小于负载电流 I_{dL} 时，电动机还不能转动。

当 $I_d \geqslant I_{dL}$ 后，电动机开始起动，由于机电惯性作用，转速不会很快增长，因而转速调节器 ASR 的输入偏差电压的数值仍较大，其输出电压保持限幅值 U_{im}^*，强迫电流 I_d 迅速上升。

直到 $I_d = I_{dm}$，$U_i = U_{im}^*$，电流调节器很快就压制 I_d 了的增长，标志着这一阶段的结束。

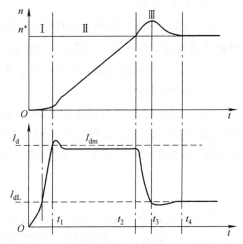

图 4-38　双闭环直流调速系统起动时的
转速和电流波形

在这一阶段中，ASR 很快进入并保持饱和状态，而 ACR 一般不饱和。

第 II 阶段：恒流升速阶段（$t_1 \sim t_2$）。在这个阶段中，ASR 始终是饱和的，转速环相当于开环，系统成为在恒值电流 U_{im}^* 给定下的电流调节系统，基本上保持电流 I_d 恒定，因而系统的加速度恒定，转速呈线性增长。

与此同时，电动机的反电动势 E 也按线性增长，对电流调节系统来说，E 是一个线性渐增的扰动量，为了克服它的扰动，U_{d0} 和 U_c 也必须基本上按线性增长，才能保持 I_d 恒定。

当 ACR 采用 PI 调节器时，要使其输出量按线性增长，其输入偏差电压必须维持一定的恒值，也就是说，I_d 应略低于 I_{dm}。

恒流升速阶段是起动过程中的主要阶段。

159

第Ⅲ阶段：转速调节阶段（t_2以后）。当转速上升到给定值时，转速调节器 ASR 的输入偏差减少到零，但其输出却由于积分作用还维持在限幅值 U_{im}^*，所以电动机仍在加速，使转速超调。

转速超调后，ASR 输入偏差电压变负，使它开始退出饱和状态，U_i^* 和 I_d 很快下降，但是，只要 I_d 仍大于负载电流 I_{dL}，转速就继续上升。直到 $I_d = I_{dL}$ 时，转矩 $T_e = T_L$，则 $\dfrac{dn}{dt} = 0$，转速 n 才到达峰值（$t = t_3$ 时）。

此后，电动机开始在负载的阻力下减速，与此相应，在一小段时间内（$t_3 \sim t_4$），$I_d < I_{dL}$，直到稳定，如果调节器参数整定得不够好，也会有一些振荡过程。

（2）饱和非线性控制

根据 ASR 的饱和与不饱和，整个系统处于完全不同的两种状态。

当 ASR 饱和时，转速环开环，系统表现为恒值电流调节的单闭环系统；当 ASR 不饱和时，转速环闭环，整个系统是一个无静差调速系统，而电流内环表现为电流随动系统。

（3）转速超调

由于 ASR 采用了饱和非线性控制，起动过程结束进入转速调节阶段后，必须使转速超调，ASR 的输入偏差电压 ΔU_n 为负值，才能使 ASR 退出饱和。

这样，采用 PI 调节器的双闭环调速系统的转速响应必然有超调。

（4）准时间最优控制

起动过程中的主要阶段是第Ⅱ阶段的恒流升速，它的特征是电流保持恒定。一般选择为电动机允许的最大电流，以便充分发挥电动机的过载能力，使起动过程尽可能最快。这阶段属于有限制条件的最短时间控制。因此，整个起动过程可看作是一个准时间最优控制。

4.2.9 晶闸管－直流电动机系统的可逆电路

根据电机理论，改变电枢电压的极性，或者改变励磁磁通的方向，都能够改变直流电动机的旋转方向。因此，V-M 系统的可逆线路有电枢反接可逆电路（见图 4-39）和励磁反接可逆电路两种方式。

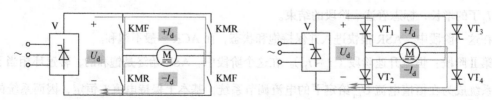

图 4-39　电枢反接可逆电路

1. 电枢反接可逆电路

电枢反接可逆电路的分类如下：

1）接触器开关切换的可逆电路。

2）晶闸管开关切换的可逆电路。

3）两组晶闸管装置反并联可逆电路。

电枢反接可逆电路分析如下：

1）KMF 闭合，电动机正转。

2）KMR 闭合，电动机反转。

3）VT_1、VT_4 导通，电动机正转。

4）VT_2、VT_3 导通，电动机反转。

接触器切换可逆电路的特点和应用如下：

1）优点：仅需一组晶闸管装置，简单、经济。

2）缺点：有触点切换，开关寿命短；需自由停车后才能反向，时间长。

3）应用：不经常正反转的生产机械。

2. 励磁反接可逆电路

改变励磁电流的方向也能使电动机改变转向。与电枢反接可逆电路一样，可以采用接触器开关或晶闸管开关切换方式，也可采用两组晶闸管反并联供电方式来改变励磁方向。

励磁反接可逆电路如图 4-40 所示，电动机电枢用一组晶闸管装置供电，励磁绕组由另外的两组晶闸管装置供电。

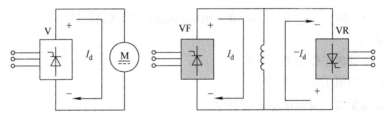

图 4-40　励磁反接可逆电路

（1）励磁反接特点

1）优点：供电装置功率小。由于励磁功率仅占电动机额定功率的 1%~5%，因此，采用励磁反接方案，所需晶闸管装置的容量小、投资少、效益高。

2）缺点：改变转向时间长。由于励磁绕组的电感大，励磁反向的过程较慢，又因电动机不允许在失磁的情况下运行，因此系统控制相对复杂一些。

（2）小结

1）V-M 系统的可逆电路可分为两大类。

① 电枢反接可逆电路：电枢反接反向过程快，但需要较大容量的晶闸管装置。

② 励磁反接可逆电路：励磁反接反向过程慢，控制相对复杂，但所需晶闸管装置容量小。

2）每一类电路又可用不同的换向方式。

① 接触器切换电路：适用于不经常正反转的生产机械。

② 晶闸管开关切换电路：适用于中、小功率的可逆系统。

③ 两组晶闸管反并联电路：适用于各种可逆系统。

4.2.10　晶闸管 - 电动机系统的回馈制动

1. 晶闸管装置的整流和逆变状态

在两组晶闸管反并联线路的 V-M 系统中，晶闸管装置可以工作在整流或有源逆变状态。在

电流连续的条件下，晶闸管装置的平均理想空载输出电压为

$$U_{d0} = \frac{m}{\pi} U_m \sin\frac{\pi}{m} \cos\alpha = U_{d0max} \cos\alpha \qquad (4\text{-}52)$$

当控制角 α 小于 90° 时，晶闸管装置处于整流状态。

当控制角 α 大于 90° 时，晶闸管装置处于逆变状态。

因此在整流状态中，U_{d0} 为正值；在逆变状态中，U_{d0} 为负值。为了方便起见，定义逆变角 $\beta = 180° - \alpha$，则逆变电压公式可改写为

$$U_{d0} = -U_{d0max} \cos\beta \qquad (4\text{-}53)$$

2. 单组晶闸管装置的有源逆变

单组晶闸管装置供电的 V-M 系统拖动起重机类型负载。

（1）整流状态

提升重物，$\alpha < 90°$，$U_{d0} > E$，$n > 0$。由电网向电动机提供能量。

（2）逆变状态

放下重物，$\alpha > 90°$，$U_{d0} < E$，$n < 0$。由电动机向电网回馈能量。

（3）机械特性

整流状态：电动机工作于第一象限。

逆变状态：电动机工作于第四象限。

3. 两组晶闸管装置反并联的整流和逆变

两组晶闸管装置反并联可逆线路的整流和逆变状态原理与此相同，只是出现逆变状态的具体条件不一样。

现以正组晶闸管装置整流和反组晶闸管装置逆变为例，说明两组晶闸管装置反并联可逆线路的工作原理。

（1）正组晶闸管装置 VF 整流

VF 处于整流状态：此时，$\alpha_f < 90°$，$U_{d0f} < E$，$n > 0$。电机从电路输入能量作电动运行。正组整流电动运行。

（2）反组晶闸管装置 VR 逆变

当电动机需要回馈制动时，由于电机反电动势的极性未变，要回馈电能必须产生反向电流，而反向电流是不可能通过 VF 流通的。这时，可以利用控制电路切换到反组晶闸管装置 VR，并使它工作在逆变状态。

VR 处于逆变状态：此时，$\alpha_r > 90°$，$E > |U_{d0r}|$，$n > 0$。电机输出电能实现回馈制动。

（3）机械特性范围

整流状态：V-M 系统工作在第一象限。

逆变状态：V-M 系统工作在第二象限。

（4）V-M 系统的四象限运行

在可逆调速系统中，正转运行时可利用反组晶闸管实现回馈制动，反转运行时同样可以利用正组晶闸管实现回馈制动。这样，采用两组晶闸管装置的反并联，就能实现电动机的四象限运行。

归纳起来，可将可逆线路正反转时晶闸管装置和电机的工作状态见表 4-3。

表 4-3 V-M 系统反并联可逆电路的工作状态

V-M 系统的工作状态	正向运行	正向制动	反向运行	反向制动
电枢电压极性	+	+	−	−
电枢电流极性	+	−	−	+
电机旋转方向	+	+	−	−
电机运行状态	电动	回馈发电	电动	回馈发电
晶闸管工作的组别和状态	正组整流	反组逆变	反组整流	正组逆变
机械特性所在象限	一	二	三	四

注：表中各量的极性均以正向电机运行时为"+"。

4.2.11 基于异步电机稳态模型的变压变频调速系统

直流电机的主磁通和电枢电流分布的空间位置是确定的，而且可以独立进行控制，交流异步电机的磁通则由定子与转子电流合成产生，它的空间位置相对于定子和转子都是运动的，除此以外，在笼型转子异步电机中，转子电流还是不可测和不可控的。因此，异步电机的动态数学模型要比直流电机模型复杂得多，在相当长的时间里，人们对它的精确表述不得要领。

不少机械负载，如风机和水泵，并不需要很高的动态性能，只要在一定范围内能实现高效率的调速就行，因此可以只用电机的稳态模型来设计其控制系统。

采用转速开环恒压频比带低频电压补偿的控制方案，这就是常用的通用变频器控制系统。

4.2.12 转速闭环转差频率控制的变压变频调速系统

要提高静、动态性能，首先要用转速反馈闭环控制。转速闭环系统的静特性比开环系统强，这是很明显的，转速反馈闭环控制也能够提高系统的动态性能。

$$T_e - T_L = \frac{J}{n_p}\frac{d\omega}{dt} \tag{4-54}$$

提高调速系统动态性能主要依靠控制转速的变化率 $\frac{d\omega}{dt}$，根据基本运动方程式，控制电磁转矩就能控制 $\frac{d\omega}{dt}$，因此，归根结底，调速系统的动态性能就是控制转矩的能力。

在异步电机变压变频调速系统中，需要控制的是电压（或电流）和频率，怎样能够通过控制电压（电流）和频率来控制电磁转矩，是寻求提高动态性能时需要解决的问题。

1. 转差频率控制的基本概念

直流电机的转矩与电枢电流成正比，控制电流就能控制转矩，因此，把直流双闭环调速系统转速调节器的输出信号当作电流给定信号，也就是转矩给定信号。

在交流异步电机中，影响转矩的因素较多，控制异步电机转矩的问题复杂。

按照恒 $\dfrac{E_g}{\omega_1}$ 控制（即恒 Φ_m 控制）时的电磁转矩为

$$T_e = 3n_p \left(\frac{E_g}{\omega_1} \right)^2 \frac{s\omega_1 R_r'}{R_r'^2 + s^2\omega_1^2 L_{lr}'^2}$$

$$E_g = 4.44 f_1 N_s k_{Ns} \Phi_m = 4.44 \frac{\omega_1}{2\pi} N_s k_{Ns} \Phi_m = \frac{1}{\sqrt{2}} \omega_1 N_s k_{Ns} \Phi_m \qquad (4\text{-}55)$$

$$T_e = \frac{3}{2} n_p N_s^2 k_{Ns}^2 \Phi_m^2 \frac{s\omega_1 R_r'}{R_r'^2 + s^2\omega_1^2 L_{lr}'^2}$$

令 $\omega_s = s\omega_1$ ，定义为转差角频率

$$K_m = \frac{3}{2} n_p N_s^2 k_{Ns}^2 \qquad (4\text{-}56)$$

电机的结构常数

$$T_e = K_m \Phi_m^2 \frac{\omega_s R_r'}{R_r'^2 + (\omega_s L_{lr}')^2} \qquad (4\text{-}57)$$

当电机稳态运行时，s 值很小，因而 ω_s 也很小，只有 ω_1 的百分之几，可以认为 $\omega_s L_{lr}' \ll R_r'$，则转矩可近似表示为

$$T_e \approx K_m \Phi_m^2 \frac{\omega_s}{R_r'} \qquad (4\text{-}58)$$

在 s 值很小的稳态运行范围内，如果能够保持气隙磁通 Φ_m 不变，异步电机的转矩就近似与转差角频率 ω_s 成正比。这就是说，在异步电机中控制 ω_s，就和直流电机中控制电流一样，能够达到间接控制转矩的目的。

控制转差频率就代表控制转矩，这就是转差频率控制的基本概念。

2. 基于异步电机稳态模型的转差频率控制规律

在 ω_s 较小的稳态运行段上，转矩 T_e 基本上与 ω_s 成正比，当 T_e 达到其最大值 $T_{e\max}$ 时，ω_s 达到 $\omega_{s\max}$ 值。

$$\omega_{s\max} = \frac{R_r'}{L_{lr}'} = \frac{R_r}{L_{lr}}$$

$$T_{e\max} = \frac{K_m \Phi_m^2}{2L_{lr}'} \qquad (4\text{-}59)$$

在转差频率控制系统中，只要给 ω_s 限幅，使其限幅值为

$$\omega_{sm} < \omega_{s\max} = \frac{R_r}{L_{lr}} \qquad (4\text{-}60)$$

就可以基本保持 T_e 与 ω_s 的正比关系，也就可以用转差频率控制来代表转矩控制。这是转差频率控制的基本规律之一。

上述规律是在保持 Φ_m 恒定的前提下才成立的，按恒 Φ_m 值控制的 $T_e = f(\omega_s)$ 特性如图 4-41

所示，于是问题又转化为如何能保持 Φ_m 恒定。

按恒 $\dfrac{E_g}{\omega_1}$ 控制时可保持 Φ_m 恒定。在 $\dfrac{U_s}{\omega_1}$ 为恒值的基础上再提高电压 U_s 以补偿定子电流压降。

只要 U_s 和 ω_1 及 I_s 的关系符合图 4-42 所示特性，就能保持 $\dfrac{E_g}{\omega_1}$ 恒定，也就是保持 Φ_m 恒定。这是转差频率控制的基本规律之二。

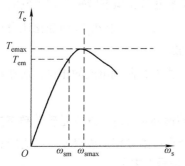

图 4-41　按恒 Φ_m 值控制的 $T_e = f(\omega_s)$ 特性　　　图 4-42　不同定子电流时恒控制所需的电压 - 频率特性

总结起来，转差频率控制的规律是：

1）在 $\omega_s \leqslant \omega_{sm}$ 的范围内，转矩 T_e 基本上与 ω_s 成正比，条件是气隙磁通不变。

2）在不同的定子电流值时，按图 4-42 所示的函数关系 $U_s = f(\omega_1, I_s)$ 控制定子电压和频率，就能保持气隙磁通 Φ_m 恒定。

3. 转差频率控制的变压变频调速系统

转差频率控制的转速闭环变压变频调速系统结构原理图如图 4-43 所示。

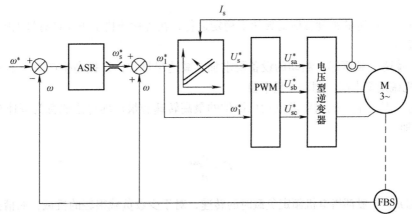

图 4-43　转差频率控制的转速闭环变压变频调速系统结构原理图

频率控制：转速调节器 ASR 的输出信号是转差频率给定 ω_s^*，与实测转速信号 ω 相加，即得定子频率给定信号 ω_1^*，即

$$\omega_s^* + \omega = \omega_1^* \tag{4-61}$$

电压控制：由 ω_1 和定子电流反馈信号 I_s 从微机存储的 $U_s = f(\omega_1, I_s)$ 函数中查得定子电压给定信号 U_s^*，用 U_s^* 和 ω_1^* 控制 PWM 电压型逆变器，即得异步电机调速所需的变压变频电源。

由此可见，转速闭环转差频率控制的交流变压变频调速系统能够像直流电机双闭环控制系统那样具有较好的静、动态性能，是一个比较优越的控制策略，结构也不算复杂。

然而，它的静、动态性能还不能完全达到直流双闭环系统的水平，存在差距的原因有以下几个方面。

1）在分析转差频率控制规律时，是从异步电机稳态等效电路和稳态转矩公式出发的，所谓的"保持磁通 $\varPhi_m$ 恒定"的结论也只在稳态情况下才能成立。在动态中 $\varPhi_m$ 如何变化还没有深入研究，但肯定不会恒定，这不得不影响系统的实际动态性能。

2）$U_s = f(\omega_1, I_s)$ 函数关系中只抓住了定子电流的幅值，没有控制到电流的相位，而在动态中电流的相位也是影响转矩变化的因素。

3）在频率控制环节中，取 $\omega_1 = \omega_s + \omega$，使频率得以与转速同步升降，这本是转差频率控制的优点。然而，如果转速检测信号不准确或存在干扰，就会直接给频率造成误差，因为所有这些偏差和干扰都以正反馈的形式毫无衰减地传递到频率控制信号上来了。

4.3　运动控制系统设计

4.3.1　反馈控制闭环直流调速系统的稳态分析与设计

任何一台需要控制转速的设备，其生产工艺对调速性能都有一定的要求。归纳起来，对于调速系统的转速控制要求有以下三个方面。

1）调速：在一定的最高转速和最低转速范围内，分档地（有级）或平滑地（无级）调节转速。

2）稳速：以一定的精度在所需转速上稳定运行，在各种干扰下不允许有过大的转速波动，以确保产品质量。

3）加、减速：频繁起、制动的设备要求加、减速尽量快，以提高生产率；不宜经受剧烈速度变化的机械则要求起，制动尽量平稳。

1）调速范围。生产机械要求电动机提供的最高转速和最低转速之比称为调速范围，用字母 D 表示，即

$$D = \frac{n_{\max}}{n_{\min}} \tag{4-62}$$

式中，$n_{\min}$ 和 $n_{\max}$ 一般都指电机额定负载时的转速，对于少数负载很轻的机械，如精密磨床，也可用实际负载时的转速。

2）静差率。当系统在某一转速下运行时，负载由理想空载增加到额定值时所对应的转速降落 Δn_N，与理想空载转速 n_0 之比，称作静差率 s，即

$$s = \frac{\Delta n_N}{n_0} \tag{4-63}$$

或用百分数表示

$$s = \frac{\Delta n_N}{n_0} \times 100\% \qquad (4\text{-}64)$$

式中，$\Delta n_N = n_0 - n_N$。

3）静差率与机械特性硬度的区别。然而静差率和机械特性硬度又是有区别的。一般调压调速系统在不同转速下的机械特性是互相平行的。对于同样硬度的特性，理想空载转速越低时，静差率越大，转速的相对稳定度也就越差。不同转速下的静差率如图 4-44 所示。

例如：电机转速在 1000r/min 时降落 10r/min，只占 1%；在 100r/min 时同样降落 10r/min，就占 10%；如果在只有 10r/min 时，再降落 10r/min，就占 100%，这时电机已经停止转动，转速全部降落完了。

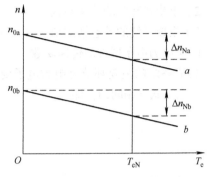

图 4-44　不同转速下的静差率

因此，调速范围和静差率这两项指标并不是彼此孤立的，必须同时提才有意义。调速系统的静差率指标应以最低速时所能达到的数值为准。

4）调速范围、静差率和额定速降之间的关系。电机额定转速 n_N 为最高转速，转速降落为 Δn_N，则按照上面分析的结果，该系统的静差率应该是最低速时的静差率，即

$$s = \frac{\Delta n_N}{n_{0min}} = \frac{\Delta n_N}{n_{min} + \Delta n_N} \qquad (4\text{-}65)$$

于是，最低转速为

$$n_{min} = \frac{\Delta n_N}{s} - \Delta n_N = \frac{(1-s)\Delta n_N}{s} \qquad (4\text{-}66)$$

而调速范围为

$$D = \frac{n_{max}}{n_{min}} = \frac{n_N}{n_{min}} \qquad (4\text{-}67)$$

将式（4-66）代入式（4-67），得

$$D = \frac{n_N s}{\Delta n_N (1-s)} \qquad (4\text{-}68)$$

式（4-68）表示调压调速系统的调速范围、静差率和额定速降之间所应满足的关系。对于同一个调速系统，Δn_N 值一定，如果对静差率要求越严，即要求 s 值越小时，系统能够允许的调速范围也越小。

由此可得出结论：一个调速系统的调速范围，是指在最低速时还能满足所需静差率的转速可调范围。

4.3.2 反馈控制闭环直流调速系统的动态分析与设计

1. 反馈控制闭环直流调速系统的动态数学模型

建立系统动态数学模型的基本步骤如下：

1）根据系统中各环节的物理规律，列出描述该环节动态过程的微分方程。

2）求出各环节的传递函数。

3）组成系统的动态结构图并求出系统的传递函数。

（1）电力电子器件的传递函数

构成系统的主要环节是电力电子变换器和直流电动机。不同电力电子变换器的传递函数，它们的表达式是相同的，即

$$W_s(s) \approx \frac{K_s}{T_s s + 1} \qquad (4\text{-}69)$$

在不同场合下，参数 K_s 和 T_s 的数值不同。

（2）直流电动机的传递函数

他励直流电动机等效电路如图 4-45 所示。

假定主电路电流连续，则动态电压方程为

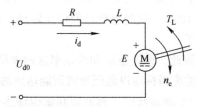

$$U_{d0} = RI_d + L\frac{\mathrm{d}I_d}{\mathrm{d}t} + E \qquad (4\text{-}70)$$

图 4-45 他励直流电动机等效电路

如果，忽略黏性摩擦及弹性转矩，电机轴上的动力学方程为

$$T_e - T_L = \frac{GD^2}{375}\frac{\mathrm{d}n}{\mathrm{d}t} \qquad (4\text{-}71)$$

额定励磁下的感应电动势和电磁转矩分别为

$$\begin{aligned} C_m &= \frac{30}{\pi}C_e \\ T_e &= C_m I_d \\ E &= C_e n \end{aligned} \qquad (4\text{-}72)$$

式中，T_L 为包括电机空载转矩在内的负载转矩；GD^2 为电力拖动系统折算到电机轴上的飞轮惯量；C_m 为电机额定励磁下的转矩系数。

定义时间常数 T_l 为电枢回路电磁时间常数，T_m 为电力拖动系统机电时间常数，有

$$\begin{aligned} T_l &= \frac{L}{R} \\ T_m &= \frac{GD^2 R}{375 C_e C_m} \end{aligned} \qquad (4\text{-}73)$$

整理后得

$$U_{d0} - E = R\left(I_d + T_l \frac{dI_d}{dt}\right) \tag{4-74}$$

$$I_d - I_{dL} = \frac{T_m}{R}\frac{dE}{dt}$$

式中，I_{dL} 为负载电流

$$I_{dL} = \frac{T_L}{C_m} \tag{4-75}$$

电压与电流间的传递函数

$$\frac{I_d(s)}{U_{d0}(s) - E(s)} = \frac{\frac{1}{R}}{T_l s + 1} \tag{4-76}$$

电流与电动势间的传递函数

$$\frac{E(s)}{I_d(s) - I_{dL}(s)} = \frac{R}{T_m s} \tag{4-77}$$

（3）控制与检测环节的传递函数

直流闭环调速系统中的其他环节还有比例放大器和测速反馈环节，它们的响应都可以认为是瞬时的，因此它们的传递函数就是它们的放大系数，即

放大器传递函数

$$W_a(s) = \frac{U_c(s)}{\Delta U_n(s)} = K_p \tag{4-78}$$

测速反馈传递函数

$$W_{fn}(s) = \frac{U_n(s)}{n(s)} = \alpha \tag{4-79}$$

（4）闭环调速系统的动态结构图

反馈控制闭环调速系统的动态结构图如图 4-46 所示。

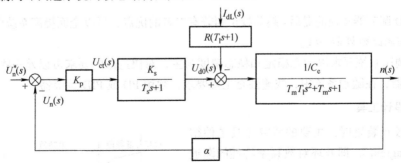

图 4-46　反馈控制闭环调速系统的动态结构图

（5）调速系统的开环传递函数

$$W(s) = \frac{K}{(T_s s + 1)(T_m T_l s^2 + T_m s + 1)} \tag{4-80}$$

（6）调速系统的闭环传递函数

$$W_{cl}(s) = \frac{\dfrac{K_p K_s}{C_e(1+K)}}{\dfrac{T_m T_l T_s}{1+K}s^3 + \dfrac{T_m(T_l+T_s)}{1+K}s^2 + \dfrac{T_m+T_s}{1+K}s + 1}$$ （4-81）

2. 反馈控制闭环直流调速系统的稳定条件

$$K < \frac{T_m(T_l+T_s) + T_s^2}{T_l T_s}$$ （4-82）

3. PI 调节器的设计

（1）概述

在设计闭环调速系统时，常常会遇到动态稳定性与稳态性能指标发生矛盾的情况，这时，必须设计合适的动态校正装置来改造系统，使它同时满足动态稳定和稳态指标两方面的要求。

（2）动态校正的方法

对于一个系统来说，能够符合要求的校正方案也不是唯一的。在电力拖动自动控制系统中，最常用的是串联校正和反馈校正。串联校正比较简单，也容易实现。

（3）串联校正

1）串联校正分类：包括无源网络校正 RC 网络和有源网络校正 PID 调节器。

对于带电力电子变换器的直流闭环调速系统，由于其传递函数的阶次较低，一般采用 PID 调节器的串联校正方案就能完成动态校正的任务。

2）PID 调节器的类型：包括比例微分、比例积分、比例积分微分。

3）PID 调节器的功能如下所述。

① 由 PD 调节器构成的超前校正，可提高系统的稳定裕度，并获得足够的快速性，但稳态精度可能受到影响。

② 由 PI 调节器构成的滞后校正，可以保证稳态精度，却是以对快速性的限制来换取系统稳定的。

③ 用 PID 调节器实现的滞后 - 超前校正则兼有二者的优点，可以全面提高系统的控制性能，但具体实现与调试要复杂一些。

一般的调速系统要求以动态稳定和稳态精度为主，对快速性的要求可以差一些，所以主要采用 PI 调节器；在随动系统中，快速性是主要要求，须用 PD 或 PID 调节器。

4. 系统设计工具

在设计校正装置时，主要的研究工具是伯德图（Bode Diagram），即开环对数频率特性的渐近线。它的绘制方法简便，可以确切地提供稳定性和稳定裕度的信息，而且还能大致衡量闭环系统稳态和动态的性能。正因为如此，伯德图是自动控制系统设计和应用中普遍使用的方法。典型的控制系统伯德图如图 4-47 所示。

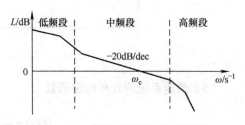

图 4-47　典型的控制系统伯德图

中频段以 –20dB/dec 的斜率穿越 0dB，而且这一斜率覆盖足够的频带宽度，则系统的稳定性好。

截止频率（或称剪切频率）越高，则系统的快速性越好。

低频段的斜率陡、增益高，说明系统的稳态精度高。

高频段衰减越快，即高频特性负分贝值越低，说明系统抗高频噪声干扰的能力越强。

（1）系统设计要求

在实际系统中，动态稳定性不仅必须保证，而且还要有一定的裕度，以防参数变化和一些未计入因素的影响。在伯德图上，用来衡量最小相位系统稳定裕度的指标是相角裕度 γ 和以分贝表示的增益裕度 GM。一般要求 $\gamma = 30° \sim 60°$，GM > 6dB。

保留适当的稳定裕度，是考虑到实际系统各环节参数发生变化时不致使系统失去稳定。

在一般情况下，稳定裕度也能间接反映系统动态过程的平稳性，稳定裕度大，意味着动态过程振荡弱、超调小。

（2）设计步骤

1）系统建模：首先应进行总体设计，选择基本部件，按稳态性能指标计算参数，形成基本的闭环控制系统，或称原始系统。

2）系统分析：建立原始系统的动态数学模型，画出其伯德图，检查它的稳定性和其他动态性能。

3）系统设计：如果原始系统不稳定，或动态性能不好，就必须配置合适的动态校正装置，使校正后的系统全面满足性能要求。

习题

【4.1】　某龙门刨床工作台采用 V-M 调速系统。已知直流电动机 $P_N = 60kW$，$U_N = 220V$，$I_N = 305A$，$n_N = 1000r/min$，主电路总电阻 $R = 0.18\Omega$，$C_e = 0.2V \cdot min/r$。求：（1）当电流连续时，在额定负载下的转速降落 Δn_N 为多少？（2）开环系统机械特性连续段在额定转速时的静差率 s_N 多少？（3）若要满足 $D = 20$，$s \leqslant 5\%$ 的要求，额定负载下的转速降落 Δn_N 又为多少？

【4.2】　有一 V-M 调速系统：电动机参数 $P_N = 2.2kW$，$U_N = 220V$，$I_N = 12.5A$，$n_N = 1500r/min$，电枢电阻 $R_a = 1.5\Omega$，电枢回路电抗器电阻 $R_L = 0.8\Omega$，整流装置内阻 $R_{rec} = 1.0\Omega$，触发整流环节的放大倍数 $K_s = 35$。要求系统满足调速范围 $D = 20$，静差率 $s \leqslant 10\%$。求：（1）计算开环系统的静态速降 Δn_{op} 和调速要求所允许的闭环静态速降 Δn_{cl}。（2）采用转速负反馈组成闭环系统，试画出系统的原理图和静态结构图。（3）调整该系统参数，使当 $U_n^* = 15V$ 时，$I_d = I_N$，$n = n_N$，则转速负反馈系数 α 应该是多少？（4）计算放大器所需的放大倍数。

【4.3】　双闭环调速系统的 ASR 和 ACR 均为 PI 调节器，设系统最大给定电压 $U_{nm}^* = 15V$，$n_N = 1500r/min$，$I_N = 20A$，电流过载倍数为 2，电枢回路总电阻 $R = 2.0\Omega$，$K_s = 20$，$C_e = 0.127V \cdot min/r$。求：（1）当系统稳定运行在 $U_n^* = 5V$，$I_{dL} = 10A$ 时，系统的 n、U_n、U_i^*、U_i 和 U_c 各为多少？（2）当电动机负载过大而堵转时，U_i^* 和 U_c 各为多少？

第5章

过 程 控 制

日新月异的自动化技术为传统产业的改造、生产水平的提高和产品更新换代注入了强大活力。微电子技术和计算机、通信、网络技术的崛起，给自动化技术架起了腾飞的双翼，成为当代发展最快、影响最大、最引人注目的高科技之一，在百花争艳的信息化舞台上独领风骚。现在，自动化技术不仅渗透于国民经济各行各业，对社会、经济、文化、军事、科技等各个领域都有着深刻的影响，而且正悄然地改变着人们的生产、工作、生活乃至思维方式。在现代工业生产过程中，随着生产规模的不断扩大，生产过程的强化，对产品质量的严格要求以及各公司之间的激烈竞争，人工操作与控制已远远不能满足现代化生产的要求。过程控制系统在工业生产过程中必不可少，为保证现代企业安全、优质、低消耗和高效益生产提供了有效的技术手段。

本章主要介绍过程控制的基本概念、动态特性、控制方法以及过程控制系统的设计。

5.1 过程控制的基本概念

5.1.1 过程控制系统的概念和设计目标

过程控制通常是指石油、化工、电力、冶金、轻工、纺织、造纸、医药、建材、核能等工业生产中连续的或按照一定周期程序进行的生产过程的自动控制，过程控制系统已经成为保证现代企业安全、平稳、优化、环保、低耗和高效生产的主要技术手段。

过程控制系统的设计目标是对于任意的外部干扰（Disturbance Variable，DV），通过调节操作变量（Manipulated Variable，MV）以使被控变量（Controlled Variable，CV）维持在其设定值（Setpoint，SP）。

过程控制系统之所以如此重要是因为它有以下特点。

1）安全性：防止各种可能对操作人员或生产装置造成的伤害或损坏，并尽可能减少废水废气的排放以保护环境。

2）经济性：旨在生产同样质量和数量的产品所消耗的能量和原料最少，实现生产成本最小化和生产效益最大化。

3）稳定性：抑制外部干扰，使生产过程长期稳定运行，保持产品质量稳定。

例如，图 5-1 所示的蒸汽加热器温度控制系统的工艺控制流程图，它由蒸汽加热器、温度变送器 TT22、温度控制器 TC22 和蒸汽流量控制阀组成。

5.1.2　过程控制系统组成

一个过程控制系统一般由两部分组成：需要控制的工艺设备或机器（被控对象）和自动控制装置（控制器、执行器、测量变送器）。

被控对象：是指被控制的生产设备或装置。反应器、精馏塔、换热器、压力罐储槽、加热炉、压缩机、泵、冷却塔等都属于被控对象。

控制器：它将被控变量的测量值与设定值进行比较，得出偏差信号 $e(t)$，并按一定规律给出控制信号 $u(t)$ 输送到执行器。

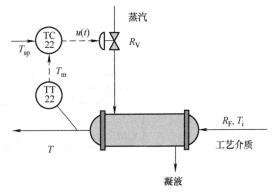

图 5-1　蒸汽加热器温度控制系统工艺控制流程图

执行器：接受来自控制器的命令信号，用于自动改变控制阀的开度，从而改变操纵变量的数值，以克服干扰达到控制被控变量的目的。

测量变送器：用于测量被控变量，并按一定的规律将其转换为标准信号作为输出的装置被称为测量变送器。

通常，用文字叙述的方法来描述控制系统的组成和工作原理较为复杂，而在过程控制实践中常常采用直观的框图来表示。框图是控制系统或系统中每个环节的功能和信号流向的图解表示，是控制系统进行理论分析、设计中常用到的一种形式。

框图由方框、信号线、比较点和引出点组成。框图中每一条线代表系统中的一个信号，线上的箭头表示信号传递的方向；每个方框代表一个环节，它表示输入对输出的影响。框图可以把一个控制系统变量间的关系完整地表达出来。如果框图和工艺控制流程图一起给出，就可以清楚地获得整个系统的全貌。

图 5-2 所示为蒸汽加热器温度控制系统的框图。一般的单回路控制系统的框图如图 5-3 所示。

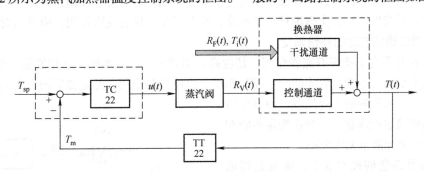

图 5-2　蒸汽加热器温度控制系统框图

5.1.3　控制系统分类

1. 定值控制

定值控制也称"调节控制"与"伺服控制"（或"跟踪控制"），是指设定值保持不变（为一恒定值）的反馈控制系统。这种系统有着广泛的应用，如连续过程控制、间歇过程控制、飞行控制与制导等。图 5-3 所示的单回路控制系统就是典型的定值控制系统。

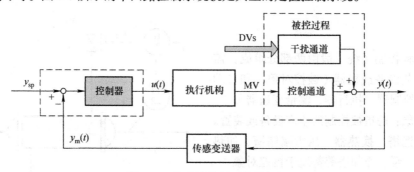

图 5-3　单回路控制系统的框图

2. 前馈控制与反馈控制

前馈控制则通过测量干扰的变化并经控制器的控制作用直接克服干扰对被控变量的影响。而操作端控制信号的变化经由系统后作为的测量值从检测端返回的控制系统称为反馈控制。前馈控制和反馈控制如图 5-4 所示。

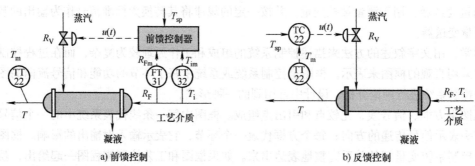

a) 前馈控制　　　　　　　　　　　　b) 反馈控制

图 5-4　前馈控制和反馈控制

前馈控制控制及时，可以实现被控变量完全不受干扰影响的理想控制，不存在闭环稳定性问题；但其控制精度不高，实施困难，成本高，只对某个干扰有克服作用，而且当对象特性发生变化时，难以确定合适的补偿幅度。

反馈控制对所有干扰都有克服作用，精度高，实施方便，成本低，通用性强，鲁棒性好；但只有当被控变量产生偏差后才能产生控制作用，因此控制作用必然是滞后的，不能实现被控变量完全不受干扰影响的理想控制，而且反馈控制存在闭环稳定性问题，当被控变量不能在线测量时，反馈控制也无法采用。

为了获得满意的控制效果，通常是将前馈控制与反馈控制相结合，组成前馈 - 反馈复合控制系统。该复合系统一方面利用前馈控制及时有效地减少干扰对被控参数的动态影响；另一方面则利用反馈控制使被控参数稳定在设定值上，从而保证系统有较高的控制质量。图 5-5 所示的蒸汽加热控制系统就是典型的前馈 - 反馈复合控制系统。

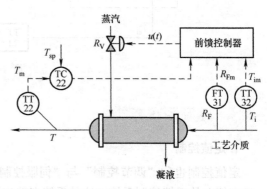

图 5-5　前馈 - 反馈复合控制系统

3. 开关量控制与连续量控制

根据执行机构的不同，反馈控制系统可以分为开关量控制与连续输出控制。某些执行机构只有"开""关"两种状态，如继电器。在开关量控制中，等幅振荡是不可避免的，正因为这个局限性，开关量控制仅适用于某些对控制要求不高的场合。目前，过程工业领域据大多数执行器均可在一定范围内连续变化，因此连续量控制更为常见。

4. 连续时间控制与离散时间控制（也称采样控制或数字控制）

依据控制器是否连续工作，反馈控制系统可以分为连续时间控制与离散时间控制两大类。连续时间控制系统的描述方法有微分方程、拉普拉斯变化、连续时间状态方程；离散时间控制系统的描述方法有差分方程、z 变换、离散时域状态方程。

在过程工业领域，除控制器外所有的控制对象都属于连续时间系统（操作变量、外部扰动、被控变量都是连续时间信号），控制器可以分为模拟控制器和数字控制器。

对于由数字控制器与连续被控过程组成的控制系统，可以将被控过程采样离散化成完整的离散时间系统，也可以将数字控制器连续化成为完整的连续时间系统。

5.1.4 常用控制算法

1. PID 类

包括：单回路 PID、串级、比值、分程、选择或超驰控制等。

特点：主要适用于 SISO 系统，基本上不需要对象的动态模型，结构简单，在线调整方便。

2. APC 类

包括：前馈、解耦控制、内模控制、预测控制、自适应控制等。

特点：主要适用于 MIMO 或大纯滞后 SISO 系统，需要动态模型，结构复杂，在线计算量大。

5.2 过程控制特性

5.2.1 被控过程的分类

根据输出相对于输入变化的响应情况可将过程分为两大类：自衡过程和非自衡过程。

1. 自衡过程

当输入发生变化时，无须外加任何控制作用，过程能够自发地趋于新的平衡状态的性质称为自衡性，自衡过程包括单容过程和多容过程。只有一个储蓄容量的过程是单容过程，有一个以上储蓄容量的过程是多容过程。

2. 非自衡过程

与自衡过程不同，当输入发生变化时，非自衡过程不能够自发地趋于新的平衡状态。

例如，图 5-6 所示的蒸汽加热控制系统是自衡过程，图 5-7 所示的液位控制系统是非自衡过程。

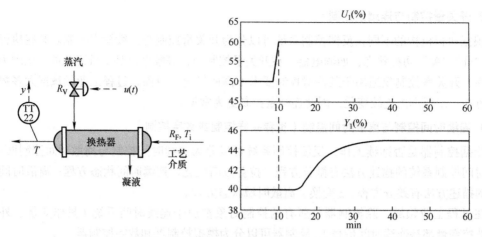

图 5-6　蒸汽加热控制系统及其响应曲线

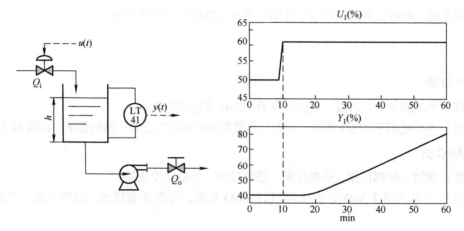

图 5-7　液位控制系统及其响应曲线

5.2.2　过程建模方法

要深入了解过程的性质、特点以及动态特性就离不开数学模型。数学模型描述了输出变量与输入变量之间随时间变化的动态关系，这对过程动态分析非常重要。建立动态数学模型的基本方法有基于过程动态学的机理建模和基于过程数据的测试建模。

1. 基于过程动态学的机理建模

根据某一被控过程的化学与物理机理，基于物料平衡、能量平衡与过程动力学等方程，来描述过程输入与输出之间的动态特性。

2. 基于过程数据的测试建模

为获取过程动态特性，手动改变某一被控过程的输入，同时记录过程输入输出数据，并基于过程数据建立输入与输出之间动态模型。

【例 5.1】　单容水箱系统如图 5-8 所示，对单容水箱系统过程建模。

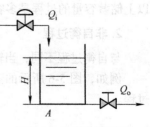

图 5-8　单容水箱系统

物料平衡方程

$$A\frac{\mathrm{d}H}{\mathrm{d}t}=Q_i-Q_o$$

出口流量与液位关系

$$Q_o=k\sqrt{H}$$

$$A\frac{\mathrm{d}H}{\mathrm{d}t}=Q_i-k\sqrt{H}$$

【例 5.2】 多容水箱系统如图 5-9 所示，对多容水箱系统过程建模。

物料平衡方程

$$A_1\frac{\mathrm{d}H_1}{\mathrm{d}t}=Q_i-Q_1$$

$$A_2\frac{\mathrm{d}H_2}{\mathrm{d}t}=Q_1-Q_2$$

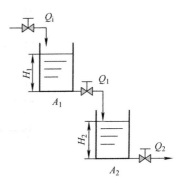

出口流量与液位关系

$$Q_1=k_1\sqrt{H_1}$$

$$Q_2=k_2\sqrt{H_2}$$

$$A_1\frac{\mathrm{d}H_1}{\mathrm{d}t}=Q_i-k_1\sqrt{H_1},$$

$$A_2\frac{\mathrm{d}H_2}{\mathrm{d}t}=k_1\sqrt{H_1}-k_2\sqrt{H_2}$$

图 5-9　多容水箱系统

5.2.3　描述过程特性的关键参数

1. 过程增益（K）

过程增益为过程输出（响应输出）的变化量与过程输入（施加激励）的变化量的比值，即

$$K=\frac{\Delta\text{Output}}{\Delta\text{Input}}=\frac{O_{\text{final}}-O_{\text{initial}}}{I_{\text{final}}-I_{\text{initial}}} \tag{5-1}$$

过程增益描述了稳态条件下，过程输出对输入变量变化的灵敏度。被控过程增益包括三部分：符号、数值与单位。过程增益只涉及两个稳态，因此说过程增益反映了被控过程的静态或稳态特性。

2. 过程一阶时间常数（T）

对单容过程而言，过程一阶时间常数定义为过程输出开始变化至达到全部变化的 63.2% 所需的时间。单容过程输出曲线如图 5-10 所示。

3. 过程纯滞后时间（τ）

过程纯滞后时间定义为过程输入施加激励至过程输出开始变化所需的时间。

如图 5-11 所示，过程特性参数 K、T、τ 的取值描述了一个实际被控过程的基本特性，其中 K 反映静态特性，而 T、τ 反映了过程的动态特性。由于绝大多数工业过程为非线性对象，即使对于同一被控过程，上述参数也将随工况的变化而变化。对象两时间参数的比值（$\frac{\tau}{T}$）直接关系到控制系统的可控性。$\frac{\tau}{T}$越大，控制难度越大。

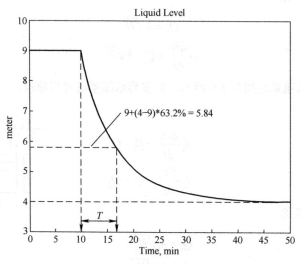

图 5-10　单容过程输出曲线

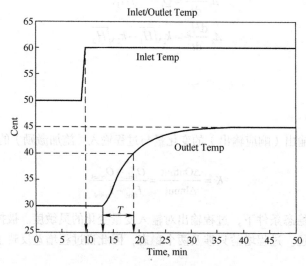

图 5-11　单容过程输入 / 输出曲线

5.2.4　控制阀

　　调节阀在过程控制中的作用是接收调节器或计算机的控制信号，改变被调介质的流量，使被调参数维持在所要求的范围内，从而达到生产过程的自动化。如果把自动调节系统与人工调节过程相比较，检测单元是人的眼睛，调节控制单元是人的大脑，那么执行单元——调节阀就是人的手和脚。要实现对工艺过程某一参数，如温度、压力、流量、液位等的调节控制，都离不开调节阀。因此，正确选择调节阀在过程自动化中具有重要意义。

1. 阀口径选择

阀口径必须很好地选择，在正常工况下，阀门开度处于 15% ~ 85% 之间。调节阀口径的选择和确定主要依据阀的流通能力 C_v，C_v 定义为额定时间内阀门处于最大开启状态时，流经阀门的体积流量或者是质量流量的总和。

2. 阀的气开、气关特性

气动控制阀有气开和气关两种类型。

气开阀：随信号压力 p_c 的增大而开度增大（"有气则开"，"无气则关"）。

气关阀：随信号压力 p_c 的增大而开度减小（"有气则关"，"无气则开"）。

无信号压力时，气开阀全关，气关阀全开。

对于调节阀作用方式的选择，主要从安全性方面考虑。

例如，图 5-12 中的热炉瓦斯气调节阀。若无气源时，希望阀全关，则应选择气开阀，如加热炉瓦斯气调节阀；若无气源时，希望阀全开，则应选择气关阀，如放热反应器冷却水阀。

3. 调节阀流量特性的选择

调节阀结构图如图 5-13 所示。调节阀的流量特性是指介质流过阀门的相对流量与位移阀门的相对开度间的关系，理想流量特性主要有直线、等百分比对数、抛物线和快开等四种，常用的理想流量特性只有直线、等百分比对数、快开三种。抛物线流量特性介于直线和等百分比之间，一般可用等百分比特性来代替，而快开特性主要用于二位调节及程序控制中，因此调节阀特性的选择实际上是直线和等百分比流量特性的选择。调节阀流量特性的选择可以通过理论计算，但所用的方法和方程都很复杂。目前多采用经验准则，具体从以下几方面考虑。

1）从调节系统的调节质量分析并选择。

2）从工艺配管情况考虑。

3）从负荷变化情况分析。

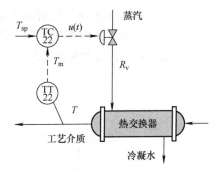

图 5-12 热炉瓦斯气调节阀

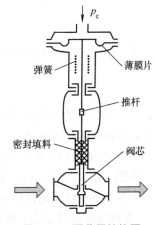

图 5-13 调节阀结构图

5.2.5 控制器的"正反作用"

控制器的"正反作用"定义为当被控变量的测量值增大时，控制器的输出也增大，则该控制器为"正作用"；否则，当测量值增大时，控制器输出反而减少，则该控制器为"反作用"。

控制器的"正反作用"的选择依据是使控制回路成为"负反馈"系统。它有假设检验法和回路判别法两个选择方法。

1）假设检验法：先假设控制器的作用方向，再检查控制回路能否成为"负反馈"系统。

2）回路判别法：先画出控制系统的方块图，并确定回路广义对象的作用方向，再确定控制器的正反作用。

1. 假设检验法举例

在图 5-12 中，考虑到控制系统在断电断气情况下的安全性，蒸汽阀应为气开阀，因此 $u(t)\uparrow \rightarrow R_v \uparrow$。

假设控制器 TC22 为正作用。如果 $T_m \uparrow$，则

$$T_m \uparrow \longrightarrow u \uparrow \longrightarrow R_v \uparrow \longrightarrow T \uparrow$$
$$\uparrow T_m \uparrow\uparrow \longleftarrow \underline{\hspace{5cm}}$$

结论：为使控制回路成为"负反馈"系统，TC22 须为反作用控制器。

2. 回路判别法举例

以图 5-14 所示的热炉瓦斯调节系统为例。

步骤 1：画控制回路方块图，并标注广义对象的正反作用。

步骤 2：由广义对象正反作用决定控制器正反作用以构成负反馈回路。

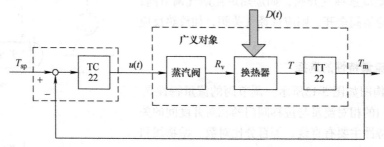

图 5-14　热炉瓦斯调节系统

结论：TC22 为反作用控制器。

5.2.6　过程控制系统的性能指标

过程控制系统的性能由组成系统的结构、被控过程与过程仪表（测量变送、执行器和控制器）各环节特性所共同决定的。

一个性能良好的过程控制系统，在受到外来扰动作用或给定值发生变化后，应能迅速（快）、平稳（稳）、准确（准）地达到或趋近给定值。

过程控制系统性能的评价指标可概括如下。

1）系统必须是稳定的（最重要、最基本的需求）。

2）系统应提供尽可能优良的稳态调节（静态指标）。

3）系统应提供尽可能优良的过渡过程（动态指标）。

稳定是系统性能中最重要、最根本的指标，只有在系统是稳定的前提下，才能讨论静态和动态指标。过程控制系统性能指标应根据生产工艺过程的实际需要来确定，需同时注意静态和动态性能指标。

1. 静态性能指标

稳态误差是描述系统静态性能的唯一指标，其系统过渡过程终了时给定值与被控参数稳态值之差，一般要求稳态误差为零或越小越好。

2. 动态性能指标

生产过程中干扰无时不在，控制系统时时刻刻都处在一种频繁的、不间断的动态调节过程中。所以，在过程控制中，了解或研究控制系统的动态比其静态更为重要、更有意义。

描述系统动态指标主要包括衰减比、超调量、过渡时间。图 5-15 所示为过程系统输出曲线。

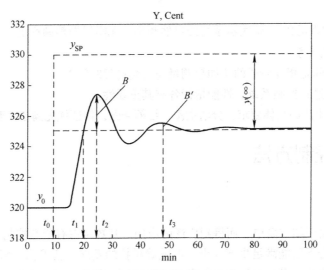

图 5-15　过程系统输出曲线

（1）衰减比 n

衰减比 n 是衡量系统过渡过程稳定性的一个动态指标，在衰减振荡中，两个相邻同方向幅值之比称为衰减比，前一幅值为分子，后一幅值为分母，若衰减比小于 $1:1$，则振荡是扩散的，系统是不稳定的。

$$n = \frac{B_1}{B_2} \tag{5-2}$$

一般取衰减比为 $4:1 \sim 10:1$。其中 $4:1$ 衰减比常作为评价过渡过程动态性能的一个理想指标。对于缓慢变化过程，可取到 $10:1$。

（2）超调量 $\delta\%$

超调量是线性控制系统在阶跃信号输入下的响应过程曲线，也就是阶跃响应曲线分析动态性能的一个指标值。超调量是指输出量的最大值减去稳态值，与稳态值之比的百分数。

$$\delta = \frac{y(t_p) - y(\infty)}{y(\infty)} \times 100\% \tag{5-3}$$

（3）过渡时间 t_s

过渡过程时间 t_s 指系统从受扰动作用时起，直到被控参数进入新的稳态值 $\pm 5\%$（或 $\pm 2\%$）的范围内所经历的时间，一般要求 t_s 越小越好，对于常用的二阶欠阻尼控制系统，过渡时间的简化算法如下。

误差取 0.05：

$$t_s = \frac{3.5}{\xi \omega_n} \qquad (5\text{-}4)$$

误差取 0.02：

$$t_s = \frac{4.4}{\xi \omega_n} \qquad (5\text{-}5)$$

式中，ξ 表示系统的阻尼比，ω_n 表示系统的自然频率（无阻尼振荡频率）。

性能指标之间的关系：

1）有些指标之间是相互矛盾的（如超调量与过渡过程时间）。

2）对于不同的过程控制系统，性能指标各有其重要性。

3）应根据工艺生产的具体要求，分清主次，统筹兼顾，保证优先满足主要的性能指标要求。

5.3 过程控制方法

5.3.1 串级控制

简单控制系统由于结构简单，而得到广泛的应用，其数量占有所有控制系统总数的 80% 以上，在绝大多数场合下已能满足生产要求。但随着科技的发展，新工艺、新设备的出现，生产过程的大型化和复杂化，必然导致对操作条件的要求更加严格，变量之间的关系更加复杂。在简单反馈回路中增加了计算环节、控制环节或其他环节的控制系统统称为复杂控系统。复杂控制系统种类较多，串级控制系统就是其中之一。

串级控制系统是一个双回路系统，一个控制器的输出控制另一个控制器的设定值，这种结构称为串级控制系统。串级控制系统实质上是把两个调节器串接起来，通过它们的协调工作，使一个被调量准确地保持为设定值。通常，串级系统副回路的对象惯性小，工作频率高，而主回路惯性大，工作频率低。

串级控制系统整个系统包括两个控制回路，主回路和副回路。副回路由副变量检测变送、副调节器、调节阀和副过程构成；主回路由主变量检测变送、主调节器、副调节器、调节阀、副过程和主过程构成，主要包括：

1）主调节器和副调节器两个调节器。

2）两个测量变送器。

3）一个执行器。

4）一个调节阀门。

5）被控对象。

串级控制系统原理框图如图 5-16 所示。

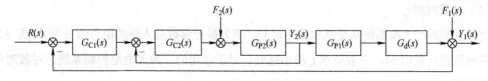

图 5-16　串级控制系统原理框图

系统中的两个调节器相互串联，前一个调节器的输出作为后一个调节器的输入。这两个调节器分别称为主调节器和副调节器，即主调节器的输出进入副调节器，作为副调节器的给定值。串级控制系统中有两个反馈回路，并且一个回路嵌套在另一个回路之中，处于里面的回路称为回路（副回路），处于外面的回路称为外回路（主回路）。串级控制系统中有两个测量反馈信号，称为主参数和副参数，分别作为主、副调节器的反馈输入信号。

串级控制系统从总体来看，仍然是一个定值控制系统，因此主变量在扰动作用下的过渡过程和简单定值控制系统的过渡过程具有相同的品质指标和类似的形式。但是串级控制系统和简单控制系统相比，在结构上增加了一个与之相连的副回路，因此具有一系列特点。

由于副回路的存在，改善了过程的动态特性，提高了系统的工作频率。串级控制系统在结构上区别于简单控制系统的主要标志是用一个闭合的副回路代替了原来的一部分被控对象。所以，也可以把整个副回路看作是主回路的一个环节，或把副回路称为等效副对象。

由于副过程在一般情况下可以用一阶滞后环节来表示，如果副控制器采用比例作用，那么串级控制系统由于副回路的存在，改善了过程的动态特性。而等效副对象的时间常数减小，意味着对象的容量滞后减小，这会使系统的反应速度增加，控制更为及时。另一方面，由于等效副对象的时间常数减小，系统的工作频率可获得提高。当主、副对象都是一阶惯性环节，主、副控制器均采用纯比例作用时，与简单控制系统相比，在相同衰减比的条件下，串级系统的工作频率要高于简单控制系统。

所以，串级控制系统由于副回路的存在，改善了被控对象的动态特性，使控制过程加快，从而有效地克服容量滞后，使整个系统的工作频率有所提高，进一步提高了控制质量，其主要优点表现在：

1）能及时克服进入副回路的扰动影响，提高了系统抗扰动能力与同等条件下的简单控制系统相比较，串级控制系统由于副回路的存在，能迅速克服进入副回路扰动的影响，从而大大提高了抗二次扰动的能力，抗一次扰动的能力也有所提高。这是因为当扰动进入副回路后，在其还未影响到主变量之前，首先由副变量检测到扰动的影响，并通过副回路的定值控制作用，及时调节操纵变量，使副变量恢复到设定值，从而使扰动对主变量的影响减少。即副回路对扰动进行粗调，主回路对扰动进行细调。由于对进入副回路的扰动有两级控制措施，即使扰动作用影响主回路，也比单回路的控制及时，因此，串级控制系统能迅速地克服副回路的影响。

2）具有一定的自适应能力。在简单控制系统中，控制器的参数是在一定的负荷、一定的操作条件下，根据该负荷的对象特性，按一定的质量指标整定得到的。因此，一组控制器参数只能适应于一定的生产负荷和操作条件。如果被控对象具有非线性，那么，随着负荷和操作条件的改变，对象特性就会发生改变。这样，在原负荷下整定所得的控制器参数就不再能够适应，需要重新整定。如果仍用原先的参数，控制质量就会下降。这一问题在简单控制系统中是很难解决的。但是，在串级控制系统中，主回路虽然是一个定值控制系统，而副回路对主控器来说却是一个随动系统，它的设定值是随着主控制器的输出而变化的。这样，当负荷或操作条件发生变化时，主控制器就可以按照负荷或操作条件的变化情况而及时调整副控制器的设定值，使系统运行在新的工作点上，从而保证在新的负荷和操作条件下，控制系统仍然具有较好的控制质量。从这一意义上来讲，串级控制系统有一定的自适应能力。

综上所述，串级控制系统由于副回路的存在，对于进入其中的扰动有较强的克服能力，而且由于副回路的存在改善了过程的动态特性，提高了系统的工作频率，所以控制质量比较高。

此外，副回路的快速随动特性使串级控制系统具有一定的自适应能力。因此，对于控制质量要求高、扰动大、滞后时间长的过程，当采用简单控制系统达不到质量要求时，采用串级控制方案往往可以获得较为满意的结果。不过串级控制系统比单回路控制系统所需要的线路仪表多，系统的投运和整定相应地也较为复杂一些。所以，如果单回路控制系统能够解决的问题，就尽量不要采用串级控制方案。

在串级控制系统中，主、副调节器所起的作用是不同的。主调节器起定值控制作用，它的控制任务是使主参数等于给定值（无余差），故一般宜采用 PI 或 PID 调节器。由于副回路是一个随动系统，它的输出要求能快速、准确地复现主调节器输出信号的变化规律，对副参数的动态性能和余差无特殊的要求，因而副调节器可采用 P 或 PI 调节器。

工业生产过程中，对于生产装置的温度、压力、流量、液位等工艺变量常常要求维持在一定的数值上，或按一定的规律变化，以满足生产工艺的要求。PID 控制器是根据 PID 控制原理对整个控制系统进行偏差调节，从而使被控变量的实际值与工艺要求的预定值一致。不同的控制规律适用于不同的生产过程，必须合理选择相应的控制规律，否则 PID 控制器将达不到预期的控制效果。

PID 控制器，由比例单元 P、积分单元 I 和微分单元 D 组成。通过 K_P、K_I 和 K_D 三个参数的设定。PID 控制器主要适用于基本线性和动态特性不随时间变化的系统。PID 控制器是一个在工业控制应用中常见的反馈回路部件。这个控制器把收集到的数据和一个参考值进行比较，然后把这个差别用于计算新的输入值，这个新的输入值的目的是可以让系统的数据达到或者保持在参考值。和其他简单的控制运算不同，PID 控制器可以根据历史数据和差别的出现率来调整输入值，这样可以使系统更加准确，更加稳定。可以通过数学的方法证明，在其他控制方法导致系统有稳定误差或过程反复的情况下，一个 PID 反馈回路却可以保持系统的稳定。

尽管不同类型的控制器，其结构、原理各不相同，但是基本控制规律只有三个：比例（P）控制、积分（I）控制和微分（D）控制。这几种控制规律可以单独使用，但是更多场合是组合使用，如比例（P）控制、比例积分（PI）控制、比例微分（PD）控制、比例积分微分（PID）控制等。

1. 比例（P）控制

单独的比例控制也称有差控制，输出的变化与输入控制器的偏差成比例关系，偏差越大输出越大。

$$p(t) = K_P e(t) \tag{5-6}$$

式中，K_P 为比例放大系数。

实际应用中，比例度的大小应视具体情况而定，比例度太大，控制作用太弱，不利于系统克服扰动，余差大，控制质量差；比例度太小，控制作用强，容易导致系统的稳定性变差，引发振荡。对于反应灵敏、放大能力强的被控对象，为提高系统的稳定性，应当使比例度稍大些；而对于反应迟钝，放大能力又较弱的被控对象，比例度可选小一些，以提高整个系统的灵敏度，也可以相应减小余差。单纯的比例控制适用于扰动不大，滞后较小，负荷变化小，要求不高，允许有一定余差存在的场合。工业生产中比例控制规律使用较为普遍。

2. 比例积分（PI）控制

比例控制规律是基本控制规律中最基本的、应用最普遍的一种，其优点就是控制及时、迅速。只要有偏差产生，控制器立即产生控制作用。但是，不能最终消除余差的缺点限制了它的单独使用。若在比例控制的基础上加上积分控制作用则能克服余差。

$$p(t) = K_P[e(t) + K_I \int e(t)dt] \qquad (5\text{-}7)$$

式中，K_I 为积分比例系数。

积分控制器的输出与输入偏差对时间的积分成正比。积分控制器的输出不仅与输入偏差的大小有关，而且还与偏差存在的时间有关。只要偏差存在，输出就会不断累积（输出值越来越大或越来越小），一直到偏差为零，累积才会停止。所以，积分控制可以消除余差。积分控制规律又称无差控制规律。积分时间的大小表征了积分控制作用的强弱。积分时间越小，控制作用越强；反之，控制作用越弱。积分控制虽然能消除余差，但它存在着控制不及时的缺点。因为积分输出的累积是渐进的，其产生的控制作用总是落后于偏差的变化，不能及时有效地克服干扰的影响，难以使控制系统稳定下来。所以，使用中一般不单独使用积分控制，而是和比例控制作用结合起来，构成比例积分控制。这样取二者之长，互相弥补，既有比例控制作用的迅速及时，又有积分控制作用消除余差的能力。因此，比例积分控制可以实现较为理想的过程控制。比例积分控制器是目前应用最为广泛的控制器之一，多用于工业生产中液位、压力、流量等控制系统。由于引入积分作用能消除余差，弥补了纯比例控制的缺陷，获得较好的控制质量。但是积分作用的引入，会使系统稳定性变差。对于有较大惯性滞后的控制系统，要尽量避免使用。

3. 比例微分（PD）控制

比例积分控制对于时间滞后的被控对象使用不够理想，为此人们设想，能否根据偏差的变化趋势来做出相应的控制动作呢？犹如有经验的操作人员，即可根据偏差的大小来改变阀门的开度（比例作用），又可根据偏差变化的速度大小来预计将要出现的情况，提前进行过量控制，"防患于未然"。这就是具有"超前"控制作用的微分控制规律。

$$p(t) = T_D \frac{de(t)}{dt} \qquad (5\text{-}8)$$

式中，T_D 为微分时间。

微分控制器输出的大小取决于输入偏差变化的速度。微分输出只与偏差的变化速度有关，而与偏差的大小以及偏差是否存在无关。如果偏差为一固定值，不管多大，只要不变化，则输出的变化一定为零，控制器没有任何控制作用。微分时间越大，微分输出维持的时间就越长，因此微分作用越强；反之则越弱。当微分时间为 0 时，就没有微分控制作用了。同理，微分时间的选取也需要根据实际情况来确定。微分控制作用的特点是动作迅速，具有超前调节功能，可有效改善被控对象有较大时间滞后的控制品质，但是它不能消除余差。

对于恒定偏差输入，根本就没有控制作用。因此，不能单独使用微分控制规律。比例和微分作用结合，比单纯的比例作用更快。尤其是对容量滞后大的对象，可以减小动偏差的幅度，节省控制时间，显著改善控制质量。

4. 比例积分微分（PID）控制

PID 控制最为理想的控制当属比例 - 积分 - 微分控制规律。它集三者之长：既有比例作用的及时迅速，又有积分作用的消除余差能力，还有微分作用的超前控制功能。当偏差阶跃出现时，微分立即大幅度动作，抑制偏差的这种跃变；比例也同时起到消除偏差的作用，使偏差幅度减小，由于比例作用是持久和起主要作用的控制规律，因此可使系统比较稳定；而积分作用慢慢把余差克服掉。只要三个作用的控制参数选择得当，便可充分发挥三种控制规律的优点，得到较为理想的控制效果。

$$p(t) = K_P A[1 + \frac{t}{T_I} + (K_D - 1)e^{\frac{K_D t}{T_D}}] \tag{5-9}$$

式中，K_D 为微分增益。

PID 控制器的参数整定是控制系统设计的核心内容。它是根据被控过程的特性确定 PID 控制器的比例系数、积分时间和微分时间的大小。PID 控制器参数整定的方法很多，概括起来有两大类：一是理论计算整定法。它主要是依据系统的数学模型，经过理论计算确定控制器参数。这种方法所得到的计算数据未必可以直接使用，还必须通过工程实际进行调整和修改。二是工程整定方法，它主要依赖工程经验，直接在控制系统的试验中进行，且方法简单、易于掌握，在工程实际中被广泛采用。PID 控制器参数的工程整定方法主要有临界比例法、反应曲线法和衰减法。三种方法各有其特点，其共同点都是通过试验，然后按照工程经验公式对控制器参数进行整定。但无论采用哪一种方法所得到的控制器参数，都需要在实际运行中进行最后调整与完善。现在一般采用的是临界比例法。利用该方法进行 PID 控制器参数的整定步骤为：首先预选择一个足够短的采样周期让系统工作；然后仅加入比例控制环节，直到系统对输入的阶跃响应出现临界振荡，记下这时的比例放大系数和临界振荡周期；最后在一定的控制度下通过公式计算得到 PID 控制器的参数。在实际调试中，只能先大致设定一个经验值见表 5-1，然后根据调节效果修改。

表 5-1 不同物理量下 PID 经验值

物理量	P（%）	I/min	D/min
温度	20 ~ 60	3 ~ 10	0.5 ~ 3
流量	40 ~ 100	0.1 ~ 1	
压力	30 ~ 70	0.4 ~ 3	
液位	20 ~ 80	1 ~ 5	

5.3.2 比值控制

在炼油、化工、制药等许多生产过程中，经常需要两种或两种以上的物料保持一定的比例关系。最常见的是燃烧过程，燃料与空气要保持一定的比例关系，才能满足生产和环保的要求；造纸过程中，浓纸浆与水要以一定的比例混合，才能制造出合格的纸浆；许多化学反应的诸个进料要保持一定的比例。实现两个或两个以上参数符合一定比例关系的控制系统，称为比值控制系统。

通常，在两个需要保持一定比例关系的物料中，一个是主动量或关键量，另一个是从动量或辅助量。由于物料通常是液体，因此称主动量为主流量 F_M，从动量为副流量 F_S。F_M 与 F_S 之

间的关系为

$$F_S = KF_M \tag{5-10}$$

式中，K 为比值系数，因此，只要主副流量的给定值保持比值关系，或者副流量给定值随主流量按一定比例关系而变化即可实现比值控制。

比值控制系统可分为开环比值控制系统、单闭环比值控制系统、双闭环比值控制系统、变比值控制系统等。

1. 开环比值控制系统

送往从变量执行器的控制信号与主变量测量值保持规定比值的系统。由于未引入从变量的测量值信号，系统处于开环状态，只能获得粗略的比值控制效果。虽然开环比值控制系统结构简单，但一般很少采用，只有当副流量较平稳且流量比值要求不高的场合才可采用。

2. 单闭环比值控制系统

单闭环比值控制系统是在开环比值控制系统上增加对副物料的闭环控制回路，用以实现主、副物料的比值保持不变。如图 5-17 所示为典型的单闭环比值控制系统。

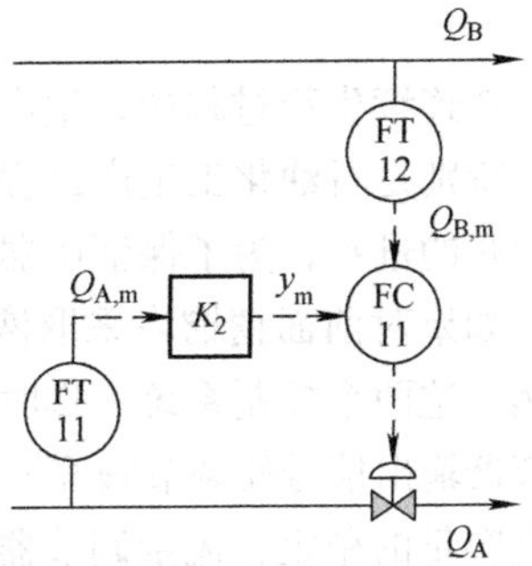

3. 双闭环比值控制系统

在双闭环比值控制系统（见图 5-18）工作时，若主动量受到干扰发生波动，则主动量回路对其进行定值控制，使主动量始终稳定在给定值附近，同时从动量控制回路也会随主动量的波动进行调整。当从动量受到扰动发生波动时，从动量控制回路对其进行定值控制，使从动量始终稳定在定值附近，而主动控制回路不受从动量波动的影响。

因此，因扰动而发生的主动量和从动量波动利用各自控制回路分别实现实际值与给定值吻合，从而保证主、副物料流量的比值恒定。当调节主动量给定值时，主动量控制回路调节主动量实际值和给定值吻合；同时，根据主动量与从动量的比值及新的主动量给定值，系统给出从动量控制回路的输入值。

通过从动控制回路的调节控制使从动量的实际值与该输入值吻合，即从动控制量的实际值与主动量变动后的数值相对应，保持主动量和从动量的比值不变。

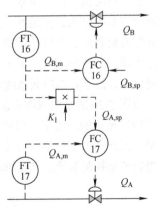

图 5-17　单闭环比值控制系统

图 5-18　双闭环比值控制系统

4. 变比值控制系统

单闭环比值控制系统和双闭环比值控制系统有一个共同的特点：通过控制系统维持物料的供应比值恒定，保证生产过程的正常进行。实际生产过程中，物料按比例输入并不是最终目的，一般最终目的是生产过程的结果，例如，发电系统产生的电能，自来水氯气消毒系统输出水的质量与流量等。因此，在生产过程中，往往要对除了输入物料以外的第三参量进行控制。当第三参量随输入物料的配比不同变化时，对第三参量的控制问题，变成了调节物料配比问题，这就是变比值控制。图 5-19 所示就是典型的变比值控制系统。

物联网控制技术

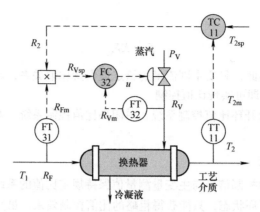

图 5-19 变比值控制系统

5.3.3 均匀控制

在连续生产过程中，生产设备是紧密联系在一起的，前一设备的出料往往是后一设备的进料，特别是石油化工生产过程中，前后塔器之间操作密切，互相关联，前一精馏塔的出料就是后面塔的进料，为了保证塔器的正常运行，要求进入塔的流量变化平缓，同时要求塔釜液位稳定。如果对前面精馏塔采取液位控制，对后面塔采取流量控制，其调节参数都是塔底出料量，显然，这两个控制系统工作时是有矛盾的，因为当前面塔的液位由于干扰作用而升高时，液位调节器输出信号使调节阀开大，塔底出料量增大（即送入后面塔的进料量增大）。为了保持后面塔进料量的稳定，流量调节器输出信号使流量调节阀关小，这样串联在同一管道上的前后两个流量调节阀动作方向相反，发生矛盾。因此这种不协调的控制方案是不可取的。

为了解决前后两塔供求之间的矛盾，可在两塔之间设置一个中间贮槽，这样既满足了前面塔液位调节的要求，又缓冲了后面塔进料量的波动，但增加了设备和投资，而且遇有化合物易于分解或聚合时，不宜在贮槽内贮存时间过长，于是企图设法采用自动调节来模拟中间贮槽的缓冲作用，力图使液位和流量能均匀地变化，组成所谓均匀控制系统。由此可知均匀控制是指控制目的，而不是指控制系统的结构。

以图 5-20 所示的双塔系统为例，甲塔的液位需要稳定，乙塔的进料也需要稳定，这两个要求是相互矛盾的。为了实现甲塔的液位稳定，设计了液位控制系统，其操纵变量是该塔的出料流量，因此，该变量必然要变化，而该变量又是乙塔进料，因此，乙塔进料必然要变化，若增设进料流量控制系统，又要影响到甲塔的液位控制。

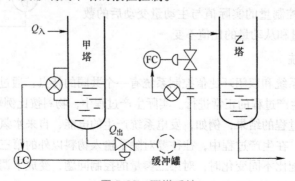

图 5-20 双塔系统

188

解决方案如下：

1）在甲、乙两塔间增加中间储罐，但这样会导致流程复杂，投资增加等，而且有些工艺由于连续性要求，不允许增设中间储罐。

2）冲突双方各自降低要求，以求共存。均匀控制体现了这种思想。

由于冲突双方降低了要求，如允许液位和流量在一定范围内波动，就可以采用均匀控制。

均匀控制系统的过渡过程控制质量指标要求服从于控制目的，塔釜液位和塔底出料量之间的动态联系密切，往往两个参数的调节质量都要照顾，只要两个参数在某一范围内作缓慢变化，前后工序维持正常就达到了目的。

据上所述，均匀控制应具有以下特点：

1）前后两个设备的两个参数都应该是缓慢变化的。当采取液位定值调节时，是通过调节流量的手段达到的，因此要使液位平稳，流量变化就较大，这样就不能满足下一工序平稳进料的要求；如果采取流量定值调节，流量稳定，但前一设备的液位波动就比较大；如果采取均匀控制，就能使液位和流量都在允许范围内缓慢均匀地变化，因此符合均匀控制的目的。

2）前后互相联系又互相矛盾的两个参数应保持在工艺操作所允许的范围内波动。例如，塔釜液位过高会造成冲塔现象，液位过低又会使塔釜有流干的危险，而后塔的进料量也不能超过它所能承受的最大负荷和最低处理量。

5.3.4 选择控制

通常的自动控制系统都是在生产过程处于正常工况时发挥作用的，如遇到不正常工况，则往往要退出自动控制而切换为手动，待工况基本恢复再投入自动控制状态。

现代石油、化工等过程工业中，越来越多的生产装置要求控制系统既能在正常工艺状况下发挥控制作用，又能在非正常工况下仍然起到自动控制作用，使生产过程尽快恢复到正常工况，至少也是有助于或有待于工况恢复正常。这种非正常工况时的控制系统属于安全保护措施，安保措施有两大类，一是硬保护，二是软保护。

硬保护措施就是联锁保护控制系统。当生产过程工况超出一定范围时，联锁保护系统采取一系列相应的措施，如报警、自动到手动、联锁动作等，使生产过程处于相对安全的状态。但这种硬保护措施经常使生产停车，造成较大的经济损失。于是，人们在实践中探索出许多更为安全经济的软保护措施来减少停车造成的损失。

所谓软保护措施，就是当生产工况超出一定范围时，不是消极地输入联锁保护甚至停车，而是自动地切换到一种新控制系统中，这个新的控制系统取代了原来的控制系统对生产过程进行控制，当工况恢复时，又自动地切换到原来的控制系统中。由于要对工况是否正常进行判断，要在两个控制系统当中选择，因此称为选择性控制系统，有时也称为取代控制或超驰控制。

选择性控制系统在结构上的最大特点是有一个选择器，通常是两个输入信号，一个输出信号，图 5-21 所示的锅炉空燃比控制方案就采用了选择性控制系统。对于高选器 HS，输出信号等于两个输入信号中数值较大的一个，对于低选器 LS，输出信号等于两个输入信号中数值较小的一个。

选择性控制系统存在积分饱和现象，在选择性控制系统中，由于采用了选择器，未被选用的调节器就处于开环状态，例如，调节器有积分作用，偏差又长期存在，则调节器的输出就会持续地朝一个方向变化，直至极限状态。超出气动调节阀的正常输入信号范围（0.02～

0.1MPa），就进入了积分饱和状态。如果在这种状态下，该调节器重新被选用，它不能迅速地从极限状态（即饱和状态）的0.14MPa进入气动调节阀的正常输入信号范围之内。控制系统不能及时地进行控制，系统质量和安全等性能都受到影响，甚至造成事故。积分饱和现象并不是选择性控制系统所特有的，只要符合产生积分饱和的三个条件，即：

1）调节器具有积分作用。

2）调节器处于开环状况。

3）调节器的偏差长期存在，系统都会发生积分饱和现象。

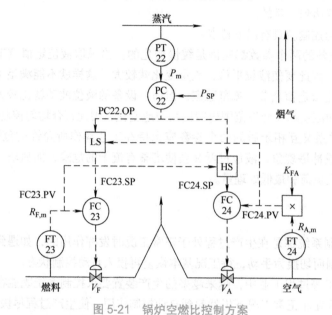

图 5-21　锅炉空燃比控制方案

由于选择性控制系统中，总有一台控制器处于开环状态，因此易产生积分饱和。防积分饱和的三种方法：

1）限幅法：用高低值限幅器控制器积分反馈信号限定在某个区域。

2）外反馈法：在控制器开环状态下，不再使它自身的信号做积分反馈，而是采用合适的外部信号作为积分反馈信号。从而也切断了积分正反馈，防止了进一步的偏差积分作用。

3）积分切除法：它是从控制器本身的线路结构上想办法，使控制器积分线路在开环情况下，会暂时自动切除，使之仅具有比例作用。所以这类控制器称为 PI-P 控制器。

5.3.5　分程控制

一般来说，一台调节器的输出仅操纵一只调节阀，若一台调节器去控制两个以上的阀并且是按输出信号的不同区间去操作不同的阀门，这种控制方式习惯上称为分程控制。

图 5-22 所示为分程控制系统的简图。图中表示一台调节器去操纵两只调节阀，实施（动作过程）是借助调节阀上的阀门定位器对信号的转换功能。例如，图中的 A、B 两阀，要求 A 阀在调节器输出信号压力为 0.02 ~ 0.06MPa 变化时，阀可做全行程动作，则要求附在 A 阀上的阀门定位器，对输入信号 0.02 ~ 0.06MPa 时，相应输出为 0.02 ~ 0.1MPa，而 B 阀上的阀门定位器，应调整成在输入信号为 0.06 ~ 0.1MPa 时，相应输出为 0.02 ~ 0.1MPa。按照这些条件，当调节

器（包括电 / 气转换器）输出信号小于 0.06MPa 时，A 阀动作，B 阀不动；当输出信号大于 0.06MPa 时，而 B 阀动作，A 阀已动至极限；由此实现分程控制过程。

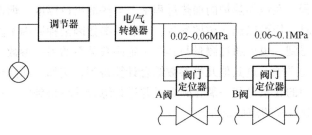

图 5-22 分程控制系统

分程控制系统中，阀的开闭形式可分同向和异向两种，如图 5-23 和图 5-24 所示。

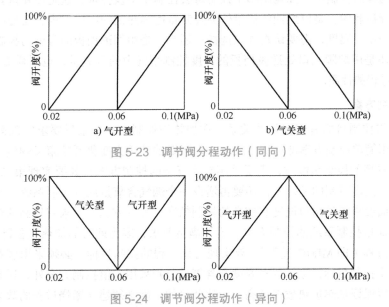

图 5-23 调节阀分程动作（同向）

图 5-24 调节阀分程动作（异向）

一般调节阀分程动作采用同向规律的是为了满足工艺上扩大可调比的要求，反向规律的选择是为了满足工艺的特殊要求。

5.4 过程控制系统设计

过程控制系统的设计是过程控制的主要内容，也是本章课程学习的重点。现以加热炉过程控制系统的设计为例进行简要叙述，它的设计步骤简述如下。

1. 确定控制目标

存在几个不同的控制目标，即：

1）在安全运行的条件下，保证热油出口温度稳定。

2）在安全运行的条件下，保证热油出口温度和烟道气含氧量稳定。

3）在安全运行的条件下，既要保证热油出口的温度稳定，还要使加热炉热效率最高。

显然，为实现上述不同的控制目标应采用不同的控制方案，这是需要首先确定的。

2. 选择被控参数

被控参数亦称被控量或系统的输出。无论采用什么控制方案，均需要通过某些参数的检测来控制或监视生产过程。在该加热炉的加热过程中，当热油出口温度、烟道气含氧量、燃油压力等参数能够被检测时，均可以选作被控参数。若有些参数因某种原因不能被直接测量时，可利用参数估计的方法得到，也可通过测量与其有一定函数关系的另一参数（称为间接参数）经计算得到；有些参数还必须通过其他几种参数综合计算得到，例如，加热炉的热效率就是通过测量烟气温度、烟气中的含氧量和一氧化碳含量并进行综合计算得到的。在过程控制中，被控参数的选择是体现控制目标的前提条件。

3. 选择控制量

控制量亦称控制介质。一般情况下控制量是由生产工艺规定的，一个被控过程通常存在一个或多个可供选择的控制量。究竟用哪个控制量去控制哪个被控量，这是需要认真考虑的。在上述加热炉过程控制中，是以燃油的流量作为控制量控制热油的出口温度，还是以冷油的入口流量控制热油的出口温度，需要认真加以选择；还有，是用烟道挡板的开度为控制量控制烟气中的含氧量，还是用炉膛入口处送风挡板的开度控制烟气中的含氧量，也同样需要认真选择，这决定了被控过程的性质。

4. 确定控制方案

控制方案与控制目标有着密切的关系。在加热炉控制中，如果只要求实现第一个控制目标，则只要采用简单控制方案即可满足要求；但当燃油的压力变化既频繁又剧烈，又要确保热油出口温度有较高的控制精度时，则要采用较为复杂的控制方案；如要实现第二个控制目标，则在对热油出口温度控制的基础上，还要再增设一个烟气含氧量成分控制系统，可完成控制任务；如果一方面要求热油出口温度有较高的控制精度，另一方面又要求有较高的热效率，此时若仍采用两个简单控制系统的控制方案已不能满足要求，因为此时的加热过程已变成多输入/多输出的耦合过程（即 MIMO 过程），要实现对该过程的控制目标，必须采用多变量解耦控制方案；对第三个控制目标，除了要对温度和含氧量分别采用定值控制方案外，还要随时调整含氧量的设定值以保证加热炉热效率最高。为达此目的，则必须建立燃烧过程的数学模型，采用最优控制，结果使控制方案变得更加复杂。

总而言之，控制方案的确定，随控制目标和控制精度要求的不同而有所不同，它是控制系统设计的核心内容之一。

5. 选择控制策略

被控过程决定控制策略。对比较简单的被控过程，在大多数情况下，只需选择常规 PID 控制策略即可达到控制目的；对比较复杂的被控过程，则需要采用高级过程控制策略，如模糊控制、推理控制、预测控制、解耦控制、自适应控制策略等。这些控制策略（亦称控制算法）涉及许多复杂的计算，所以只能借助于计算机才能实现。控制策略的合理选择也是系统设计的核心内容之一。

6. 选择执行器

在确定了控制方案和控制策略之后，就要选择执行器。目前可供选择的商品化执行器有气动和电动两种，尤以气动执行器的应用最为广泛。这里关键的问题也是容易被人们忽视的问题是，如何根据控制量的工艺条件和对流量特性的要求选择合适的执行器。若执行器选得不合适，会导致执行器的特性与过程特性不匹配，进而使设计的控制系统难以达到预期的控制目标，有的甚至使系统无法运行。因此，应该引起足够的重视。

7. 设计报警系统和联锁保护程序

报警系统的作用在于及时提醒操作人员密切注视生产中的关键参数，以便采取措施预防事故的发生。对于关键参数，应根据工艺要求设定其高、低限值。联锁保护系统的作用是当生产一旦出现事故时，为确保人身与设备的安全，要迅速使被控过程按预先设计好的程序进行操作以便使其停止运转或转入"保守"运行状态。例如，当加热炉在运行过程中出现事故而必须紧急停车时，联锁保护系统必须先停燃油泵，后关燃油阀，再停引风机，最后切断热油阀。只有按照这样的联锁保护程序才会避免事故的进一步扩大。否则，若先关热油阀，则可能烧坏油管；或先停引风机，则会使炉内积累大量燃油气，从而导致再次点火时出现爆炸事故，损坏炉体。因此，正确设计报警系统和联锁保护程序是保证生产安全的重要措施。

8. 系统的工程设计

过程控制系统的工程设计是指用图样资料和文件资料表达控制系统的设计思想和实现过程，并能按图样进行施工。设计文件和图样一方面要提供给上级主管部门，以便对该建设项目进行审批，另一方面则作为施工建设单位进行施工安装的主要依据。因此，工程设计既是生产过程自动化项目建设中的一项极其重要的环节，也是对学生强化工程实践、运用"过程控制工程"的知识进行全面综合训练的重要环节。

9. 系统投运、调试和整定调节器的参数

在完成工程设计、控制系统安装之前，应按照控制方案的要求检查和调试各种控制仪表和设备的运行状况，然后进行系统的安装与调试，最后进行调节器的参数整定，使控制系统运行在最优（或次优）状态。

以上所述为过程控制系统设计的主要步骤。但是，对一个从事过程控制的工程技术人员来说，除了要熟悉上述控制系统设计的主要步骤外，还要尽可能熟悉生产过程的工艺流程，以便从控制的角度掌握它的静态和动态特性（亦称过程模型）。对于简单过程控制问题，或许不需要详细分析或建立显式模型，但对于复杂过程的控制问题，过程模型不仅有利于控制系统的设计，而且有利于对过程的深入了解。因此，建立过程的数学模型，也是控制系统设计的重要内容之一。

习题

【5.1】 为什么说串级控制系统主控制器的正、反作用方式只取决于主对象放大倍数的符号，而与其他环节无关？

【5.2】 什么是比值控制系统？它有哪几种类型？画出它们的结构原理图。

【5.3】 前馈控制与反馈控制各有什么特点？

第6章

物联网控制系统案例分析

6.1 智能家居系统

与普通家居相比，智能家居不仅具有传统的居住功能，同时能够提供信息交互功能，使得人们能够在外部查看家居信息和控制家居的相关设备，便于人们有效安排时间，使得居家生活更加安全、舒适。系统包含互联网、智能家电、控制器、家居网络及网关。而智能家居的网络与网关是智能家电设备间、互联网及用户之间能够信息交互的关键环节，是开发和设计阶段的重要内容和难点。

智能家居最终目标是让家居环境更舒适、更安全、更环保、更便捷。物联网的出现使得现在的智能家居系统功能更加丰富、更加多样化和个性化，其系统功能主要集中在智能照明控制、智能家电控制、视频聊天及智能安防等。每个家庭可根据需求进行功能的设计、扩展或裁减。

智能家居概念起源于 20 世纪 80 年代初的美国，称之为 "Smart Home"。其经历了四代的发展：第一代是通过同轴线及两芯线完成家庭组网，进而实现灯光、窗帘及少量的安防控制等；第二代是通过总线及 IP 技术组网，能够完成可视对讲及安防的业务；第三代是集中化的智能控制系统，由中控机完成安防、计量等方面的功能；第四代则基于物联网技术可根据用户需求实现个性化的功能。

智能家居最初的发展主要以灯光遥控控制、电器远程控制和电动窗帘控制为主，随着行业的发展，智能控制的功能越来越多，控制的对象不断扩展，控制的联动场景要求更高，不断延伸到家庭安防报警、背景音乐、可视对讲、门禁指纹控制等领域，可以说智能家居几乎可以涵盖所有传统的弱电行业，市场发展前景诱人。

6.1.1 智能家居系统的设计

在图 6-1 所示的智能家居功能图中，系统利用各种传感器测量家居环境参数，结合嵌入式数据库存储技术将历史数据统一保存管理；利用无线传感器网络统一管理各个节点；利用自动控制理论和反馈控制理论实现智能控制与无人值守；利用嵌入式 Linux 系统实现智能网关；利用 Android 系统实现智能终端，实现物联网技术在智能家居等现实环境的应用。

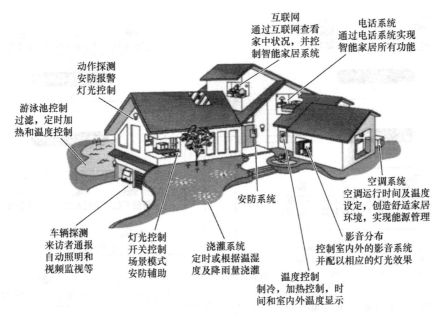

图 6-1　智能家居功能图

1. 系统框架结构设计

智能家居系统依据全面感知、可靠传递、智能处理的功能需求，可划分为感知层、网络层和应用层三个层次。

（1）感知层

感知层包括各类搭载了 ZigBee 无线通信模块的家用电器、照明设备和安防设备等，实现对家庭环境的全面感知，并由智能家庭网关实现感知层和网络层的数据交互。

（2）网络层

网络层包括一台数据库服务器和一台 Web 站点服务器。数据库服务器用于同家庭数据网关进行数据交互；Web 站点服务器通过访问上述数据库服务器获取数据将信息通过 Web 站点发布到互联网上。

（3）应用层

应用层包括各类搭载了 Web 浏览器的终端设备，用户可通过 Web 浏览器访问上述站点实现对智能家居系统的管理和控制。

智能家居系统的网络架构如图 6-2 所示。

2. 系统硬件设计

智能家居系统的硬件设计主要包括无线传感网络、智能网关、数据库服务器等的设计，具体介绍如下。

首先，对处于感知层的 ZigBee 无线传感网络进行设计，包括多个 ZigBee 终端／路由节点和一个 ZigBee 协调器节点。通过在家居设备节点上搭载上述 ZigBee 通信控制节点，将散布在家庭环境中的各个设备节点组成无线传感网络，从而实现各类家居设备的连接以及智能化。其中，ZigBee 协调器负责整个无线传感网络的组网和路由维护，并实时地将无线传感网内节点的感知数据上传给监控用 PC，同时接收并转发由上述监控用 PC 发送来的控制数据。

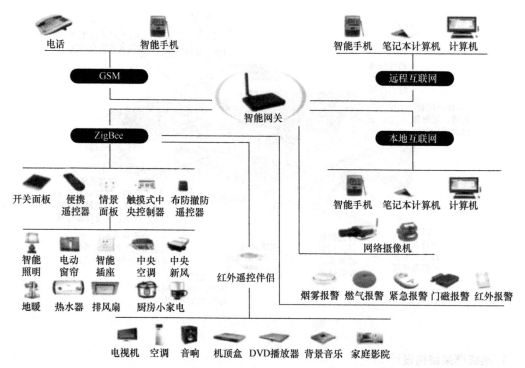

图 6-2 智能家居系统的网络架构

然后，将上述监控 PC 通过 WiFi 或以太网，与 Internet 路由器相连接组成家庭智能网关。其中，PC 在数据下行侧与无线传感网络中的协调器通过 RS-232 串行通信接口相连接；路由器在数据上行侧与数据库服务器通过互联网相连接，通过"PC + 路由器"的模式实现了连接传感网与互联网间的网关功能。

同时，在互联网中搭建一个基于 Microsoft SQL Sever 2005 的数据库服务器，用于与上述路由器进行数据交互，并对这些数据进行智能分析处理和存储；另外搭建一个基于 .NET 框架的 Web 站点服务器，通过访问上述数据库服务器获得实时的家居环境数据，并通过 Web 站点发布给用户；接着将在 Web 页面上接收到的用户指令交递给数据库服务器。

最终，远程用户通过各类搭载了 Web 浏览器的终端设备访问 Web 站点。以实现对家居设备的监视和控制。

整个系统主要由无线传感网络、监控用 PC、路由器、数据库服务器、Web 站点服务器以及各类终端设备组成，系统硬件架构如图 6-3 所示。

设备通信用蓝牙模块、WiFi 模块等与 STM32 单片机上相应的串口连接，再通过手机连接蓝牙或 WiFi，发送相应的指令来控制家居。也可利用传感器来采集数据，再使家居实现相应的功能，智能家居通信系统硬件架构图如图 6-4 和图 6-5 所示。

智能家居物联网实训系统主要由感知设备、安防设备、控制设备、监控设备、智能网关、智能终端以及木质沙盘组成。

1）感知设备：主要由传感器调理板、ZigBee 通信模块以及接口底板组成。本系统传感器包括空气温湿度传感器、光照度传感器等，可根据客户需求定制不同类型的传感器节点。

2）安防设备：由 315M 接收模块、燃气探测传感器、烟雾探测器、红外探测器以及门磁探测器组成，实现家居安防报警等功能。

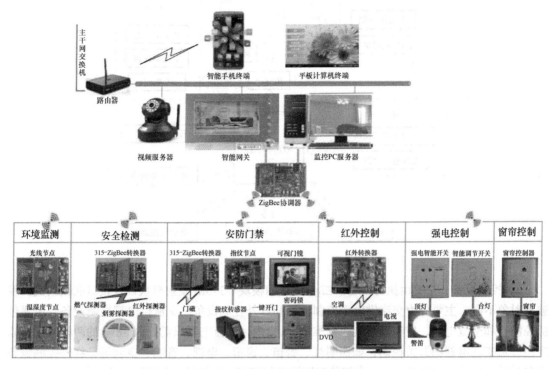

图 6-3　智能家居系统硬件架构图

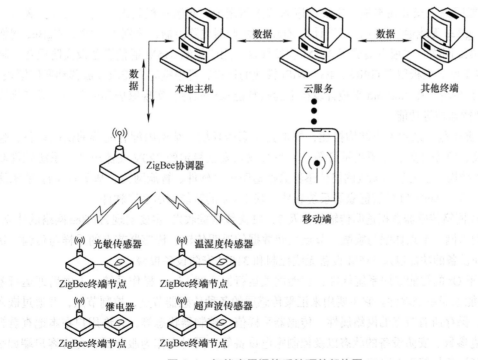

图 6-4　智能家居通信系统硬件架构图

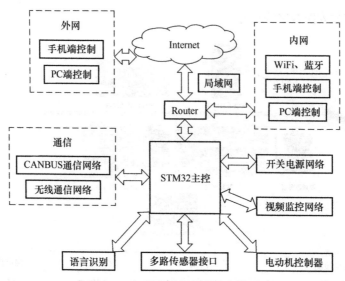

图 6-5　智能家居通信系统架构图

3）控制设备：主要由执行设备、ZigBee 通信模块、315M 发射模块以及接口底板组成。因被控对象不同，主要分为交流供电型控制设备和红外控制设备。交流供电型控制设备，主要包括控制器和交流电器，控制器封装在标准的 86 盒内，交流电器只需插入 86 盒的两相或三相插座内即可实现电器的开关控制，如照明灯、警笛、窗帘、电视、音响、空调等。红外控制设备主要是学习遥控器的编码，用一个红外控制设备代替多个遥控器，如电视、空调等。

4）监控设备：它是一种视频服务器，具有 IP 地址和 MAC 地址，用于网络视频监控。

5）智能网关：安装在本地，主要由嵌入式主板组成，封装在模具内，美观大方。嵌入式主板集成 ZigBee 无线通信模块，可设计为 ZigBee 协调器或路由器，分别用于建立 ZigBee 网络或维护 ZigBee 网络。主板也集成了 315M 收发模块，用于控制 315M 通信设备及安防设备，降低布线的复杂度。主板留有 GPRS、4G、WiFi 模块的接口，可根据客户需求集成移动通信模块。

6）智能终端：在 Android 平板计算机上运行智能家居软件，实现家居环境监测、设备远程控制以及视频监控等功能。

7）木质沙盘：采用木质结构搭建，模拟真实家居环境。结构内配有完善的供电设备，包括空气开关、急停开关、电源指示灯等，为系统输入安全稳定的 220V 交流电源。系统软件默认采用 C/S 结构，主要包括无线网络传感器数据透明传输软件、智能网关、基于 Qt 的智能家居系统软件、基于 Android 的智能家居系统软件、基于 C# 的智能家居系统软件。

① 无线网络传感器数据透明传输软件及 315M 无线数据收发：主要实现 ZigBee 网络的建立、节点的自动入网、节点休眠与唤醒、节点之间数据的透明传输、传感器节点的采样与传输、执行节点驱动设备的功能以及 315M 设备无线控制和 315M 安防设备报警。

② 基于 Qt 的智能家居系统软件：智能网关运行嵌入式 Linux 操作系统，上电后即运行基于 Qt 的智能家居系统软件。它主要用来汇聚传感层的各种传感器节点，控制节点，并通过嵌入式数据库，保存所有节点的网络属性、传感器采样值、控制器状态等，允许用户在本地查看智能家居环境参数、安防设备的状态以及控制家电设备等。同时它作为服务器，允许客户端如平板计算机等设备与其建立连接，实现 TCP/IP 通信。

③ 基于 Android 的智能家居系统软件：平板计算机运行基于 Android 操作系统的智能家居监控软件。用户可以在平板计算机上浏览家居环境参数、安防设备状态，远程控制家用电器（开关控制、红外遥控）等，并且可以访问网络摄像机，实现远程视频监控。

④ 基于 C# 的智能家居系统软件：系统还支持 C# 智能家居系统软件。该软件不用智能网关，而使用普通 PC，通过串口与 ZigBee 协调器通信。基于 C# 的智能家居软件就是通过串口编程、及时读取串口缓冲数据实现对传感层节点的管理的，主要实现家居环境监测、家居安防监测、家电设备控制以及视频监控等功能。

3. 系统功能描述

一套完整的智能家居系统一般都由一个中央控制系统和各子系统组成。完整的智能家居系统具有以下所述功能：

1）始终在线的网络服务：与互联网随时相连，为在家办公提供了便利条件。

2）家庭安全防范：智能安防可以实时监控非法闯入、火灾、煤气泄漏。一旦出现警情，系统自动向家居系统发出报警信息，同时启动控制系统，进入应急联动状态，从而实现主动防范。

3）照明系统控制：控制电灯的开关、明暗度，提供多种灯光情景控制模式，例如，全开全关模式、家庭影院模式、会客模式、聚餐模式、夜间模式、起早模式。

4）家电控制：控制电视、音响、空调、冰箱、电风扇、窗帘、门窗等。

5）智能化控制：通过各种传感器（如温度、声讯等）实现智能家居的主动性动作响应，例如，监控火灾时自动断电，燃气泄漏时自动关闭气阀并打开窗户和换气扇，根据亮度自动调节开关窗帘，下雨时自动关闭窗户等。

6）联动控制：例如，回家开门后，灯、窗帘、空调等开启联动工作。

7）定时控制：例如，早上起床时间到后，闹钟响起，开启窗帘，播放音乐。

8）温度控制：通过传感器检测并实现对室内温度的控制。

9）多种途径控制：可通过触摸屏、网页、遥控器等不同方式控制家庭设备。

10）系统主页面：实现系统中各设备的用户配置、数据展示等功能。

6.1.2　智能家居系统的功能

智能家居系统主要是为普通住户设计的，对家庭内部情况进行远程监测和控制的系统。它可以完成以下功能。

1. 智能灯光控制

智能灯光控制可实现对全屋灯光的单设备开关、全设备开关、设备调光、模式切换等功能，并可用定时控制、本地控制及互联网远程控制等多种控制方式实现其功能，节能、环保、舒适、方便。

2. 智能电器控制

电器控制采用弱电控制强电方式，即安全又智能，可以用遥控、定时等多种方式对家里的饮水机、插座、空调、地暖、投影机、新风系统等进行智能控制，如避免饮水机在夜晚反复加热影响水质，在外出时断开插排通电，避免电器发热引发安全隐患；对空调地暖进行定时或者远程控制等。

3. 安防监控系统

随着人们居住环境的升级，人们越来越重视自己的个人安全和财产安全，对人、家庭以及住宅小区的安全方面提出了更高的要求；同时，经济的飞速发展伴随着城市流动人口的急剧增加，给城市的社会治安增加了新的难题，要保障小区的安全，防止偷抢事件的发生，就必须有自己的安全防范系统，人防的保安方式难以适应人们的要求，智能安防已成为当前的发展趋势。随着物联网技术的不断成熟，其在家居生活中已经得到越来越广泛的应用。同时当前的门禁系统集自动识别技术和现代安全管理措施于一身，逐步走向成熟。银行金库、重点实验室和机要室等高端门禁市场对安全性要求较高，研发一种高安全性的门禁系统显得十分必要。本章介绍的智能家居系统内置了一个以人脸识别为主的多重识别的新型多功能嵌入式门禁系统平台。该系统平台将人脸识别技术和指纹识别、RFID 识别的优势相结合，是一种安全性高、准确率高、灵活性强的门禁系统，并将其与室内各信息搜集传感器模块结合，构建完整的门禁系统平台。同时，该系统也具备扩展其他功能的能力，目前可应用于控制室内窗帘的升降、照明光线的强弱等方面，具有发展成为完善的智慧家居系统的潜力。

视频监控系统已经广泛地存在于银行、商场、车站和交通路口等公共场所，但实际的监控任务仍需要较多的人工完成，而且现有的视频监控系统通常只是录制视频图像，提供的信息是没有经过解释的视频图像，只能用作事后取证，没有充分发挥监控的实时性和主动性。为了能实时分析、跟踪、判别监控对象，并在异常事件发生时提示、上报，为政府部门及时决策、正确行动提供支持，视频监控的"智能化"就显得尤为重要。

4. 智能背景音乐

家庭背景音乐是在公共背景音乐的基本原理基础上结合家庭生活的特点发展而来的新型背景音乐系统。简单地说，就是在家庭任何一间房子里，如花园、客厅、卧室、酒吧、厨房或卫生间，可以将 MP3、FM、DVD、计算机等多种音源进行系统组合让每个房间都能听到美妙的背景音乐。音乐系统即可以美化空间，又起到很好的装饰作用。

5. 智能视频共享

视频共享系统是将数字电视机顶盒、DVD 机、录像机、卫星接收机等视频设备集中安装于隐蔽的地方，而让客厅、餐厅、卧室等多个房间的电视机共享家庭影音库，并可以通过遥控器选择自己喜欢的视频源进行观看。采用这样的方式既可以让电视机共享音视频设备，又不需要重复购买设备和布线，既节省了资金又节约了空间。

6. 可视对讲系统

可视对讲产品已比较成熟，成熟案例随处可见，这其中有大型联网对讲系统，也有单独的对讲系统，可实现呼叫、可视、对讲等功能。

7. 家庭影院系统

对于高档公寓或者别墅的户型，客厅或者影视厅一般为 20m² 左右，除了要宽敞舒服，一般还需具有娱乐属性。要满足这样的要求，"家庭云平台"是家庭影院必不可少的"镇宅之宝"。

8. APP 远程控制

当用户不在住宅内时，可以通过手机 APP 来控制家中的智能设备。APP 可展示住宅内的电路是否正常，各种智能设备的信息（例如冰箱里的食物等），还可以得知室内的空气质量（屋内外可以安装类似烟雾报警器的电器）从而控制窗户和紫外线杀菌装置进行换气或杀菌，此外还可根据外部天气的优劣适当的加湿屋内空气和利用空调等设施对屋内进行升温。用户不在家时，也通过 APP 控制实现花草浇水、宠物喂食、衣物晾晒等功能。

9. 环境监控与调节

通过温湿度传感器、光照度传感器对室内居住环境的状态进行实时监测，所有监测数据可以实时显示在智能网关、PC 监控服务器、平板计算机监控终端的 GUI 界面上。系统可以通过预置的上下限，自动控制空调、窗帘的开关状态，调节居室环境。

6.2　智能制造 – 间歇反应过程控制方案设计

6.2.1　被控对象工艺流程简介

1. 被控对象工艺流程概述

被控对象为过程工业常见的带搅拌釜式反应器系统，属于间歇反应过程。其工艺流程图如图 6-6 所示。

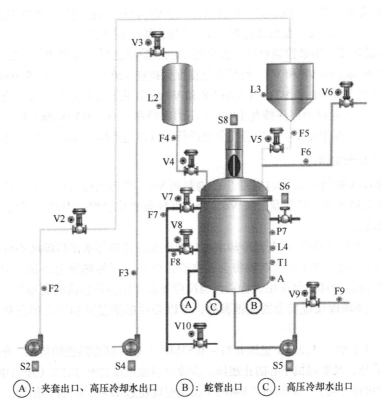

Ⓐ：夹套出口、高压冷却水出口　　Ⓑ：蛇管出口　　Ⓒ：高压冷却水出口

图 6-6　间歇反应工艺流程图

该反应过程主要包括备料工序和缩合反应工序，其中，备料工序相对比较简单，就是按照

所要求的物料比例将三种物料加入到反应釜中。缩合工序是一个比较复杂的过程，历经下料、升温、保温、出料及反应釜清洗几个阶段。

在缩合反应中 A、B、C 三种物料在反应釜中经夹套蒸汽加入适度的热量后，将发生复杂的化学反应，产生反应最终产物 D 及其副产物。缩合反应不是一步合成，实践证明还伴有副反应发生。缩合收率的大小与这个副反应有密切关系。主反应的活化能高于副反应，因此提高反应温度有利于主反应的进行。但在本反应中若升温过快、过高，可能造成爆炸而产生危险事故。

2. 反应过程特性分析

该控制过程的重点和难点在缩合反应工序。缩合反应工序可以大致分为以下几个阶段。

1）当开启反应釜搅拌电机 S8，适当打开夹套蒸汽加热阀 S6 后反应釜内温度 T 逐渐上升，要控制加热量使温度上升速度在 0.1 ~ 0.2℃/s 以内。加热速率过猛会使反应后续的剧烈阶段失控而产生超压事故。加热速率过慢会使反应停留在低温区，副反应会加强，影响主产物产率。

2）在 45 ~ 65℃（釜压 0.18MPa 左右）之间时不需要加热，反应此时已被深度诱发，并逐渐靠自身反应的放热效应不断加快反应速度。

3）当反应温度达到 65℃左右（釜压 0.18MPa 左右）后间断小量开启夹套冷却水阀门 V8 及蛇管冷却水阀门 V7，控制反应釜的温度和压力上升速度，提前预防系统超压。此时，副反应速率仍然大于主反应速率，此过程一直延续到 90℃左右。

4）反应预计在 95 ~ 110℃（釜压 0.41 ~ 0.55MPa）时进入剧烈难控的阶段。此时应充分加强对 V8 和 V7 的调节，这一阶段既要大胆升压，又要谨慎小心防止超压。为使主反应充分进行，并尽量减弱副反应，应使反应温度维持在 121℃（压力维持在 0.69MPa 左右）

5）反应保温阶段，如果控制合适，反应历经剧烈阶段之后，压力 P、温度 T 会迅速下降。此时应逐步关小冷却水阀 V8 和 V7，使反应釜温度保持在 120℃（压力保持在 0.68 ~ 0.70MPa），不断调整直至全部关闭 V8 和 V7。当关闭 V8 和 V7 后出现压力下降时，可适当打开夹套蒸汽加热阀 S6，使反应釜温度始终保持在 120℃（压力保持在 0.68 ~ 0.70MPa）5 ~ 10min（实际为 2 ~ 3h）。保温之目的在于使反应尽可能充分地进行，以便达到尽可能高的主产物产率。

3. 注意事项及安全措施

1）依次加入 A 物料和 B 物料后打开 C 物料阀 V6，将料液打入反应釜。注意反应釜的最终液位 L4 等于 1.37m 时，必须及时关 V6，否则反应釜液位会继续升高，当大于 1.6m 时，将引起液位超限报警。

2）开启 V8 和 V7 的同时，夹套冷却水出口温度和蛇管冷却水出口温度不得低于 60℃。如果低于 60℃，反应物产物中的副产物将会在夹套内壁和蛇管传热面上结晶，增大热阻，影响传热，因而大大降低冷却控制作用。特别是当反应釜温度还不足够高时更易发生此种现象。反应釜温度和压力是确保反应安全的关键参数，所以必须根据温度和压力的变化来控制反应的速率。

3）反应预计在 95 ~ 110℃（釜压 0.41 ~ 0.55MPa）进入剧烈难控的阶段。前文已述，这一阶段既要大胆升压，又要谨慎小心防止超压。应使反应温度维持在 121℃（压力维持在 0.69MPa 左右）。但压力维持过高，一旦超过 0.8MPa（反应温度超过 128℃），将会报警。

4）如果反应釜压力 P7 上升过快，已将 V8 和 V7 开到最大，仍压制不住压力的上升，可迅速打开高压水阀门 V10，进行强制冷却。如果开启高压水泵后仍无法压制反应，当压力继续上升至 0.83MPa（反应温度超过 130℃）以上时，应立刻关闭反应釜搅拌电机开关 S8。如果操作不按规程进行，特别是前期加热速率过猛，加热时间过长，冷却又不及时，反应可能进入无法控制的状态。当压力超过 1.20MPa 已属危险超压状态，将会再次报警。此时应迅速打开放空阀 V5（代替），强行泄放反应釜压力。

5）由于打开放空阀会使部分 A 物料蒸汽散失（当然也污染大气），所以压力一旦有所下降，应立即关闭 V5，若关闭 V5 压力仍上升，可反复数次。需要指出，A 物料的散失会直接影响主产物产率。

6.2.2 自动控制系统设计

1. PCS7 过程控制系统

SIMATIC PCS7 是西门子公司在 TELEPERM 系列集散系统和 S5、S7 系列可编程控制器的基础上，结合先进的电子制造技术、网络通信技术、图形及图像处理技术、现场总线技术、计算机技术和自动化控制理论的过程控制系统。它采用优秀的上位机软件 WinCC 作为操作和监控的人机界面，利用开放的现场总线和工业以太网实现现场信息采集和系统通信，采用 S7 自动化系统作为现场控制单元实现过程控制，以灵活多样的分布式 I/O 接收现场传感检测信号。

SIMATIC PCS7 过程控制系统具备了以下几个方面的特点。

1）高度的可靠性和稳定性。

2）高速度、大容量的控制器。

3）客户 / 服务器的结构。

4）集中的从上到下的组态方式。

5）能灵活、可靠地嫁接于老系统。

6）集中的、友好的人机界面。

7）含有配方功能的批量处理包。

8）开放的结构，可以同管理级进行通信。

9）同现场总线技术融为一体。

SIMATIC PCS7 采用符合 IEC61131-3 国际标准的编程软件和现场设备库，提供连续控制、顺序控制及高级编程语言。现场设备库提供大量的常用的现场设备信息及功能块，可大大简化组态工作，缩短工程周期。SIMATIC PCS7 具有 ODBC、OLE 等标准接口，并且应用以太网、PROFIBUS 现场总线等开放网络，从而具有很强的开放性，可以很容易地连接上位机管理系统和其他厂商的控制系统。

这里选用 S7-300 系列 PLC。S7-300 系列 PLC 与上位机采用 MPI 通信方式。S7-300 系列 PLC 都集成有 MPI 口，在上位机中装入内置的 CP5611 卡，然后用串口线将 CPU 的 MPI 口与 CP5611 卡相连。系统中各模块通过 CPU 的 DP 编程口与控制器相连组成网络，接收上位机的命令，实现数据采集和设备控制。CPU 和所有的 I/O 模块使用 UPS 电源供电，CPU 外加 E^2PROM 程序和数据存储卡，并使用后备电池用于程序和运行数据的保存。

工程师站选用功能强大的 STEP7 编程软件编写控制程序，选用有友好中文图形界面的 WinCC 监控软件设计人机界面。在编制程序的过程中，尽量做到单一功能模块化、子文件化，减少程序代码的长度和内存开销，以缩短程序的扫描周期，并加快程序的运行速度。

2.反应器控制系统组成

根据对控制对象的介绍，经分析将本系统控制部分分为反应器液位控制、反应温度控制、反应器压力和温度安全控制以及开车顺序控制四个子系统。监控部分由一个操作员站（OS）和一个工程师站（ES，工程师站兼有操作员站功能）组成，通信介质采用双绞线。操作员站是处理一切与运行操作有关的人机界面功能的网络节点，其主要功能就是为系统的运行操作员提供人机界面，使操作员可以通过操作员站及时了解现场运行状态和各种运行参数的当前值。工程师站负责调试、维护整个控制系统。I/O 的分布通常要求冗余，模件要求热插拔，电源要求冗余。

本系统主要由一个工业以太网和一个 PROFIBUS-DP 现场总线组成（见图 6-7）。其中工业以太网由双绞线环网实现，其上挂接操作员站 OS、工程师站 ES、远程办公室以及 S7-300 PLC 四个站；PROFIBUS-DP 现场总线主站为 S7-300 PLC，从站为远程 I/O ET200M 从站、人机界面从站和 AS-I 总线接口从站。远程 I/O ET200M 从站主要控制电机开关、物料 A、B 和 C 的调节阀、热水入口调节阀、冷水蛇管和夹套的调节阀以及反应器出口调节阀，并读入物料 C、热蒸汽、冷水蛇管以及夹套管的流量值。AS-I 总线接口主要负责温度传感器、压力传感器和液位传感器等数据的采集。

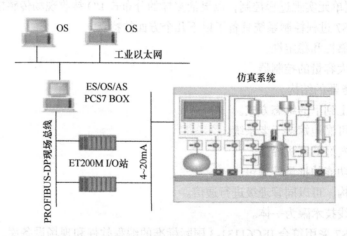

图 6-7　控制系统网络示意图

其中主要硬件配置见表 6-1。

表 6-1　控制系统硬件配置

型号	数目	说明
315-2DP	1	CPU
ET200MIM 153-2	1	与 PROFIBUS-DP 连接的分布式站点
SM322 8*DC24V/2A	1	16 路开关量输出（0~24V）
SM331 8*12BIT	1	8 路模拟量输入（4~20mA）
SM332 8*12BIT	1	8 路模拟量输出（4~20mA）
PS307	1	电源模块
E²PROM	1	存储器卡

3. 控制系统的功能特点及优点

工业以太网符合国际标准 IEEE 802.3，是功能强大的区域和单元网络，它传输速率快，可达到 100Mbit/s，网络最大范围达 150km，并且容易并入其他网络，便于网络的扩充，所以在管理级用工业以太网连接工程师站、管理员站和现场控制站。

为了防止因为可编程控制器 CPU 出故障而中断生产，对 CPU 进行硬件冗余。

针对控制室与控制现场的距离大小，在 I/O 模块的选择上有两种方案：如果现场设备和现场传感器分布集中且离控制室很近，那么可以选择直接把信号接到与 CPU 所在的基站的 I/O 模块上；如果生产现场离控制室比较远，或者生产现场环境危险，对 CPU 的安全威胁大，则可采取分布式 I/O 模块，例如，可以选择 ET200M。ET200M 放置在现场传感器和执行器附近，通过 PROFIBUS-DP 现场总线将 ET200M 与控制室的 CPU 相连，这样也可以大大节约电缆等材料。

选择 PROFIBUS-DP 现场总线的原因是：传输速率高，可达 12Mbit/s；技术成熟，易于调试和维护；容易扩容和系统升级且成本不高。

6.2.3 自控方案设计

1. 控制方案分析与总体设计

本控制过程主要包括五个阶段，根据不同阶段的特点和控制精度要求对各个阶段设计最适合的控制方案。

首先，前期的准备工作包括对装置的检查和对要填加物料的准备工作。本阶段的操作比较简单也不涉及控制的问题，但也不得大意，工程中的任何一点疏忽都会导致最终的结果不理想。要认真检查各开关、手动阀门是否关闭，对 A、B 两种物料计量备料。

然后进行物料的填加，该过程也是比较简单的过程，可以人为的进行手动控制或设置简单的顺序控制就能实现，但要注意所填加的量要尽量准确，包括对上一过程的计量备料也要准确。当液位接近目标值时，关小阀门以免由于流量过大而导致计量的误差。

本系统的关键部分同时也是控制难点在缩合反应阶段。由于反应过程中要放大量的热，而温度升高又会加速反应的进行，如此形成一个不能自衡的系统，如果不加控制或控制效果不好会导致正反馈的作用使系统温度迅速上升，导致爆炸等危险情况的发生。同时缩合反应过程中还伴有副反应的发生，在控制主反应的同时还要兼顾副反应的作用，因为副反应强烈的话会严重影响反应生成物的质量。除此之外，该系统本身就是一个比较复杂的控制过程，其中包含有大的滞后，控制对象的时变和不确定性都会给控制方法的实施带来一定的困难。

在缩合反应过程中又可以分成几个阶段，包括：

1）初期的加热过程：初期阶段的反应刚刚开始比较容易控制，只要能使其按照设定值也就是温度的升高的速率平稳的升稳即可。可以用一些比较简单的控制方法，即能实现控制要求又达到了简便易行、降低成本的目的。

2）短暂的停止加热阶段：靠自身放热提供热量的阶段，该阶段靠反应自身的热量对其进行加热，不需要加入控制，即不用加热蒸汽也不用加冷水。但是，也要对反应过程的监测，一旦出现意外或异常情况要采取相应的措施。

3）反应的难控阶段：该阶段会发生剧烈的化学放热反应，容易引起事故的发生，要通过各种冷却方法实现控制，其中包括一些强制冷却的措施。该阶段是缩合反应过程中的关键部分，应采用先进的控制方案，既要克服系统本身的滞后、时变等不利因素，还要对剧烈的化学反应进行控制。

保温阶段的控制：这一阶段的控制效果直接导致主产物的产率，因此，控制要达到较高的精度。保温阶段虽然反应没有那么剧烈但是也要涉及控制的变化，为了保持温度，先逐渐关小冷却水阀 V8 和 V7，然后适当打开夹套蒸汽加热阀 S6，相当于前面反应的逆过程，但是由于反应不剧烈会容易控制一些。另外，人们所最关心的直接输出信息就是最终产物的产率，而产物的产率无法在线测量，这就要用到软测量的方法来对其进行软测量。由于化学反应机理比较复杂，选择采用支持向量机的方法进行建模，其主要的相关参数包括升温速度、保温时间和温度。

出料及清洗反应器：该过程要注意的是反应釜中残存的可燃气体，一是要注意安全；二是要注意放空后的后续处理过程减少污染，后续过程这里暂不考虑。

鉴于以上分析，应采取不同的控制方法对不同的阶段加以控制，充分发挥各种控制手段的优点，完成自己的控制任务，并通过控制程序实现各阶段的控制方法的切换，达到最优的控制效果。

2. 进料过程控制

前期的准备工作及备料工序操作过程较为简单，这里不再详细描述。主要的仪器设备及参数见表 6-2。

表 6-2　仪器设备及参数

仪器设备名称	说明	性能参数
V3	A 物料入口阀	线性气开阀
V4	A 物料出口阀	线性气开阀
V2	B 物料入口阀	线性气开阀
V5	B 物料出口阀	线性气开阀
S4	A 物料泵及泵电机开关	
S2	B 物料泵及泵电机开关	

另外，进料过程还涉及两个计量罐。

1）A 物料计量罐：容积 180L，直径 500mm，高度 900mm，正常液位 640mm。

2）B 物料计量罐：容积 270L，直径 600mm，圆筒形部分高度 800mm，圆锥形部分高度 520mm，正常液位 1000mm。

3）A 物料计量罐、B 物料计量罐底到反应釜顶高差 1500mm。

4）A 物料上料管、下料管，B 物料上料管、下料管的公称直径为 40mm。

系统工况要求见表 6-3。

表 6-3　系统工况要求

测量变量	说明	要求
L2	A 物料计量罐液位	最高 640mm
L3	B 物料计量罐液位	最高 1000mm
F2	B 物料上料流量	最大 8.1t/h
F3	A 物料上料流量	最大 9.72t/h

进料过程是将准备好的物料顺次加入到反应釜中，要求计量的精准，此过程可以采用人工

手动的方式进行对物料的添加，为提高整体的自动化水平也可以采用简单的顺序控制对其进行自动控制。

主要过程包括：打开 A 物料计量罐出口阀 V4，观察计量罐液位因高位势差下降，直至液位 L2 下降至 0.0m，即关闭 V4。打开 B 物料计量罐出口阀 V5，观察液位指示仪，当液位 L3 下降至 0.0m，即关闭 V5。打开 C 物料阀 V6，将料液打入反应釜。注意：反应釜的最终液位 L4 等于 1.37m 时，必须及时关闭 V6，否则反应釜液位会继续升高，当大于 1.6m 时，将引起液位超限报警。当反应釜的最终液位 L4 小于 1.2m 时，必须补加 C 物料，直至合格，否则反应不会继续。

以上的加料过程可以用简单的顺序控制程序得以实现，由于 A 和 B 物料在备料时已经准确储备在计量罐中，只要打开阀门将其放入反应釜中即可，而添加 C 物料则可以通过人为观测或简单的控制达到反应釜最终液位的目标值（在 1.37m 左右）。为了实现 A、B 和 C 物料按顺序加入到反应器中，也要对 A 和 B 的计量罐以及反应器的液位进行检测。首先是对 A 计量罐的液位 L2 进行检测，当发现 L2 为 0 时，关闭阀门 V4，打开阀门 V5，这时的检测信号为 B 计量罐的液位 L3；当发现 L3 为 0 时，关闭阀门 V5 打开 C 物料阀 V6，观察反应釜的液位 L4；当 L4 接近目标值 1.37m 时，关小阀门让液位逐渐趋近目标值，这样的操作可以减小由于滞后、视差等因素带来的误差。控制方案可以采用简单的比例控制，当液位 L4 越接近目标值时，阀门关得越小，直到阀门完全关闭。同时，如果由于意外的发生导致最终液位低于 1.2m 或高于 1.6m 时，应采相应的措施继续添加或者超限报警。物料添加过程流程图如图 6-8 所示。

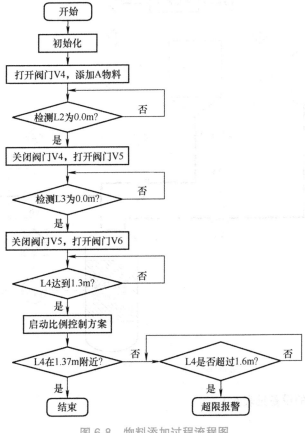

图 6-8　物料添加过程流程图

由于 A、B 两物料的加入不需要进行反馈控制，这里将 C 的添加进行单回路的比例控制，原理如图 6-9 所示。

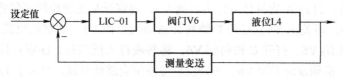

图 6-9　反应釜液位控制单元

该过程属于简单易行的单回路控制：

1）被控变量为反应釜的液位 L4。

2）控制变量为 C 物料的进料流量 F6。

控制阀门 V6 为气开阀（从安全因素考虑，当系统处于断电状态时，阀门 V6 处于关闭状态），阀门可以选用线性截止阀（考虑到被控参数的特性和阀门在管道的流量以及公称直径等问题）。

LIC-01 是正作用，当控制信号减小时，阀门随之关小。选用 P 为控制规律是由于控制对象比较简单，用简单的比值控制足够满足要求且克服了积分作用带来的系统稳定性差、闭环响应慢等缺陷。

反应釜液位控制 PID 图如图 6-10 所示。

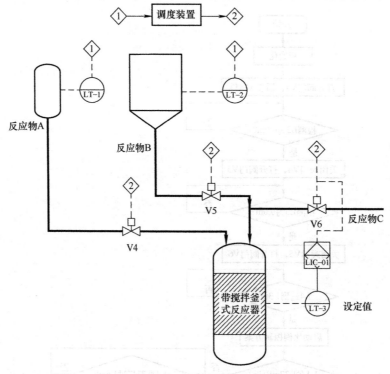

图 6-10　反应釜液位控制 PID 图

进料过程所涉及的设备见表 6-4。

表 6-4　进料过程设备清单

设备号	设备描述	说明
V4	A 物料的进料阀门	线性截止阀，气开特性
V5	B 物料的进料阀门	线性截止阀，气开特性
V6	C 物料的进料阀门	线性截止阀，气开特性
LIC-01	反应釜液位控制器	P 控制规律，正作用
LT-1	A 储罐液位变送器	
LT-2	B 储罐液位变送器	
LT-3	反应器液位变送器	

　　另外还包括反应器：每釜容积 2500L（最大容积 2800L），直径 1400mm，高度 2000mm，浆式搅拌器（体积忽略不计）转速 90rpm，搅拌电机功率 4.5kW。

　　还有一个简单的条件选择控制器，负责通过检测到的流量的信号来进行进料的几个过程的切换。

　　报警系统实时对反应釜液位进行检测，当反应釜的液位超过 1.6m 时进行报警。

3. 反应器温度跟踪控制

　　该反应阶段是系统的难控阶段也是关键的部分，控制不好不仅会影响生成物的产率，还有可能导致爆炸等危险事故的发生。在充分考虑控制对象的特点和对控制精度要求的情况下，这里选择采用预测函数控制代替传统的 PID 控制实现串级控制方案。

　　（1）串级控制策略

　　串级控制是一种常用的控制方法，串级控制系统通过选择一个滞后时间较小的辅助参数组成副回路，使等效副对象的时间常数减小，以提高系统的工作效率，加快响应速度，从而获得较好的控制质量。对化学反应这种滞后大，负荷和干扰变化比较剧烈、比较频繁的场合，串级控制使用最为普遍。串级控制的核心思想是让副回路尽可能多地包含主干扰和大滞后，因此在对系统进行设计时要注意使主扰动和尽量多的扰动进入副回路，合理选择副对象和检测变送环节的特性使副回路近似为 1∶1 的比例环节，还要避免出现共振现象。

　　（2）预测函数控制

　　鉴于该反应过程的复杂性和控制的难度，应采用控制效果较好的先进控制策略，而在诸多的先进控制方法中，预测控制可以说是应用最为广泛、实用性最强的一种控制方法，并且已经有相当成熟的理论和丰富的工程应用的实例。预测控制算法对模型的精度要求低，鲁棒性好，具有灵活的约束处理能力。综合控制质量高，特别适合处理具有输入输出约束、时滞时变特性、反向特性和变目标函数的工业过程。预测控制最大限度地结合了工业实际的要求，参数整定简单，对于检测仪表和执行器局部失效之类的结构改变具有鲁棒性。以上特点也决定了预测控制良好的应用性。

　　这里采用的是预测控制中的预测函数控制（Predictive Function Control，PFC），其原理框图如图 6-11 所示。因为虽然预测控制在工业领域里取得了大量的成功，但是预测控制算法毕竟比传统的 PID 控制算法复杂得多，带来了在线计算量大和难以满足控制实时性要求等问题。因此，预测控制的应用大都是在慢时变的过程。预测函数控制正是为克服上述缺陷而提出的先进的预测算法。预测函数在保持模型预测控制优点的同时，将使所产生的控制输入更具规律性，并且可有效减少算法计算量，从而能适应一类快速响应受控对象控制算法的快速要求。

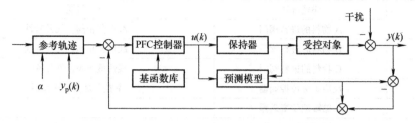

图 6-11　PFC 原理框图

考虑到化学反应进程是在不断变化的，特别是在剧烈反应阶段，应用预测函数控制算法实现其快速的响应是十分必要的，以免由于控制不及时温度迅速升高而导致危险事故的发生。预测函数串级控制原理图如图 6-12 所示。

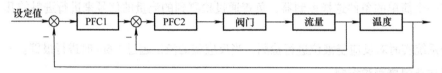

图 6-12　预测函数串级控制原理图

（3）多模型切换

由于反应釜中的化学反应变化涉及一些时变和非线性的因素，用固定的数学模型很难实现很好的控制。对于时变问题，理论上可采用自适应的方法，通过在线不断辨识系统数学模型的参数而进行实时的调整。但是在实际应用中，自适应控制的应用性并不是很好，一方面是由于自适应算法十分复杂，另一方面局限于自适应控制在稳定性、收敛性和鲁棒性等方面理论上的瓶颈。对于非线性问题，若采用非线性模型，则在线滚动优化将成为非线性系统预测控制中的难题，同时也存在着增加复杂度的问题。总结以往各种算法的应用经验，兼顾控制效果与可实施性，这里选择采用多模型切换的方法解决上述问题。

由于化学反应过程要经历不同的阶段，在反应初期要加热蒸汽来促进反应的进行，中间有一小段时间停止加蒸汽，之后比较剧烈的反应到十分剧烈的反应阶段要加冷水控制反应的速度，以免发生危险的事故和得到较好的产率，这就要求在不同的阶段建立不同的数学模型来适应环境的需要，即在每个反应阶段均有一个对应的适配较好的数学模型。依情况而定，如果系统的非线性比较严重，也可以把上述的系统划分进一步细化。非线性系统的多模型控制是一类比较简单且有效的方案，其出发点是在非线性系统的各个平衡点附近进行线性化，而后在各局部范围内采用传统的预测控制算法。由此，既解决了模型时变的问题又解决了系统非线性的问题，并且方法简单容易实现。多模型预测函数控制结构图如图 6-13 所示。

原则上，反应过程中温度和压力是有一定的对应关系的，因此只要对温度进行控制就可以解决压力的问题。但是为了安全起见，还是要在一些关键

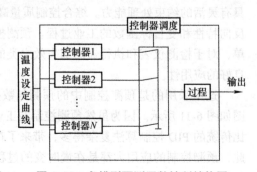

图 6-13　多模型预测函数控制结构图

的时间点对容器压力进行检测，一旦超出安全范围马上采取相应的措施，尤其在剧烈反应阶段要密切检测容器的压力，以免出现危险事故。

反应釜温度串级控制框图如图 6-14 所示。其中的流量对象包括夹套中的冷水流量和蛇管中的冷水流量两部分。通过对温度的检测和控制器调度器的调度作用在不同的控制模型和控制对象中进行切换。

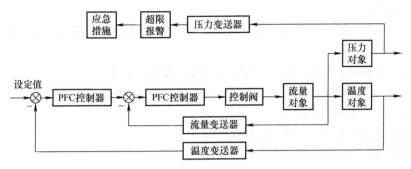

图 6-14　反应釜温度串级控制框图

如图 6-15 所示，在反应初期由于加入蒸汽时使用的是开关阀，不涉及流量的变化，也就不用串级等复杂的控制方法。只要实时的采集温度信号并将其与设定值进行比较，当大于设定值时，关闭阀门，小于设定值时打开阀门。被控变量为热蒸汽阀 S6 的开关状态，执行器为阀门 S6，直到反应进入下一个阶段时，采用预测函数的串级控制，被控变量也变为冷水流量和蛇管中的冷水流量，执行器是相应的阀门 V7 和 V8，被控对象为相应的冷水流量 F7 和 F8。当反应进行到一定阶段转换成另一套控制器，即相应的预测控制模型，实现模型的切换。参考阀门的选用手册，根据流量和公称直径对上面的两个阀门选用线性碟阀。具体设计如下。

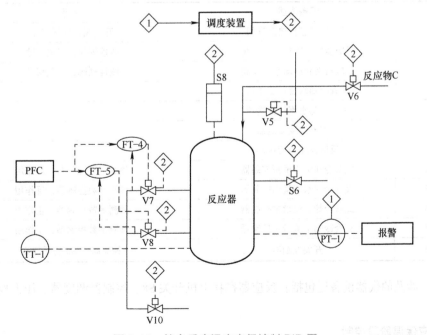

图 6-15　缩合反应温度串级控制 PID 图

1）控制阀 S6。

控制阀种类：开关阀。从安全角度考虑，选择气开阀（没有作用信号时为关闭状态）。

控制器：为保证负反馈，温度升高速率快于设定值时关闭开关选择反作用。

被控变量：反应釜内的温度 T1。

控制变量：控制阀门的开关状态。

2）控制阀 V7。

控制阀种类：线性碟阀。从安全角度考虑，选择为气关阀（由于意外失去信号作用时为打开状态）。

副控制器：为保证负反馈，流量增加时适当减小选择反作用。

主控制器：为保证负反馈，温度升高时加大流量，所以选择正作用。

被控变量：反应釜内的温度 T1。

控制变量：反应器蛇管冷却水入口流量 F7。

3）控制阀 V8。

控制阀种类：线性碟阀。从安全角度考虑，选择为气关阀（由于意外失去信号作用时为打开状态）。

副控制器：为保证负反馈，流量增加时适当减小选择反作用。

主控制器：为保证负反馈，温度升高时加大流量，所以选择正作用。

被控变量：反应釜内的温度 T1。

控制变量：反应器夹套冷却水入口流量 F8。

进料过程设备清单见表 6-5。

表 6-5　进料过程设备清单

设备号	设备描述	说明
S6	反应器夹套加热蒸汽阀	开关阀，气开特性
V7	反应器蛇管冷却水入口阀	线性碟阀，气关特性
V8	反应器夹套冷却水入口阀	线性碟阀，气关特性
FT-4	蛇管冷却水流量变送器	
FT-5	夹套冷却水流量变送器	
TT-1	反应器温度变送器	
PT-1	反应器压力变送器	
LIC-02	蛇管冷却水流量副控制器	预测函数控制器，反作用
LIC-03	夹套冷却水流量副控制器	预测函数控制器，反作用
LIC-04	蛇管冷却水流量主控制器	预测函数控制器，正作用
LIC-05	夹套冷却水流量主控制器	预测函数控制器，正作用
LIC-06	开关控制器	控制阀门 S6 的开与关

另外，涉及的仪器设备还包括：反应器搅拌电机开关 S8、控制器调度器、压力检测及报警装置等。

4. 反应保温阶段控制

保温阶段的控制方法基本上与缩合过程一样，只不过是相反的过程。保温阶段是在剧烈反应过后，压力和温度开始下降的过程，控制的措施是不断减小冷水的流量然后适当开启加热蒸汽。保温阶段的反应没有前面的反应那么剧烈，控制的目标是保持温度和压力，相对前面的控制温度平稳上升也更容易。这里选用的是和缩合反应一样的控制策略，即用预测函数进行串级控制，然后通过对流量阀门的判断适时地切换到不同的模型。

无论是在缩合反应阶段还是在保温阶段，在通入热蒸汽时由于是开关阀，采用的是简单控制方法，而温度对象存在着较大的滞后，即阀门已经调节但温度不会立即变化。因此，为了预防在边界条件时（0.1℃/s 或 0.2℃/s）控制不及时产生超压事故或加热速率过慢等不良现象，应尽量让取值在中间位置（0.15℃/s 左右），最好不要太接近边界条件。

5. 生成物产率检测与控制

整个反应过程人们最关心的还是最后的结果，即反应物产率的高低。反应主产物的产率是无法在线进行采集的，因此要用到软测量的相关知识来实现生成物产率的测量。

软测量模型一般包括机理模型和黑箱子模型，对于实际的复杂工业过程，机理建模可能代价过高，引入各种假设条件也会影响模型的精度。基于神经网络的建模方法属于黑箱子建模，它的主要特点是辨识模型容易实现和对非线性映射关系逼近性能良好，因此，应用神经网络建模是一个理想的途径。

目前人工神经网络的模型种类很多，BP 算法是比较成熟的算法之一，而且特别适合用来做模式识别这样的问题。一般来说它是由输入层、隐含层和输出层组成的三层网络，可实现输入信号的任何非线性连续函数。此处选择使用基于 BP 算法的神经网络。

由于反应主产物 D 的产率主要受到升温速度、保温时间与温度的影响。因此，选择以上三个变量为神经网络的输入，以产率为网络的输出，利用历史数据对网络进行训练，建立神经网络模型。

由于神经网络的输出是生成物的产率，每个反应过程只有结束后才能得到一个输出值，因此不可能实现在线对神经网络进行训练和学习，只有事先取得一定的输入输出数据在离线的状态下训练好网络再投入使用，并且将网络作为控制器使用。由于保温时间这个输入信息也是只有在每次反应结束后才能得到，因此如果要实现在线控制还要想其他的办法。

这里，我们在保温阶段以前，取若干采样时间点，例如选五个，分别检测温度和升温速度。通过前面训练好的网络，输入温度和升温速度信息以及保温时间，保温时间取前几次的平均值。经过神经网络后得到输出值，将输出值与设定值进行比较，用反馈信息控制保温时间。采用这种控制方式（即用前段时间的信息调整后面的策略）主要是由该系统的特性决定的，输出结果只有在反应结束时才能得到，反应过程中要想得出结果只能用过去的保温时间信息代替本次的信息，输入信息不是同时的，升温和保温是明显的两个阶段。之所以选择控制保温时间一方面是由于保温时间信息在升温信息的后面；另一方面，从系统特性分析，保温时间对生成物产率的影响最大。生成物产率神经网络控制结构图如图 6-16 所示。

在此模型中，共有三层神经元，一个隐含层。隐含层凭经验先取 12 个神经元，输入层由于需要采用 5 个时间段的温度和升温速度再加上保温时间共 11 个输入变量，因此选择 11 个输入节点。网络输出只有生成物的产率，因此输出层采用 1 个输出节点。训练后取一些数据用来测试网络的泛化能力，当网络训练完毕，符合要求后即可投入使用，这样就可以通过在线测量速度、保温时间与温度来推算出物质 D 的产率，实现在线的测量，并且可以形成反馈。当产率下降时可以通过适当的调整上述的参数来进行调节。

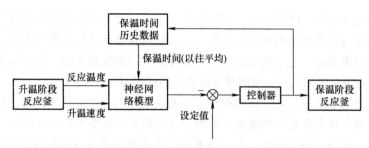

图 6-16　生成物产率神经网络控制结构图

6. 出料及清洗

1）完成保温后，即可进入出料及反应釜清洗阶段。首先打开放空阀 V5 约 10s（实际为 2 ~ 5min），放掉釜内残存的可燃气体。

2）关闭放空阀 V5。

3）打开出料泵 S5 和出料阀 V9，观察反应釜液位 L4，当液位下降至 0.0m 时，关闭 S5 和 V9。

此过程不需要复杂的控制手段，只是简单的顺序控制，采用简单的 PLC 顺序编程就可以实现。需要注意的就是可燃气体的安全排放。

7. 安全措施

实际的安全问题是使控制方案得以实现的必要问题，主要包括以下几点。

1）A 物料易燃易爆，不溶于水，密度大于水。因此，可以采用水封隔绝空气保障安全，同时还能利用水压将储罐中的 A 物料压至高位槽。高位槽具有夹套水冷系统。

2）加入物料 C 时，打开 C 物料阀 V6，将料液打入反应釜。注意反应釜的最终液位 L4 等于 1.37m 时，必须及时关闭 V6，否则反应釜液位会继续升高，当大于 1.6m 时，将引起液位超限报警。

3）缩合反应操作中注意控制温度和压力，一旦超过 0.8MPa（反应温度超过 128℃），将会报警。

4）如果反应釜压力 P7 上升过快，已将 V8 和 V7 开到最大，仍压制不住压力的上升，可迅速打开高压水阀门 V10，进行强制冷却。

5）如果开启高压水泵后仍无法压制反应，当压力继续上升至 0.83MPa（反应温度超过 130℃）以上时，应立刻关闭反应釜搅拌电机开关 S8。

6）如果操作不按规程进行，特别是前期加热速率过猛，加热时间过长，冷却又不及时，反应可能进入无法控制的状态。即使采取了上述措施还控制不住反应压力，当压力超过 1.20MPa 已属危险超压状态，此时应迅速打开放空阀 V5（代替），强行泄放反应釜压力。

7）如果以上三种应急措施都不能见效，反应器压力超过 1.60MPa，将被认定为反应器爆炸事故。此时紧急事故报警闪光，反应处于冻结状态。

以上简明地介绍了主要的安全问题以及对于各个问题应该采取的措施，其中主要是对压力和温度的检测与控制。前面在缩合反应控制中已经详细说明了通过对温度的控制而实现对系统以及产率的控制。主要对象是温度，但是在解决安全问题时，压力就成了关键的因素，采取的措施是对压力实施时进行采集和检测，虽然不做被控变量，但是，其值对系统过程的判断、温度的控制以及安全问题都起到了很大的影响。

安全装置设备清单见表 6-6。安全控制措施流程图如图 6-17 所示。

表 6-6　安全装置设备清单

设备号	设备描述	说明
V10	高压水入口阀	快开阀，气开特性
V5	放空阀	线性截止阀，气开特性
S8	反应釜搅拌电机开关	
PT-1	反应器压力变送器	
TT-1	反应器温度变送器	

8. 总体顺序控制方案设计

1）初始化检查，系统处于开车前状态，确认所有阀门关闭，所有开关处于关闭状态。

2）打开 A 物料计量罐下料阀 V4，观察计量罐液位因高位势差下降，直至液位 L2 下降至 0.0m，即关闭 V4。

3）打开 B 物料计量罐下料阀 V5，观察液位指示仪，当液位 L3 下降至 0.0m，即关闭 V5。

4）打开 C 物料阀 V6，将料液打入反应釜。

5）检测 L4 为 1.3m 时启动 LIC-01。

6）反应釜的最终液位 L4 等于 1.37m 时及时关 V6。

7）迅速检查并确认：进料阀 V4、V5、V6 和出料阀 V9 是否关闭。

8）开启反应釜搅拌电机 S8。

9）适当打开夹套蒸汽加热阀 S6。

10）关闭夹套蒸汽加热阀 S6。

11）温度在 65℃ 左右，开启预测函数控制器控制冷水阀门。

12）反应过程中进行模型的切换。

13）进入保温阶段，调整冷水阀门和蒸汽阀门。

14）使反应釜温度始终保持在 120℃（压力保持在 0.68～0.70MPa）5～10min。

15）打开放空阀 V5 约 10s。

16）关闭放空阀 V5。

17）开出料泵 S5 和出料阀 V9，观察反应釜液位 L4，当液位下降至 0.0m 时，关闭 S5 和 V9。

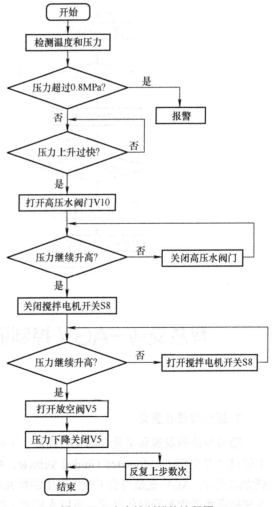

图 6-17　安全控制措施流程图

上述的开车到结束的顺序控制是和前面的安全措施部分一同工作的。安全控制单元通过不停地在顺序控制中检测信号而采取相应的措施。

完整过程的顺序控制流程图如图 6-18 所示。

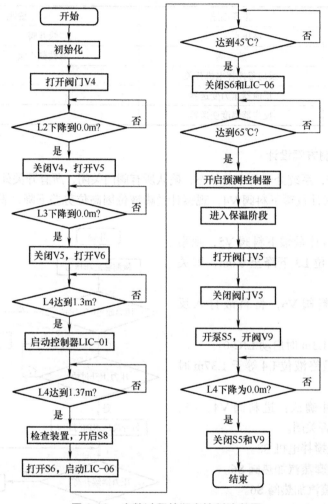

图 6-18　完整过程的顺序控制流程图

6.3　智慧交通 –AGV 控制调度系统

6.3.1　概述

1. 研究背景及意义

随着经济的发展和工业自动化的提高，工业生产方式也发生了巨大变化，包括工厂生产线中的自动导引车（Automated Guided Vehicle，AGV）。随着智能仓储、智能物流、立体工厂等概念的流行，AGV 既是当前工业生产中的研究前沿与热门技术，又符合节能环保、节省人力成本和提高生产效率的时代要求，所以人们对 AGV 的需求越来越迫切。AGV 集电子技术、信息技术、自动控制技术等于一体，技术含量高。所以，将 AGV 产业化不仅可以在实际工业中应用高新技术，还可以实现高新技术之于传统工业生产运输方式的升级，是实现工业自动化的关键。因此，具备高性能驱动控制的 AGV 可以很好适应工业生产中运载货物的技术要求，实现无人操作自动导引运行，是工厂物流运输体系的关键设备。

2. 国内外发展概况

（1）国外 AGV 的发展概况

目前，国外 AGV 的发展情况主要有两种模式。首先是欧美等发达国家技术上较成熟的自动导航技术。欧洲和美国等发达国家率先开始智能工业制造，其在 AGV 研发方面的经验相对丰富。丹麦的 MiR 公司在 2016 年共销售了 200 台移动机器人。尽管数量并不是很大，但该公司 2017 年的销售量达到了 600 台，增幅惊人。硅谷初创公司 Fetch 是一家专门从事分拣和物流解决方案的公司，其在 2016 年展示了他们的分拣机器人，自动数据采集平台和全新的虚拟交付系统。Freight500 和 Freight1500 是 Fetch 在展会上发布的两款新型大型物流货物装卸机器人，分别负荷 500kg 和 1500kg。Freight1500 的重量接近 470kg，但高度只有 35.5cm。机器人的正面和背面都配备了激光雷达传感器和前置 RGBD 相机。值得一提的是，这款移动机器人在充电一小时后可以获电量 90%。为了防止发生意外事故，机器人还有大量的 LED 指示灯。巧合的是，加拿大 Clearpath 公司也对机器人的负载能力提出自己的创意和突破。Kuka 的 omniMove 重型平台可以在毫米级精度的狭窄空间运行。它配备的车轮系统可以从静态直接移动向任何方向，具有良好的可操作性。omniMove 可以自由放大和缩小，并且可以连接到其他 omniMove。欧美等发达国家的智能车产品具有精细化、集成化的特点，在产品具备可靠质量的前提下，成本低廉可控，因此欧美等发达国家的 AGV 销量较好。

日本、韩国等国家使用的是较为简单的 AGV。比如日本爱知机械（Aichikikai techno system）的 CarryBee 系统，三星公司研发的具备高效率拣选技术的货架机器人等。这类产品由于路径简单，一般使用传统的磁导航作为导航方式，为了控制成本，不追求产品高质量和高精度，也不要求高新技术的应用，主要在拥有大量传统制造业的欠发达国家推广。

在国外，AGV 已经广泛应用于电子、机械、仓储、化工、医院和运输业等领域。根据行业研究预测，到 2025 年全球 AGV 市场规模将突破 750 亿元，到 2026 年将突破 1000 亿元，2022～2026 年复合增速超 35%。

（2）国内 AGV 的发展概况

我国的 AGV 研究始于 20 世纪 60 年代，但其发展在很长一段时间都很缓慢。近年来，随着国内工业机器人需求的激增，"中国制造 2025" 和智能物流等概念的提出，我国的 AGV 销量持续增长，在汽车工业、家电制造、电商仓储物流、烟草等领域得到广泛应用。未来，AGV 仍有巨大的发展空间。

从更大的行业领域看，2023 年我国移动机器人销量有望突破 11 万台，同比增速超过 35%，市场规模超过 130 亿元。而我国物流机器人市场规模预计将进一步增长。

3. AGV 的关键技术

在实际生产中，完整的 AGV 系统必须具有精确的导航功能、传感功能和驱动控制能力，以适应多种情况和复杂的环境。因此，AGV 智能车的关键技术包括：AGV 系统的导航传感器技术、定位技术、驱动控制技术、路径规划和调度技术。

（1）导航传感器技术

AGV 的一个重要标志就是它能实现自主且精确的导航，而在 AGV 自主运行、自主导航的过程中，必须实现避障的基本要求。实现避障与导航的必要条件是 AGV 能感知其所处工作的静态环境和动态信息，包括障碍物的尺寸、形状等信息且对自身所处位置、运行轨迹、当前运行速度等进行实时的监控和调整，适应复杂的工作环境，工作要求需按照既定顺序合理履行。因此，在未知或部分未知的环境中，障碍物以及周围环境信息需要传感器获取。AGV 系统中常用的传感器包括电磁感应传感器、视觉传感器、红外传感器和激光传感器。

（2）定位技术

定位是 AGV 的重要内容，即确定导引车在平面环境中相对于整体环境平面中的坐标位置。考虑到使 AGV 胜任复杂环境下多任务的工作能力，多引导 AGV 配备多种可进行位移测量和方向角测量传感器，如光电编码器、陀螺仪等。

（3）驱动控制技术

在实际条件下，AGV 的车轮和路面的滚动是一种较为复杂的物理模型，针对实际情况建立较为精确和完整的运动动力学模型稍显复杂，故在研究小车驱动方式时，通常将此复杂模型进行简化，忽略车轮与地面的滑动摩擦影响以及轮轴之间的机械结构力学，并假设驱动轮处于同一轴心上。常见的 AGV 驱动方式多为两轮差速驱动。两轮差速驱动为通过改变各自安装在左右前轮电动机的转速来改变驱动轮的转速，从而产生驱动轮间的速度差来实现转向。AGV 的控制方法通常应用于非线性系统，如本书中介绍的 PID 控制，此外还有模糊控制、神经网络控制和模式识别等。

（4）多台 AGV 系统的路径规划与调度技术

多台 AGV 系统需要通过上位机的协调调度控制来完成路径规划，实时任务分配等复杂的组合工作。多台 AGV 任务分配的原则主要遵循服务优先权限原则、任务最短截止时间原则、总任务完成时间最短原则等。多台 AGV 系统中的路径规划方式通常有两种，第一种是全局静态规划，即在多台 AGV 系统投入运行之前通过诸如拓扑学中的 Floyd 遍历算法计算任意节点之间的最短路径，系统运行后只需要按照遍历结果机械地模拟，一个系统只需要遍历一次；第二种是及时动态规划，即每一台 AGV 在接收到任务指令后，会根据任务信息、自身所处位置、当前环境路径的情况来规划针对该任务的全局最短路径，并在每一次通过一个运动节点时都要实时且动态地评估当前状况以针对环境的变化和突发状况并及时地重新规划路径，代表算法有 Dijkstra 算法。

6.3.2 系统总体方案与设计

从实际应用条件来看，AGV 的功能应主要满足以下要求：

1）能够在有限的空间下实现较为灵活有效的差速驱动转向控制。

2）路径导引要求高精度，并且能够实现稳定的驱动控制和精确识别导引线。

1. 两轮差速驱动转向的运动学模型

AGV 实现纵向移动和转向运动时需改变左右驱动轮电动机的转速。下面的两轮差速驱动转向运动学模型，将车身的转向简化为两个驱动轮的位置移动，如图 6-19 所示。AGV 在平面坐标系的位置信息除了车体坐标外，还包含车体运动方向角度，即向量 $\overline{XY}$ 与 X 轴的夹角 α，α 也是车体运动轨迹的相对方位角。A_1、A_2 分别是轮轴与左、右驱动轮的交点，L 为两驱动之间的轮距，o 为车体的中心。V_1、V_2、V_3 分别为左、右驱动轮及车体中心 o 点的速率。现令 o 点在坐标系中的坐标为 (X, Y)，且将车体逆时针转向为正方向。

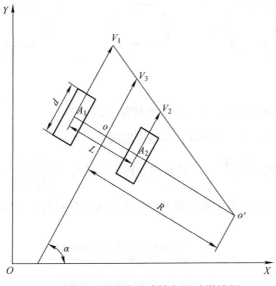

图 6-19　两轮差速驱动转向运动学模型

假设车体保持理想态，即忽略轮胎与地面滑行的运行。o 为车体转向圆心，R 为转向半径。根据运动学分析，o 点的运行速度 V_3 大小为

$$V_3 = \frac{V_1 + V_2}{2} \tag{6-1}$$

令 AGV 的角速度为 ω，并且假设 AGV 做顺时针运动，则左、右驱动轮 V_1、V_2 的运行速率分别为

$$\begin{cases} V_1 = \omega(R + \dfrac{L}{2}) \\ V_2 = \omega(R - \dfrac{L}{2}) \end{cases} \tag{6-2}$$

由式（6-2）得，AGV 的角速度 ω 与转向半径 R 为

$$\begin{cases} \omega = \dfrac{V_1 - V_2}{L} \\ R = \dfrac{L(V_1 + V_2)}{2(V_1 - V_2)} \end{cases} \tag{6-3}$$

则两轮差速驱动转向的运动学方程为

$$\begin{cases} V_3 = \dfrac{V_1 + V_2}{2} \\ \omega = \dfrac{V_1 - V_2}{L} \end{cases} \tag{6-4}$$

V_1、V_2的大小关系决定了 AGV 智能车车体的运动模式，如图 6-20 所示。

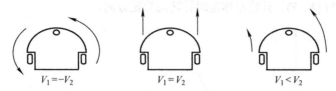

图 6-20　两轮速度差对应的车体运动模式

1）当 $V_1 = V_2$ 时，$V_1 = V_2 = V_3$，$R \to \infty$，车体做直线运动。

2）当 $V_1 = -V_2$ 时，$V_3 \to 0$，$R \to 0$，车体原地旋转。

3）当 $|V_1| \neq |V_2|$ 时，$V_3 = \dfrac{V_1 + V_2}{2}$，车体转向，转向半径 $R = \dfrac{L(V_1 + V_2)}{2|V_1 - V_2|}$。

此时，令车体在 X 轴方向与 Y 轴方向的运动速度大小分别为 V_X 与 V_Y，则

$$\begin{cases} V_X = V_3 \cos\alpha = \dfrac{1}{2}(V_1 + V_2)\cos\alpha \\ V_Y = V_3 \sin\alpha = \dfrac{1}{2}(V_1 + V_2)\sin\alpha \end{cases} \tag{6-5}$$

AGV 的运动状态轨迹是由若干连续时刻的位置状态组成，若要对 AGV 进行实时的运动控制，需对每个时刻的运动位置坐标做实时地获取以实现精准的定位与速度评估。当左右驱动轮电动机产生转速差时，AGV 位置状态的变化如图 6-21 所示。

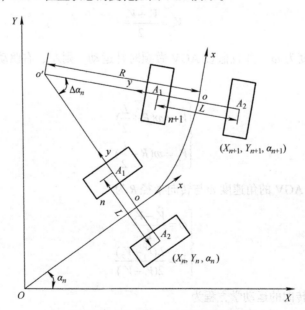

图 6-21　差速转向车体位置分析

设车体中心为坐标系 xoy，某一时刻车体在坐标系 XOY 中的坐标为 (X_n, Y_n)，车体运动轨迹的相对方位角为 α_n，经过微小时间 Δt 后，车体在坐标系中的坐标为 (X_{n+1}, Y_{n+1})，车体运动轨迹

的相对方位角为 α_{n+1}。假设 AGV 智能车车体在该微小时间 Δt 中做以 o 为车体转向圆心，R 为转向半径的圆周运动，旋转角的角度为 $\Delta\alpha_n$，角速度为 ω。运动前后车体中心在坐标系 XOY 中与 xoy 中的横纵向位移分别为 ΔX_n、ΔY_n 与 Δx_n、Δy_n。则由图 6-21 可知，当车体做圆周运动时 Δx_n、Δy_n 与 ΔX_n、ΔY_n、$\Delta\alpha_n$ 分别为

$$\begin{cases} \Delta x_n = R\sin\Delta\alpha_n \\ \Delta y_n = R(1-\cos\Delta\alpha_n) \end{cases} \tag{6-6}$$

$$\begin{cases} \Delta X_n = \Delta x_n \cos\Delta\alpha_n - \Delta y_n \sin\Delta\alpha_n \\ \Delta Y_n = \Delta x_n \sin\Delta\alpha_n - \Delta y_n \cos\Delta\alpha_n \\ \Delta\alpha_n = \omega\Delta t \end{cases} \tag{6-7}$$

因此，由式（6-6）和式（6-7）得 ΔX_{n+1}、ΔY_{n+1} 和 $\Delta\alpha_{n+1}$ 分别为

$$\begin{cases} \Delta X_{n+1} = \Delta X_n + X_n \\ \Delta Y_{n+1} = \Delta Y_n + Y_n \\ \Delta\alpha_{n+1} = \Delta\alpha_n + \alpha_n \end{cases} \tag{6-8}$$

特别地，当 AGV 车体做直线运动时 Δx_n、Δy_n 分别为

$$\begin{cases} \Delta x_n = V_3\Delta t \\ \Delta y_n = 0 \end{cases} \tag{6-9}$$

当 AGV 车体做原地旋转运动时 Δx_n、Δy_n 分别为

$$\begin{cases} \Delta x_n = 0 \\ \Delta y_n = 0 \end{cases} \tag{6-10}$$

经过运动学模型分析可知，想改变 AGV 车体的位置状态和精确定位车体的位置坐标，可以通过按照预先的设置改变左右驱动轮的速度和车体运动轨迹的相对方位角得以实现。由于驱动电动机的转速变化是非连续的，即电动机转速的改变是多个不连续的离散值，故通过高频次的数字控制实现驱动电动机转速在极短时间内多次变化以近似代替连续的模拟量化，达到连续调速的目的。AGV 每个时刻运行状态都应近似遵循以上运动模型。

2. 导引方式分类与分析

导引传感器通过提供实时的运动轨迹信息来确定 AGV 车体与预定导引轨道的偏差值，从而实现按照既定路线自动行驶。目前使用的 AGV 导引方法包括磁性导引、激光导引、视觉导引、GPS 导引、光学导引、电磁导引和惯性导引。根据导引传感器捕获信息的不同来源，导引方法可以进一步分为外部导引和自我导引。外部导引（固定路径导引）是在运行路线上设置导引信息介质，如导引线和色带。当车体上的导引传感器检测到所接收的导引信息（如频率、磁场强度、光强度等）时，就会实时处理该信息以控制车辆沿着导引线正确行使。自我导引（自由路径导引）是采用坐标定位原理，即事先在车体上设置运动过程的坐标信息，当车辆行驶时，实时检测实际车辆位置坐标，然后比较两者坐标从而确定车辆的运行。电磁感应导引、激光导引、光学检测导引、视觉导引等通常被归类为外部导引，惯性导引被归类为自我导引。下面介

绍和分析常用的导引方法。

（1）电磁感应导引

AGV 车体上安装电磁感应传感器。通过埋设电缆线或者磁条来设置 AGV 的既定运行路线，通过磁感应信号实现导引。电缆通以交变电流信号，在电缆线周围产生电磁场。电磁感应传感器中感应线圈在电磁场中可以通过电磁感应感应得到与磁场强度成正比的电压。通过检测电磁感应传感器中两个感应线圈的电压信号强弱差异来确定 AGV 车体与既定电缆导引线的相对位置和误差偏移程度，从而实现 AGV 的导航。若在车体运行过程中，电缆线或磁条处于轮轴的中线上，则左右线圈中的电压差为零。当车体与电缆线或磁条发生偏差时，该电压差会逐渐变大，并且远离电缆线或磁条的一侧线圈中的电压会逐渐减小，另一侧的电压逐渐增加。电磁感应导引方式就是通过电压差的方式控制转向电动机向既定的方向无偏差的运行并且实时地校正与调整。此种导引方式由于需要事先埋设电缆线，故导引线路隐蔽不易损坏和受到外界环境信号的干扰，可靠性强，比较适合工厂仓储业的实际生产应用。但是，这种方式布置工作难度大，导引路径固定不易更改。

（2）激光导引

AGV 上安装脉冲激光器并在 AGV 活动区域安装高反光材料制成的激光反射板。脉冲激光器发射持续时间非常短的脉冲激光。根据主波信号与多个回波信号之间的间隔，即激光脉冲与反射体之间的角度和往返时间，通过三角法、相位法等方法即可确定 AGV 智能车的所处位置。激光反射板的布置使得导航路径更加灵活多变，可适应多种工作环境和复杂的运行任务。由于光速非常快，测量较小距离时光束的往返时间很短，因此激光传感器不适合高精度测距的任务。

（3）视觉导引

AGV 车体安装摄像机并捕获铺在地面上的标识线，通过将摄像机拍摄的图像进行图像二值化处理来检测运行路径的边缘，从而计算出 AGV 车体相对标示线的误差来实现导航。相对于通过电磁感应传感器实现路径导航的方式，视觉传感器识别精度更高，路径更加灵活，适合路径更改较频繁的工作环境。但容易受到如光照不均匀等外界环境因素的干扰，所以此种方式对环境的要求更加严苛，需要较少杂质污染的地面环境，标识线路也需要较好的保护以确保标识线的清晰和较好的对比度。

（4）惯性导引

在 AGV 上安装陀螺仪，并将定位块安装在驾驶区域的地面上。AGV 通过光电编码器计算航程，根据计算陀螺仪的偏差信号和采集地面定位块信号来确定其自身的位置和车体的转向角。该技术早期在军事领域得到了应用，其主要优点是技术比较先进，定位精度高，灵敏度强，易于组合和兼容，应用范围广泛；缺点是成本高，陀螺仪的制造精度和使用寿命直接决定了导引的准确性和可靠度。

（5）光学导引

在 AGV 行驶路线的工作区域的地面上涂抹油漆或涂上特定形状和颜色的色带，通过简单处理相机拍摄的色带图像信号来确定路径标记的位置和车体与路径的偏离。为了控制车辆沿轨迹自动行驶，光学导引方式灵活性更好，地面路线设置简单易行，但对色带污染和机械磨损非常敏感。正是因为过于依赖环境，导致了可靠性差和精度低。

通过对各种导引方式的技术分析以及从工程实践的实用度看，几种导引方式的优劣度如下：电磁导引 > 惯性导引 > 光学导引 > 激光导引 > 视觉导引。就技术成熟度和稳定性而言，推荐使用电磁导引、惯性导引和光学导引方法，而视觉导引方法需要不断改进。就路径的灵活性而言，无线导引的路径是比较灵活的，主要是通过改变上位机软件的控制路径；有线导引路径具有相对低的灵活性，路径不易改变，并且替换路径需要更多成本。就实时灵活性、稳定性和识别路径的准确性而言，有线导引通常优于无线导引。

通过对以上导引方式的技术性分析、试验成本和开发可行性进行评估，决定采取光学导引方式。因为试验室的地面环境整洁干净，光照稳定且光照在地面的反射规律比较规范，易于识别。光学摄像头的检测信号不易产生较大的误差，所以实验室的研究环境可以满足灵活多变的路径设置。

3. 技术方案和开发标准

（1）车体结构和系统指标

差速驱动的四轮 AGV 构造如下：视觉传感器位于车体的两侧且相对于轮轴中线对称分布，控制芯片所在的开发板位于车体中部，两部驱动电动机分别位于左右前轮处。

导引车由车底板、嵌入式芯片电路板、电池、直流无刷电动机、车轮等部分组成。导引车底板如图 6-22 所示，车体采用钢材料制成，能保证车体具有足够强度和一定的承重。

AGV 系统常采用蓄电池作为电源。由于导引车系统的功率较大，所以采用容量较大的锂电池作为电源，即采用容量为 2000mAh 的锂电池，提供 24V 的电源输入，以保证AGV 运行所需的足够电量。

图 6-22　导引车底板

比较直流电动机和步进电动机的特性时，步进电动机如果控制不当容易产生共振，难以获得较大的转矩，低速时易出现低频振动现象并且高速工作时会发出振动和噪声。相比而言直流电动机起动和调速性能好，调速范围广且平滑，过载能力较强，受电磁干扰影响小所以采用两台微型无刷直流电动机作为驱动电动机，其运行参数见表 6-7。

表 6-7　直流无刷驱动电动机参数

项目		最小	额定	最大
环境温度 /℃		−30	—	60
输入电压 /V		18	—	60
输出电流 /A		0.5	—	15
电动机转速 /rpm		0	—	20000
霍尔信号电压 /V		4.5	5	5.5
霍尔驱动电流 /A		—	10	—
外接调速电位器 /Ω		—	10K	—
PWM 调速信号幅值 /V		4.5	—	24
控制接口电压 /V	H	4.5	5	24
	L	0	0	0.5
尺寸 /mm		136 × 82 × 45		

驱动轮采用橡胶宽面车轮，轮胎宽度为10cm，保证足够的抓地力，减少车体与地面的不必要的滑行。AGV实验平台结构参数见表6-8。

表6-8　AGV智能车实验平台结构参数

驱动方式	两轮差速驱动
电动机类别	直流无刷电动机
车体尺寸	$100cm \times 80cm \times 20cm$
车轮直径	10cm
路径导引识别传感器	红外线光电传感器
传感器安装高度	2cm
电池组类别	锂电池组
自重	25kg

（2）控制方案

AGV是以单片机技术为核心的实现自动导引、驱动控制目标的轮式机器人。控制部分是系统的核心，控制芯片的优劣程度决定了车身的智能化程度、灵活度和平稳度。从研究目标和实际出发，采用工业上经常使用的和功能集成度较高的STM32系列单片机STM32F407微控制器作为核心控制器，集成多种功能且结构紧凑的开发板。

电动机调速控制方式通常有三种：

1）采用电阻网络或数字电位器调整电动机分压以调速。但是电阻网络只能实现有级调速，而数字电阻的元器件价格昂贵，更主要的问题是电动机的电阻很小，且电流较大，分压不仅会降低效率，还会使操作更加困难。

2）采用继电器控制电动机的开或关，通过切换开关调整电动机的速度。这种解决方案的优点是电路简单，但继电器响应时间慢，机械结构比较脆弱，寿命不是很长。

3）使用由复合晶体管组成的H型PWM电路。使用单片机控制复合晶体管，使其能够在可调节的占空比的状态下工作，以便于精确调整电动机速度。H型电路确保速度和方向可以便捷地控制；电子开关的速度非常快，稳定性也很好。因此，PWM调制被广泛用于调速技术中。

兼于方案三调速性能优良、调整平滑、调速范围广，因此本设计采用方案三，即通过微控制器对直流电机进行PWM波控制。

4. 控制方案总结

通过选用两轮差速驱动转向控制，并对简化的AGV智能车车体的运动学模型进行深入的分析，为驱动控制提供了理论基础。通过对不同导引方式的分类和技术分析，决定采用光学导引方式。最后提出了车体结构、电机参数、核心芯片和电机调速控制方式的总体实现方案。

6.4　智慧物流分拣系统

6.4.1　概述

随着我国经济发展水平提高，社会经济活动日益频繁，人们对货物送达的要求越来越高，对于传统的文件、包裹和越来越多高价值、小批量、个性化的货物，都成为快递的托寄物内容。

根据国家邮政局数据，2022 年我国快递业务量完成 1105.8 亿件，同比增长 2.1%；业务收入完成 1.06 万亿元，同比增长 2.3%。由于包裹数量庞大，如果继续采用人工的快递派件方式，成本和出错率无法降低，效率低下。另外，现在正规取件流程是：收件人向快递员出示相关证件（如身份证、学生证、驾驶证等）并签名确认取件。现实生活中，收件人会忘记带相关证件或需要委托取件。快递员往往降低要求（只要求收件人名字和手机号码）来提高派件效率。上述流程突显出派件效率低，个人信息容易泄漏等弊端。因此，解决这些问题成为快递行业能否健康发展的当务之急。本节介绍一种基于 RFID 射频识别技术的快递分拣系统，一定程度上取代人工，自动完成快递分类，提高分拣效率和降低出错率，给消费者更好的体验。RFID 技术具有无接触、远距离、识读快等特点。RFID 技术的普及为物流行业增加了一种新的将分拣信息转换成分拣指令的设定方式：读写器阅读电子标签信息。相较于人工输入，利用 RFID 技术识别分拣可极大地提高分拣效率。

6.4.2 分拣系统的 RFID 设计

1. 系统设计

设计系统的硬件结构框图如图 6-23 所示。

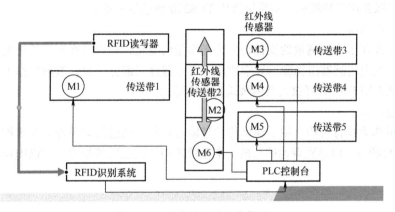

图 6-23 系统的硬件结构框图

2. 系统关键技术

系统关键技术即分析控制系统的要求，确定 I/O 点数，选择 PLC 的型号，然后进行 I/O 分配。

（1）确定 I/O 点数

根据控制要求，输入应该有 2 个开关信号，6 个传感器信号，包括电感传感器、电容传感器、颜色传感器、备用传感器以及检测下料的传感器和计数传感器。相应地，有 5 个汽缸运动位置信号，每个汽缸有动作限位和回位限位，共计 10 个信号。输出包括控制电动机运行的接触器以及 5 个控制汽缸动作的电磁阀。共需 I/O 点 24 个，其中 18 个输入，6 个输出。

（2）PLC 的选择

根据上面所确定的 I/O 点数，且该材料分拣装置的控制为开关量控制。因此，选择一般的小型机即可满足控制要求。本系统选用西门子公司的 S7-200 系列 CPU226 型 PLC。它有 24 个输入点，16 个输出点，满足本系统的要求。

3. 检测元件与执行装置的选择

下面对旋转编码器和各个传感器进行选择，并对其作简要介绍。

（1）旋转编码器

旋转编码器是一种用来测量转速的装置，主要是用来实现调速的功能。它分为单路的输出和双路的输出两种，主要的技术参数有每转脉冲数和供电电压。其中单路输出输出的是一组脉冲；双路输出输出的是相位差为 90°的脉冲，这种输出方式不仅可以用来测量转速，还可判断旋转方向。本系统选用 E6A2CW5C 旋转编码器。

（2）电感式位置传感器

利用电感式位置传感器可检测金属物体。电感式位置传感器的结构由 LC 高频振荡器和放大的处理电路组成。当金属物体接近电磁场的振荡感应头时会产生涡流，这个涡流反作用于接近开关，从而使接近开关振荡的能力减弱，内部电路的参数便会相应的发生变化。由此，可识别出有无金属物体接近，进而控制开关的通或断。本系统选用 M18X1X40 电感传感器。

（3）颜色传感器

颜色传感器通过检测目标反射的颜色来便识别物体的颜色。在颜色传感器的选择上，需要其能识别出红绿蓝这三种颜色。本系统选用 TCS230 颜色传感器。

（4）光电传感器

光电传感器用于将被测量的变化转换为光学量的变化，再通过光电元件把光学量的变化转换为电信号。光电传感器由光源、光学通路、光电器件三部分组成，被测量作用于光源或光学通路。本系统选用 FPG 系列放大器内藏式光电传感器。

（5）步进电机

步进电机作为执行机构，用于驱动传动带输送材料。通过控制脉冲频率来控制物料分拣设备的 PLC 电机转速，以达到调速的目的。本系统选用步进电机型号为 42BYGH101。

6.4.3 电动机及变频器的选取和工作原理

1. 电动机的工作原理

电动机是把电能转换成机械能的一种设备。电动机主要由定子与转子组成，通电导线在磁场中受力运动的方向跟电流方向和磁感线（磁场方向）方向有关。电动机工作原理是磁场对电流受力的作用，使电动机转动。电动机实物图如图 6-24 所示。

2. 电动机的选择

电动机主要带动传送带，要想选择合适的电动机，必须考虑到传送带的工作压力和输送的速度。由于传送带上有五个传感器，所以传送带上最多同时有五个工件，假设都是铁，已知工件的底面直径为 100mm，高 20mm，密度为 $7.9 \times 10^3 \text{kg/m}^3$。

图 6-24　电动机实物图

由已知条件可以计算传送带上物料的重量为

$$M = 5Sh = 5 \times 3.14 \times 0.05^2 \times 0.02 \times 7.9 \times 10^3 \text{kg} = 6.2 \text{kg}$$

传送带总长 4m，厚 0.008m，宽 0.15m。材质为橡胶，密度为 $1.6 \times 10^3 \text{kg/m}^3$，传送带重量为

$$4 \times 0.15 \times 0.008 \times 1.6 \times 10^3 \text{kg} = 7.68 \text{kg}$$

所以传送带的工作压力为

$$F = (6.2 + 7.68) \times 10 \text{N} = 138.8 \text{N}$$

假设传送带的速度 V=0.8m/s，卷筒的直径 D=100mm。

（1）确定工作电动机需要的功率 p_w 和卷筒的转速 n_w

$$p_w = \frac{FV}{1000} = 0.11 \text{kW}$$

$$n_w = \frac{60 \times 1000V}{3.14D} = 152.87 \text{r/min}$$

（2）初定电动机类型和转速

初估系统的总效率为 $0.8 \sim 0.9$，需要电动机功率为

$$p_d = \frac{p_w}{\eta_\text{总}} = 0.12 \sim 0.14 \text{kW}$$

根据 $p_{ed} \geq p_d$，则可以选用的电动机有 Y2-71M1-2、Y2-71M2-2、Y2-71M1-4、Y2-71M2-4 四种，型号和参数见表 6-9。综合考虑各方面的因素，拟选用电动机的型号为 Y2-71M2-4，该电动机的额定功率 $p_{ed} = 0.37 \text{kW}$，转速 $n_d = 1330 \text{r/min}$。

表 6-9　电动机的型号与参数

方案	电动机型号	额定功率 /kW	满载转速 / r·min⁻¹	额定电流 /A
1	Y2-71M1-2	0.37	2740	6.1
2	Y2-71M2-2	0.55	2740	6.1
3	Y2-71M1-4	0.25	1330	5.2
4	Y2-71M2-4	0.37	1330	5.2

（3）电动机的主电路

电动机的主电路由刀开关 QS、熔断器 FU、热继电器 FR 和变频器组成，它的接线图如图 6-25。

合上刀开关 QS 后，电路通路，变频器得电，控制电动机的转动。当电路过载或短路时，熔断器 FU 和热继电器 FR 会切断电路，起到保护电路的作用。

3. 变频器的选择

（1）变频器工作原理

变频器是把工频电源（50Hz 或 60Hz）变换成各种频率的交流电源，以实现电动机的变速

运行的设备，其中控制电路完成对主电路的控制，整流电路将交流电变换成直流电，直流中间电路对整流电路的输出进行平滑滤波，逆变电路将直流电再逆成交流电。对于如矢量控制变频器这种需要大量运算的变频器来说，有时还需要一个进行转矩计算的 CPU 以及一些相应的电路。变频调速通过改变电动机定子绕组供电的频率来达到调速的目的。

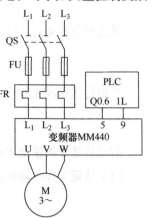

（2）选择变频器的型号

考虑到变频器使用的功能以及各系列变频器的特点，最终决定使用西门子 MicroMaster440 系列的变频器。该型号变频器有以下几个优点。

1）易于安装调试。

2）可由 IT 中性点不接地电源供电。

3）HMI 纯文本面板简化了操作，并支持使用多种语言。

4）动态驱动和制动。

图 6-25　电动机主电路接线图

5）具有各种控制和制动类型。

6）具有通信功能。

7）各种通信接口可确保能够用于最常见的网络应用。

8）具有过电压 / 欠电压保护、变频器过热保护、接地故障保护、短路保护。

变频器主要是用来控制传送带的电动机，因为所选电动机的功率是 0.37kW，且西门子 MicroMaster440 系列的变频器工作的功率范围是 120W ~ 200kW，足够安全，所以选用西门子 MicroMaster440 系列变频器。

（3）参数设置

电动机的参数设置见表 6-10。

表 6-10　电动机参数设置

参数	出厂值	设置值	说明
P0003	1	1	设用户访问级为标准级
P0010	0	1	快速调试
P0100	0	0	工作地区，功率 kW 表示，频率 50Hz
P0304	230	380	电动机额定电压 /V
P0305	3.25	5.2	电动机额定电流 /A
P0307	0.75	0.37	电动机额定功率 /kW
P0308	0	0.8	电动机额定功率因数
P0310	50	50	电动机额定频率 /Hz
P0311	0	1310	电动机额定转速 $/r \cdot min^{-1}$

设置完成后，P0010 设置为 0，变频器处于准备状态，可正常运行。

（4）电位器的选择

首先应该选用正比例变化线性的电位器，这种电位器的转动角度基本上跟电阻值的变化成正比例，这样根据电阻器的分压原理，就可以实现旋转角度大小转变成电压大小了。选择的型号是 LA42DWQ-2210K。

6.4.4　通信协议

1. 概述

本设计的通信协议采用的是 Modbus 协议。Modbus 协议是应用于电子控制器上的一种通用语言。通过此协议，控制器相互之间，以及控制器经由网络（如以太网）和其他设备之间可以通信。Modbus 协议已经成为一通用工业标准。有了它，不同厂商生产的控制设备可以连成工业网络，进行集中监控。

Modbus 协议定义了一个控制器能认识和使用的消息结构，而不管它们是经过何种网络进行通信的。它描述了控制器请求访问其他设备的过程，如何回应来自其他设备的请求，以及怎样侦测错误并记录。它制定了消息域格局和内容的公共格式。

当在 Modbus 网络上通信时，每个控制器需要知道它们的设备地址，识别按地址发来的消息，决定要产生何种行动。如果需要回应，控制器将生成反馈信息并用 Modbus 协议发出。在其他网络上，包含了 Modbus 协议的消息转换为在此网络上使用的帧或包结构。这种转换也扩展了根据具体的网络解决节地址、路由路径及错误检测的方法。

2. 在 Modbus 网络上转输

标准的 Modbus 口是使用 RS-232C 兼容串行接口，它定义了连接口的针脚、电缆、信号位、传输波特率、奇偶校验。控制器能直接或经由 Modem 组网。控制器通信使用主从技术，即仅主设备能初始化传输（查询）。其他设备（从设备）根据主设备查询提供的数据做出相应反应。典型的主设备包括主机和可编程仪表等，典型的从设备包括可编程控制器等。

主设备可单独和从设备通信，也能以广播方式和所有从设备通信。如果单独通信，从设备返回消息作为回应，如果是以广播方式查询的，则不作任何回应。Modbus 协议建立了主设备查询的格式：设备（或广播）地址、功能代码、所有要发送的数据、错误检测域。

参 考 文 献

[1] 王万良. 物联网控制技术 [M]. 北京：高等教育出版社，2016.

[2] 于海生. 计算机控制技术 [M]. 北京：机械工业出版社，2012.

[3] 阮毅，陈维钧. 运动控制系统 [M]. 北京：清华大学出版社，2016.

[4] 郑辑光，韩九强，杨清宇. 过程控制系统 [M]. 北京：清华大学出版社，2012.

[5] OGATA K. Modern Control Engineering [M]. 北京：电子工业出版社，2007.

[6] 岳东，彭晨. 网络控制系统的分析与综合 [M]. 北京：科学出版社，2007.

[7] ZIKRIA Y B, et al. Next-Generation Internet of Things（IoT）：Opportunities，Challenges and Solutions [J]. Sensors，2021，21：1174.

[8] ZHENG T，ARDOLINO M，BACCHETTI A，et al. The applications of Industry 4.0 technologies in manufacturing context：Asystematic literature review [J]. International Journal of Production Research，2021，59：1922-1954.

[9] BOYES H，HALLAQ B，CUNNINGHAM J，Watson T. The industrial internet of things（IIoT）：An analysis framework [J]. Computers & Industrial Engineering，2018，101：1-12.

[10] GARG K，GOSWAMI C，CHHATRAWAT R S，et al. Internet of things in manufacturing：A review [J]. Materials Today Proceedings，2022，51：286-288.

[11] SISINNI E，SAIFULLAH A，HAN S，et al. Industrial Internet of Things：Challenges，Opportunities and Directions [J]. IEEE Transactions on Industrial Informatics，2018，14：4724-4734.

[12] MOTLAGH N H，MOHAMMADREZAEI M，HUNT J，et al. Internet of Things（IoT）and the Energy Sector [J]. Energies，2020，13：494.

[13] WANG G，NIXON M，BOUDREAUX M. Toward Cloud-Assisted Industrial IoT Platform for Large-Scale Continuous Condition Monitoring [J]. Proceedings of the IEEE，2019，107：1193-1205.

[14] VACLAVOVA A，STRELEC P，HORAK T，et al. Proposal for an IIoT Device Solution According to Industry 4.0 Concept [J]. Sensors，2022，22：325.

[15] GIDLUND M，HAN S，SISINNI E，et al. Guest Editorial From Industrial Wireless Sensor Networks to Industrial Internet of Things [J]. IEEE Transactions on Industrial Informatics，2018，14：2194-2198.

[16] GRIMALDI S，MAHMOOD A，HASSAN S A，et al. Autonomous Interference Mapping for Industrial Internet of Things Networks Over Unlicensed Bands：Identifying Cross-Technology Interference [J]. IEEE Industrial Electronics Magazine，2021，15：67-78.

[17] GRIMALDI S，MARTENVORMFELDE L，MAHMOOD A，et al. Onboard Spectral Analysis for Low-Complexity IoT Devices [J]. IEEE Access，2020，8：43027-43045.

[18] SHARIF A，ABBASI Q H，ARSHAD K，et al. Machine Learning Enabled Food Contamination Detection Using RFID and Internet of Things System [J]. International Journal of Sensor Networks，2021，10：63.

[19] LLORET J，SENDRA S，GARCIA L，et al. A Wireless Sensor Network Deployment for Soil Moisture Monitoring in Precision Agriculture[J]. Sensors，2021，21：7243.

[20] PERUZZI G，POZZEBON A. A Review of Energy Harvesting Techniques for Low Power Wide Area

Networks（LPWANs）[J].Energies，2020，13：3433.

[21] ElAHI H，MUNIR K，EUGENI M，et al. Energy Harvesting towards Self-Powered IoT Devices [J]. Energies，2020，13：5528.

[22] 赵多银 . 电子信息技术在物联网中的应用与融合发展思路分析 [J]. 网络安全技术与应用，2022，5：136-137.

[23] 栾学德，段翠翠 . 基于数据传输成功率的光纤传感器物联网节点部署研究 [J]. 激光杂志,2022,43（4）: 135-139.

[24] 谷渊 . 面向物联网的无线传感器网络综述 [J]. 信息与电脑（理论版），2021，33（1）：194-196.

[25] 潘树龙 . 基于轻量级操作系统和 IPv6 的物联网智能通信单元设计 [J]. 自动化与仪器仪表，2021，12：76-80.

[26] 赵鹏，蒲天骄，王新迎，等 . 面向能源互联网数字孪生的电力物联网关键技术及展望 [J]. 中国电机工程学报，2022，42（2）：447-458.

[27] 王洋 . 基于物联网的电力系统调度数据自动采集研究 [J]. 自动化与仪器仪表，2021（9）：169-171，176.

[28] 石秦峰，徐祥涛，杨晓东 . 基于节点汇聚链路模型的光纤传感器物联网节点控制 [J]. 激光杂志，2021，42（7）：109-113.

[29] 佘春华 . 全球物联网发展及中国物联网建设若干思考 [J]. 现代雷达，2021，43（7）：90-91.

[30] 杨震，李洁，龚晟，等 . 物联网人工智能：新时代新要求 [J]. 通信企业管理，2020（12）：66-69.

[31] 吴吉义，李文娟，曹健，等 . 智能物联网 AIoT 研究综述 [J]. 电信科学，2021，37（8）：1-17.